前言
PREFACE

2015 年党的十八届五中全会公报正式提出实施"国家大数据战略"以来，数据已成为与土地、劳动力、资本、技术同等重要的生产要素。新文科、新工科建设对于推动人文社会科学创新发展、应对新经济和新一轮科技革命和产业变革的挑战，提升国际竞争力、国家软实力和硬实力具有重要意义。中国人民大学是一所以人文社会科学为主的综合性研究型全国重点大学。经过长期不懈的努力，中国人民大学已经全面建成"主干的文科、精干的理工科"的学科发展体系。统计与大数据研究院是中国人民大学为建设"人民满意、世界一流"大学、迎接大数据时代挑战而成立的、高度国际化的教学科研实体和学术特区。统计与大数据研究院以建设国际一流的统计学与数据科学为目标，努力打造具有中国人民大学特色的统计学与数据科学课程体系，继续增强统计学与数据科学对新工科、新文科的支撑能力。

中国人民大学统计与大数据研究院推出的第一门本科生课程"数据科学基础"，重点介绍如何从数据中提取信息并辅助决策。在这门课程中，我们将详细介绍非常热门的 Python 语言以及常用的基本统计思想、概念、方法和模型。本书内容几乎不涉及复杂的统计公式、计算技巧或者推断方法，学生无须具备数学功底或编程能力。无论是 Python 语言，还是统计思想，我们都将结合一些简单案例，从零基础开始讲起。

本书分为两大部分：第一部分介绍依赖 Python 基本模块的编程基础，包括常用表达式、数据类型、表格处理、数据可视化等；第二部分介绍常用的统计模型和方法，包括假设检验、置信区间、参数估计、线性回归、分类、聚类等。不同于以概率论出发的数理统计教材，本书以丰富的实际案例为引子，逐步引入统计概念并利用 Python 实现统计方法。

阅读本书，零基础即可入门，所列知识点以及统计思想循序渐进。各种实际案例中都附有 Python 代码、注释以及运行结果，方便读者进行查验。相关实例数据共享于 GitHub 平台 https://github.com/XiangyuLuo/shujukexujichu。

本书的作者朱利平博士是中国人民大学"杰出学者"特聘教授，长期从事复杂数据分析研究工作，在高维数据及非线性相依数据分析等领域做了许多重要的研究工作。罗翔宇博士是中国人民大学统计与大数据研究院助理教授，长期从事贝叶斯统计、生物组学数据分析等研究工作。本书的完成要特别感谢吴秋雨、樊金麟、叶小青和涂富艺等 4 位研究生付出的努力。她们负责梳理并校对每个章节的内容。限于时间和精力，书中定有不准确之处，敬请各位读者批评指正。

朱利平　罗翔宇

2021 年 5 月 12 日于崇德西楼 7 楼统计与大数据研究院

目 录
CONTENTS

第一章 引 言
CHAPTER 1

　　数据科学家被誉为 21 世纪最性感的职业，牢固掌握数据科学基础是成为数据科学家的重要前提。本书服务于所有层次对数据科学感兴趣的读者，具备常用初中数学知识即可学习本书所有内容。全书根据加州大学伯克利分校教材《数据科学基础》(*Foundation of Data Science*) 改编，配以丰富有趣的具有中国特色的数据实战案例。全书可分为两部分：第一部分介绍 Python 编程的基本概念，包括常用表达式、数据类型、表格处理、数据可视化等；第二部分引入常用统计方法，并结合所学 Python 编程知识应用于实际数据的分析中，包括假设检验、置信区间、参数估计、线性回归、分类等。

　　本书的主要特色有两点。第一，零编程知识即可入门，知识点循序渐进。本书上半部分从在 Python 中进行最简单的加、减、乘、除和数据类型介绍讲起，逐步递进到表格处理、数据可视化等高级 Python 操作。在下半部分 Python 与统计知识融合中，从最简单的"掷骰子"随机性讲起，用通俗易懂的语言介绍统计方法在实际中的重要应用。第二，本书交互性强。Python 代码的下方均展现输出结果，便于读者检查实际操作的正确性。本书包括大量实例，并附有实际数据分析的 Python 代码和解释性注释，易于读者阅读和理解。

　　本书通过 Anaconda 中的 Jupyter Notebook 进行 Python 的使用和学习。Anaconda 是一个用于科学计算的 Python 发行版，支持在常见的 Windows, Mac OS X 和 Linux 等操作系统中安装和使用。Anaconda 全球用户超过 1 500 万人，包含了 conda、numpy、pandas、matplotlib 等模块，并可以便捷获取各种包 (通过 pip install 命令) 及对包进行管理，同时对环境统一管理。比如，利用 conda 进行库、环境等的管理，利用 numpy、pandas 等对数据进行具有伸展性的分析，利用 matplotlib 等对数据进行可视化，以及利用 scikit-learn, TensorFlow 等开发和训练机器学习模型等。

　　Anaconda 下载网址为 https://www.anaconda.com/distribution/，读者可以根据自己的电脑操作系统下载并运行合适版本的 Anaconda 安装包。安装好后，运行 Anaconda，在 Anaconda Navigator 中找到并登入 Jupyter Notebook。最后在 Jupyter Notebook 界面中定位到合适的工作文件夹，通过点击右方"New""Python 3"即可新建一个基于 Python 3 的文件，或者打开之前建立的 Jupyter Notebook 文件（后缀名为 ipynb），这样就得到一个友好的、交互式的 Python 工作环境。Jupyter Notebook 以网页的形式打开，可以在网页中直接编写和运行代码，代码的运行结果会直接出现在代码块下方。Jupyter Notebook 还能够通过网页、PDF、Markdown 等多种方式分享，操作简单，非常适合初学者使用。

　　当工具准备就绪后，我们首先了解一下什么是大数据、什么是数据科学以及我们编写本书的教学思想。

1.1　什么是大数据

随着信息技术的进步，我们现在可以以非常便捷的方式、非常快捷的速度、非常低廉的成本收集到体量非常庞大的数据。国家提出的大数据战略，让大数据的概念深入人心。现在，我们对"数据"这个词的理解也比以往有了很大的延伸。除了传统的数值数据外，文本、图像、音频、视频等都可以被"数字化"。网民的搜索行为和浏览记录、法律判决文书、病人的就诊病例和 CT 影像（即计算机层析成像）、聊天语音、视频监控录像等信息都可以被记录下来并且被"数字化"。凡是可以被"数字化"的信息载体都可以看成数据。信息载体包括的数据量达到一定的规模或者达到一定的复杂程度后都可以被认为是"大数据"。

"大数据"的出现让人们认识到了数据本身的价值。网民的搜索行为和浏览记录往往反映出明显的个人偏好。因此，经过网民授权之后使用网民以往的搜索行为和浏览记录，可以更加精准地推送合适的新闻或商品；分析法律判决文书的历史信息，有助于准确识别虚假诉讼、实现案件繁简分离、提高审判效率；将病人的就诊病例、CT 影像数据等与医生的诊断结果结合后，可以用于训练精确的统计模型，实现优质医疗资源共享；准确识别后的语音信息可以非常快速、便捷地转换为操作指令，提高工作效率；视频监控录像可以为警察破案提供非常重要的线索。

"大数据"的价值远远不止于此。事实上，"大数据"作为信息资源，与土地、劳动力和资本等生产要素一样，正在成为促进经济增长和社会发展的基本要素。"大数据"已被普遍认为是非常重要的国家战略资源。未来，作为重要生产要素和国家战略资源的"大数据"资源将渗透至我们的日常生活、社会经济活动以及政府管理决策中，提升我们的生活质量，提高企业的生产效率，优化政府部门的服务体验，等等。

1.2　什么是数据科学

科学研究的重大需要、社会发展的迫切需求以及人才的巨大缺口，催生了以数字数据为研究对象的新型学科：数据科学。这里涉及一个新的概念：数字数据。什么是数字数据？凡是可以被数字化的信息载体都可以称为数字数据。数字数据的重要价值体现在"数据驱动发现"，这是继"理论发现"和"观察发现"之后的第三种重要的科学研究方法。"数据驱动发现"已经并将继续贡献新的科学知识，已经并将继续提高社会生产率和服务效率。

数据科学是一个非常典型的跨专业学科，属于计算机科学、（数理）统计学、数学（运筹学）与应用学科之间的交叉领域，是一门涉及多学科领域知识的学科，但它并不是相关学科领域简单拼凑形成的，而是各相关领域深度融合后，创新与发展的独立学科。（数理）统计学以传统数据为对象，数据科学以数字数据为对象，因此（数理）统计学可以视为数据科学的一个分支。计算机科学以计算机为对象和工具，为数据科学提供软、硬件等平台支持，算法部分是计算机科学与数据科学的交集。数学（运筹学）是决策科学，数据科学从数据中获取洞见，最终目的是实现决策智能化。数学（运筹学）与数据科学的交集是数据驱动的决策过程。人文、社会科学领域等应用学科具有非常丰富的数字数据，数据科学是这些学科的支撑学科。数据科学是计算机、（数理）统计学、数学（运筹学）和应用学科领域专业知识的高度融合。计算机科学丰富数据收集的技术手段、数据处理和分析的相关方法，并形成最终产品；数学（运筹学）和（数理）统计学提供数据处理和分析的理论、方法、工具和思想；应用学科的领域专业知识可以提出问题，并从专业角度提供数据处理和分析的指导性意见。在数据科学内部，计算机科学、（数理）统计学、数学（运筹学）与应用学科之间高度融合，而不是互相替代。

从比较严格的意义上来说，数据科学是通过计算和推断，从数据集或数据流中提取出有价值的、真实的信息来辅助决策的一门学科。数据科学是从数据到信息再到决策的一个过程。其中，计算思维主要包括探索和预测。探索性数据分析是利用数据可视化等比较直观、简单易行的方法，从数据中发现有价值的规律，提取有价值的信息；预测则是利用统计学习和数值优化等工具，基于现在的数据对未来进行有价值的猜测。推断思维主要利用随机性、统计决策等相关理论，从数据驱动的角度来度量数据处理、数据分析以及统计决策的可靠性。可以粗糙地认为，探索性数据分析是简单的（单变量）数据处理过程，预测是比较复杂的（多变量）数据分析过程，推断的目的是衡量基于数据的决策的可靠程度。

1.3　教学内容和目的

本课程无需高深的数学或统计学基础，基本不会出现数学公式，我们将从零基础起步，基于 Python 语言环境，借助大量案例，介绍统计学的重要思想和概念，展示数据科学的基本内容。参加本门课程学习的同学可以了解并掌握 Python 语言环境，理解统计学的基本概念和重要思想，以及在数据科学领域如何运用这些概念和思想，掌握收集、处理、分析数据的基本方法以及数据科学的基本内容。

我们希望通过这门课程训练学生的数据思维，并培养学生的计算和推断思维。我们会在教学过程中，逐步指导、帮助不同专业背景的学生完成学习任务。我们欢迎不同专业背景，尤其是人文、社会科学专业的学生选修本门课程。这些专业的学生的专业知识将是学习本门课程的优势而不是劣势。

在教学过程中，我们将采取"思考 + 实践"的教学方式，我们不仅讲授统计学的基本、重要的统计思想，培养学生的独立思考能力，训练学生的批判性思维，还需要加强学生的实践能力，实现我们学会的统计思想，让思想落地。为此，我们将花一些时间讲授 Python 语言的语法规则，并花更多时间来讲授因果推断、随机性、经验分析、假设检验、参数估计、预测、回归、分类问题以及双样本检验问题等许多基本但很重要的统计思想。我们所学习的 Python 语言将会帮助我们实现并直观地展现这些统计思想。

第二章 因果推断

CHAPTER 2

本章，我们通过有关"霍乱"和"脊髓灰质炎"（俗称"小儿麻痹症"）的两个案例来学习如何建立因果关系。在第一个有关"霍乱"的案例中，所有数据都是通过观察获取的；在第二个有关"脊髓灰质炎"的案例中，所有数据都是通过随机化双盲试验得到的。这是两种截然不同但都非常有用的数据获取方法。针对这两种完全不同的数据获取方法，统计分析都可以帮助建立比较严谨的因果关系。

在第一个有关"霍乱"的案例中，约翰•斯诺（John Snow）希望了解受污染的水源究竟是不是导致霍乱这个"结果"的真正"原因"。因此，他需要把人群分为两组：一组人群饮用的水源受到污染；另一组人群饮用的水源没有受到污染。我们通常把没有接受"处理"的对照组称为控制组。一般来说，控制组的个体没有实施某项政策、没有服用某种药物或者没有接受某种治疗方案。在有关"霍乱"的案例中，饮用水源受到污染的人群属于处理组，饮用水源未受污染的人群属于控制组。

斯诺希望比较处理组和控制组中霍乱发病率的差异。为此，他在构建处理组和控制组时，尽量控制可能会影响结果（霍乱发病率）的其他许多因素都比较接近。这些可能会影响试验结果的许多因素一般被称为"混杂因素"。只有在处理组和控制组中各种混杂因素都非常相似的前提下，处理组的发病率和控制组的发病率才具有可比性，对比的结果才能真正说明是否存在因果关系。

在第二个有关"脊髓灰质炎"的案例中，研究人员需要了解一个新的疫苗对于预防脊髓灰质炎是否有效。为此，研究人员把儿童分为两组：一组接种了疫苗，称为处理组；一组接种了安慰剂，称为控制组。研究人员希望比较处理组和控制组中脊髓灰质炎发病率的差异。研究人员同时也注意到，影响发病率的因素有很多，除了是否接种疫苗之外，还有家庭经济状况、心理因素、儿童年龄等。这些可能会影响试验结果的因素就是"混杂因素"。为此，研究人员设计了一个完全随机化双盲试验。随机化双盲试验可以使处理组和控制组中混杂因素水平都非常类似。在这种完全随机化的双盲试验中，处理组和控制组的脊髓灰质炎的发病率才具有可比性，对比的结果才能真正说明是否存在因果关系。

两个案例收集数据的方式非常不同。对于前者，我们不能"随机地"去分配一些"个体"饮用受污染的水源，这是违背伦理道德的。我们不应该通过这种违反伦理道德的手段收集数据。但是，我们可以观察个体的行为，可以观察某些个体在饮用受污染的水源后所面临的后果。类似地，为了分析吸烟是否有害健康、孕妇酗酒对胎儿发育是否有害，我们不能通过随机分配一些个体吸烟，或者随机要求部分孕妇酗酒来获取数据，这也是违背伦理道德的。我们可以观察部分个体吸烟之后的健康状况，或者观察部分孕妇酗酒之后胎儿的发育情况。通过观察（而不是设计的方式）所获取的数据，一般被认为是"观察性数据"。针对观察性数据建立因果关系，往往比较困难。因为影响结果的很多混杂因素往往不可控。要确保混杂因素在处理组和控制组中的水平差不多，往往需要数据分析人员具有足够的智慧。相比而言，通过随机化双盲试验收集的数据，其混杂因素在处理组和控制组中的水平差不多，建立的因果关系往往更为可靠。很多时候会把随机化双盲试验作为建立因果关系的"金标准"。但是，这也不是说，随机化双盲试验就不会面临伦理道德的问题。比如，要比较某个药物与安慰剂相比是否有效。如果有某些个体在参与试验之后健康状况不断恶化，这时，研究人员面临的伦理道德问题可能就变成是否应该让这些个体退出试验或调整治疗方案。如果不调整治疗方案或者研究计划，这些健康状况不断恶化的个体是否会面临更严重的健康问题？

我们也会给出一些其他案例，学习如何通过观察性数据以及随机化双盲试验两个不同的数据收集方法来建立科学的、严谨的因果关系。

2.1 观察性数据

通过细致的观察来获取数据、通过精巧的分析来控制混杂因素的影响并成功建立严格意义上的因果关系的先例，可以追溯到 150 多年前。

在维多利亚时代，工业革命的浪潮席卷着无数人口来到伦敦。1851 年的人口普查显示，伦敦有 240 万人口，是当时世界上人口最多的城市。在伦敦那些穷困的区域里，人们正在被排山倒海的垃圾所包围、淹没。疾病趁虚而入、猖狂盛行。其中，"霍乱"是最令人惶恐的疾病之一。霍乱这个不速之客总是来如雷霆，不由分说地夺走许多无辜生命，患者在一两天内便一命呜呼，一周死亡数百人，霍乱每次爆发造成的总死亡数可达数万人。

比死亡更可怕的是未知。对于 19 世纪初的人类来说，这种瘟疫的发生、传播和控制都是一个谜。1849 年 9 月，《伦敦时报》(*The Times of London*) 在讨论霍乱是如何感染并传播的时，英文原文是这么评论的："These problems are, and will probably ever remain, among the inscrutable secrets of nature. They belong to a class of questions radically inaccessible to the human intelligence." (这些问题现在而且很可能始终隐藏于神秘莫测的自然秘密中。它们属于一种人类智力所不能及的问题。)

当时的医疗水平和条件极其有限，虽然已经发明了显微镜，但是人们对于微生物了解甚微，更不知道细菌和病毒的存在。社会上非常主流的观点认为，霍乱可能是由瘴气引起的。瘴气表现为恶臭，是由腐烂物质引起的无形有毒颗粒。当时的权威人士，包括著名的护士南丁格尔女士和政府许多公共卫生部门，都是瘴气论的支持者。因此，比较富裕的人们用各种香囊捂住鼻子，以防被恶臭的瘴气感染。

但是，约翰·斯诺对瘴气论产生了怀疑。约翰·斯诺是一名麻醉师，他也是维多利亚女王的私人医生。1831 年英国第一次爆发霍乱时，他就开始观察和积累数据。久而久之，他注意到：患病和死亡往往以家庭为单位。有时，整个家庭被霍乱摧毁，他们的邻居却安然无恙。这几乎给了"瘴气论"说法当头一棒：两个相邻的家庭呼吸的空气应该是没有差别的，为什么一个家庭会感染霍乱而相邻的家庭却安然无恙呢？斯诺还发现，霍乱发作时，病人会有呕吐和腹泻的症状。这种症状显示，霍乱应该是消化系统而不是呼吸系统的问题。如果是消化系统的问题，大家共同的食物就只有水了。究竟是不是水引起了霍乱呢？

1854 年 8 月底，霍乱在拥挤的伦敦 SOHO 区再次爆发。这回，斯诺找到了一张伦敦地图。如果某个位置有一个人因为霍乱死亡，斯诺就在这个地图对应的位置上画一条短的横线；如果在一个相同的位置有两个人因为霍乱死亡，就在对应的位置画两条短的横线；依此类推。在这张地图上，他还标注了每一个提供水源的水泵的位置。图 2.1 给出了斯诺当年标注霍乱死亡人数以及水泵位置的伦敦地图。

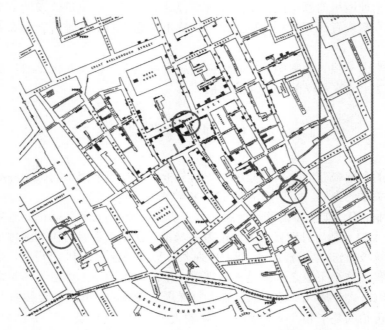

图 2.1　1854 年左右，斯诺在一张伦敦地图上标记的霍乱死亡人数统计图

当时，斯诺发现，百老汇街区的水泵附近那段时间一直有污水泄漏，但是大家都没有注意到污水泄漏这个情况。巧合的是，霍乱导致的死亡许多都集中在百老汇街上的水泵周围，且在距离百老汇街上的水泵很近的地方，死亡人数达到了高峰！这只是一个巧合吗？

斯诺走访了这些街道，有了一些令他感到振奋的发现。原来，许多人认为百老汇街上的水泵提供的水最为清凉可口。除了百老汇街上的人们之外，许多不住在这个街上的人们都慕名前来这个水泵取水。如果是水源的原因，那么这基本上可以解释为什么百老汇街上死亡人数最多了。

但是，在百老汇街的东边、离百老汇街不太远的地方有一个啤酒厂。这个啤酒厂为什么没有人因为霍乱而死亡呢？斯诺还特意去这个啤酒厂转了一圈。他发现，原来这个啤酒厂有自己的供水系统，啤酒厂的工人没有必要去百老汇街上取水了。

百老汇街的西边是富人区。整个富人区很大一片区域里只有一个家庭里有两人因为感染霍乱而死亡。斯诺去了解了一下这个家庭的情况。原来，这个家庭住着一个阿姨和她可爱的小侄女。这个小侄女在百老汇街上的一所学校上学。她每天放学后，从百老汇街上的水泵中取水带回家，供她和阿姨一起饮用！这个发现让斯诺更加怀疑百老汇街上的水泵提供的水可能被污染了，导致人们感染了霍乱。

这只是斯诺的猜测。大家依然不相信他，认为是瘴气导致了霍乱流行。

如何才能验证斯诺的猜测，即百老汇街上的水泵提供的受污染的水才是导致霍乱的真正元凶呢？

斯诺再次看了伦敦地区，发现伦敦有两家供水公司：Lambeth 公司从上游取水，水质比较干净，没有受到污染；Southwark and Vauxhall (S&V) 公司从污水排放的下游取水，因此其供水受到污染（见图 2.2）。百老汇街位于下游，这个街上的水泵提供的水源已经受到污染了。如果在伦敦地图的中间画一条水平线，把伦敦分成南、北两个区域，那么南边恰好是 Lambeth 公司的供水区域，属于上游，水源没有被污染，北边绝大部分都是 S&V 公司的供水区域，属于下游，水源被污染了。这就很自然地有了两个组：控制组（上游区域）和处理组（下游区域）。斯诺需要比较这两个组中霍乱发病率的差异。可能影响霍乱发病率的混杂因素有很多。比如，如果家庭经济状况比较好，那么居住条件和卫生保健条件都会比较好，受教育程度会比较高，预防疾病的意识相对要强一些，治疗疾病时可以调配的资源可能也要多一些，疾病的发病率、致死率可能就要低一些；在人口密度大的工厂，疾病的发病率可能就会高一些。但是，如果按照斯诺的设想，从中间地带把伦敦地区分为南、北两个区域，这两个区域的情况就会非常类似，两个区域都有富人区、工厂，居住条件和卫生保健条件都差不多……这简直就是一个完美的划分：南、北两个区域分别在控制组和处理组中，但其他可能会影响霍乱发病率的混杂因素基本都是类似的。斯诺在日记中非常兴奋地写道："每家公司都供应富人和穷人、大房子和小房子，接受不同公司的供水的人的状况或职业没有差别……接受两家公司供水的人或者房子都没有区别，它们周围的物理状况也没有区别……"唯一的区别是供水方面，"一组的供水受到了污染，而另一组的供水没有受到污染。"混杂因素就这样被巧妙地控制好了。

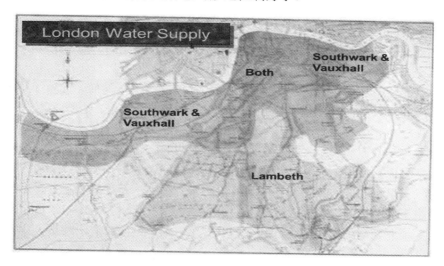

图 2.2　1850 年左右，伦敦地区两个不同供水公司的供水区域图

根据这个划分，斯诺根据不同供水公司的供水区域分别汇总了霍乱的死亡人数。这些汇总数据列在表 2.1 中。这些数据非常明显地指出，在处理组和控制组中，霍乱的发病率

的差别几乎高达九倍！可以断定，水源受到了污染才是导致霍乱的元凶。斯诺根据他的分析结论建议当地政府关闭了百老汇街上的水泵。这个建议无疑挽救了无数生命。

表 2.1　　不同供水公司对应的供水区域内霍乱死亡人数统计表

供水区域	房屋栋数	霍乱导致的死亡人数	每一万栋房屋里的死亡人数
S&V	40 046	1 263	315
Lambeth	26 107	98	37
其他区域	256 423	1 422	59

斯诺的这幅地图现在已经成为流行病学的标准分析方法之一。它将统计、流行病学以及科学推理结合在一起，构造了一张信息量巨大的图形。这个图形非常直观，很有说服力，得到了《柳叶刀》的大力褒扬。后世论及伦敦霍乱时都会引用这幅地图。

虽然以今人的眼光看来，这些事情仿佛轻而易举、水到渠成，但在当时，从固有思维跳出来并遵循科学的数据分析方法，是非常难能可贵的。2006 年，美国作家史蒂芬·约翰逊（Steven Johnson）将斯诺破解霍乱之谜的故事写成了纪实小说《死亡地图》（*The Ghost Map: The Story of London's Most Terrifying Epidemic—and How it Changed Science, Cities and the Modern World*），赞扬斯诺"用理性和证据战胜了疾病、迷信和教条，应当被历史所铭记"。换成数据科学的版本，即斯诺用他锲而不舍的探究，对相关、因果、混杂因素等一系列概念做出了生动阐释，值得我们细细咀嚼。

当然，我们需要承认的是，斯诺虽然敏锐地捕捉到了问题根源，但他并不了解人类感染霍乱的生理机制。1854 年，正当斯诺在伦敦分析他的数据时，意大利的菲利波·帕西尼（Filippo Pacini）发现：弧菌能够进入人体小肠并引起霍乱。然而，他的声音湮没在风靡一时的瘴气学说中。直到 1883 年，德国科学家罗伯特·科赫（Robert Koch）也分离出弧菌，再加上瘴气学说逐渐失去主流地位，这种细菌感染机制才得到了科学界的认可。

斯诺结合自己的专业知识敏锐地判断，导致霍乱的真正元凶可能是污染的水源而不是糟糕的空气。任何新生事物的发展都需要经历一定时间、付出一定代价，霍乱的研究与控制也不例外。在这一过程中，数据本身的力量也许抽象而单薄，然而，当它与实际研究接轨并指引着人类的实践活动时，我们竟可以越过权威、迷信与流言，让世界少一分苦难，给生活添一点美好。

下面再看几个类似的例子。对于美国亚利桑那州的肺结核的高发病率，许多人往往不加思考，就认为原因可能是亚利桑那州的空气质量不好。但是，实际情况是什么呢？亚利桑那州的空气质量特别好，特别有利于肺结核病人的康复；而且，亚利桑那州治疗肺结核的医疗水平也很高，美国很多肺结核病人经常跑到亚利桑那州去治疗肺结核病。因此，这就人为地提高了亚利桑那州的肺结核的发病率。在中国，这样的例子其实也非常普遍。比如，中国近些年经济增长速度非常快。与此同时，癌症的发病率也非常高。许多人认为经济发展导致了环境恶化，而环境恶化导致了癌症的发病率提高。从表面上来看，数据可能确实如此。但是，有没有别的原因导致癌症的发病率提高呢？是不是人均寿命变长了，导致癌症的发病率增加了呢？会不会是医疗水平的提高，导致癌症早期检出率提高了呢？以前是不是因为很多人得了癌症，但是由于医疗水平的限制，没有及时发现呢？关于大麻，现在美国还有一个争论。有数据表明，吸食大麻的人比不吸食大麻的人神经衰弱的比率要高20%。因此，很多人就因此认为，吸食大麻有害身体健康。但也有很多人认为这个结论不可靠，他们说，很多神经衰弱的病人需要求助于大麻来治疗神经衰弱！至于真相是什么，目前也没有定论。但是，无论这个讨论的结论是什么，我们都应该反对吸食毒品。中国的法律是明确禁止吸食毒品的。

在中国，也有这么一位具备敏锐判断力和高度责任心的医生，她叫刘晓琳。她的名字值得我们大家记住。

2008年3月28日下午5时，安徽省阜阳市人民医院儿科主任医师刘晓琳像往常一样走进病房值班。这时，重症监护室里已经同时住进了两个小孩，病情一模一样，都是呼吸困难、口吐粉红色痰，有肺炎症状，也表现出急性肺水肿症状。当晚，这两个小孩的病情突然恶化，抢救无效，因肺出血而死亡。这时，护士过来告诉她，3月27日也有一名相同症状的孩子死亡。刘晓琳立即将这3个病例资料调到一起，发现患儿都是死于肺炎。常规的肺炎大多是左心衰竭导致死亡，但这3个孩子都是右心衰竭导致死亡。这很不正常。职业的敏感和强烈的责任心让刘晓琳非常警觉。3月29日凌晨零点多，在好不容易劝走了这两个死亡患儿的家长之后，她连夜把情况向领导进行了汇报。刘晓琳的预警起到了非常关键的作用。4月23日，经卫生部、安徽省阜阳市的多位专家诊断，确定该病为手足口病（EV71病毒感染）。人们都说，要是没有她的职业敏感和及时汇报，不知道多少儿童会因手足口病而死亡。不仅仅手足口病，2004年上半年引起社会高度专注的阜阳市"大头娃娃"事件也是刘晓琳最早揭示的，是她首先想到"大头娃娃"吃的奶粉可能出了问题，由此揭开了国内劣质奶粉的生产和销售的罪恶面目，挽救了无数婴儿。4月26日，卫生部前部长陈竺对刘晓琳给予了高度赞扬，"一个好的临床医生，面对的应该不仅仅是个体病人的症状，还要想到症状背后的病因，要对临床情况的特殊性产生警觉，意识到其中的不同寻常之处，并且有报告意识。刘主任对这次疫情的控制是有贡献的。"

2008年3月29日零点多，刘晓琳为什么要深夜上报病例，就是因为3例肺炎异常死亡病例引起了她的警觉。如果用因果分析的语言来表述，刘晓琳怀疑导致患儿死亡的原因可能并不是普通的肺炎。常规的肺炎大多是左心衰竭导致死亡，但由右心衰竭导致肺炎病人死亡也是可能的，只是这个可能性不大。连续3位患儿都是因为右心衰竭而死这个概率太小了。因此，她怀疑3位患儿可能并不是死于肺炎，她推断，这3位患儿可能死于其他一种未知的疾病。她的推断过程与斯诺的推断过程几乎是一样的。从本质上而言，这种推断都涉及统计中的假设检验思想。关于假设检验的基本思想，我们在后面的章节中还会详细介绍。

2.2 随机化双盲试验

脊髓灰质炎是由脊髓灰质炎病毒引起的一种严重危害儿童健康的急性传染病。脊髓灰质炎病毒为嗜神经病毒，主要侵犯中枢神经系统的运动神经细胞，以脊髓前角运动神经元损害为主。患者多为低龄儿童，主要症状是发热、全身不适，严重时肢体疼痛，发生分布不规则和轻重不等的弛缓性瘫痪，俗称小儿麻痹症。20世纪60年代以前，脊髓灰质炎还是人类非常惧怕的疾病之一，美国总统富兰克林·D. 罗斯福在年少时就曾感染了脊髓灰质炎，留下了非常严重的后遗症。罗斯福总统任职期间，美国政府投入了大量资源进行大规模的脊髓灰质炎研究工作，其中一项重要的研究工作就是研制疫苗来预防脊髓灰质炎。

20 世纪 50 年代，美国国家脊髓灰质炎防治基金会召开的顾问委员会会议认为，由匹茨堡大学乔纳斯·索尔克（Jonas Salk）研制的疫苗能够产生抗体，在实验室进行的小规模试验中被证实不仅安全可靠，而且能在人体里产生大量抗体。根据顾问委员会的建议，1954 年，美国公共卫生署决定大规模地组织脊髓灰质炎疫苗试验。试验对象自然是那些最容易感染脊髓灰质炎的人群：小学一、二、三年级学生。这是一个对比试验，目的是想测试新的疫苗是否有效，即接种疫苗以后能否显著地降低脊髓灰质炎的发病率。美国公共卫生署需要从如下五个方案中选择一个试验方案。

方案一：1954 年，给儿童大量接种疫苗，然后统计接种疫苗后脊髓灰质炎的发病率。1953 年，这些儿童都没有接种疫苗。把 1954 年脊髓灰质炎的发病率与 1953 年的发病率相比较，看看 1954 年儿童大规模接种疫苗以后，发病率是否有明显下降，并基于此来判断疫苗是否有效。

这个方案有问题吗？研究人员发现，脊髓灰质炎每年的发病率的变化都很大。1951 年只有大约 3 万个病例，1952 年有接近 6 万个病例，但 1953 年只有不到 4 万个病例。这三年中，儿童都没有接种疫苗，美国人口基数变化也很小，但是 1952 年脊髓灰质炎的发病率与 1951 年相比增加了一倍，1953 年脊髓灰质炎的发病率与 1952 年相比又降低了近三分之一。这意味着，脊髓灰质炎发病率的随机性是很大的，单纯地比较 1954 年与 1953 年脊髓灰质炎的发病率很难证明疫苗是否有效。即使我们能观察到 1954 年儿童接种疫苗以后脊髓灰质炎的发病率有明显降低，这也可能仅仅是由于 1954 年在儿童中没有流行脊髓灰质炎而已，不一定是接种疫苗的效果。

方案二：1954 年，选择一部分地区，给儿童接种疫苗，同年，选择另外一部分地区，不给儿童接种疫苗。然后，在接种疫苗的地区与不接种疫苗的地区，分别统计当年的脊髓灰质炎的发病率并进行比较。比如，在芝加哥地区给儿童接种疫苗，在纽约州不给儿童接种疫苗，然后比较这两个地区的发病率。

这个方案有问题吗？脊髓灰质炎是一种传染病，即使不接种任何疫苗，也可能出现在一个地区传染病流行而在另一个地区该疾病没有流行的情况。事实上，1956 年就出现了这种情况。当年，纽约州的脊髓灰质炎的发病率极低，但芝加哥地区的脊髓灰质炎的发病率就很高。如果采用这个方案，即使我们观察到在接种疫苗地区的发病率很低，也有可能是当年当地没有流行脊髓灰质炎而已，不一定是接种疫苗的效果。

前两个方案都不可行，于是方案三被提了出来。

方案三：虽然疫苗只是在实验室试验中被证实是安全有效的，但是，在进行大规模试验时，试验环境复杂，接种这种疫苗可能会给儿童带来很大风险。因此，接种疫苗之前，必须取得儿童父母的同意。这个方案是这样的：如果父母同意给自己的孩子接种疫苗，就给这些孩子接种疫苗；如果父母不同意，就不给他们的孩子接种疫苗。这就很自然地形成了两组：在一组中，孩子接种了疫苗，在另一组中，孩子没有接种疫苗。是不是可以通过对比这两组儿童的脊髓灰质炎的发病率来衡量疫苗的有效性呢？

　　研究人员当时已经发现，脊髓灰质炎似乎格外偏好一些经济状况比较好的家庭。如果经济状况比较好，那么居住条件、卫生保健条件也会比较好。在这些家庭中，脊髓灰质炎的发病率比较高。如果家庭经济状况比较差，那么居住条件、卫生保健条件一般也比较差，但脊髓灰质炎的发病率反而低一些。研究人员分析，如果居住条件、卫生保健条件比较差，婴儿刚出生时可能就接触到了脊髓灰质炎病毒，但婴儿刚出生时，有一段比较长的时间（一般会达到或超过半年）可以得到母体带来的免疫力的有效保护。在这种母体带来的免疫力的保护下，这些婴儿接触到脊髓灰质炎病毒，自身就可以产生免疫力。这种自身免疫力可以降低脊髓灰质炎的发病率。

　　一般情况下，同意给孩子接种疫苗的家庭往往经济状况比较好，在这些家庭中，父母的受教育程度要高一点。相比而言，家庭经济状况比较差的家庭，父母同意给孩子接种疫苗的比例要低一点，父母受教育的程度也要低一些。事实上，当时人们发现，愿意参加试验的儿童的逃学次数明显低于不愿意参加试验的儿童的逃学次数。因此，如果采用方案三，即使这个疫苗本身是安全有效的，接种疫苗的儿童的发病率也不一定会比不接种疫苗的儿童发的病率低。这不是一个在同等条件下的比较，这种对比同样可能会有系统性偏差。因此，方案三也不可行。

　　于是，美国国家脊髓灰质炎防治基金会提出了方案四。

　　方案四：给所有取得父母同意的二年级儿童接种疫苗，所有一、三年级儿童不接种疫苗。对比二年级接种疫苗的儿童的发病率与一、三年级不接种疫苗的儿童的发病率。

　　在讨论方案三时，研究人员已经发现，愿意给孩子接种疫苗的家庭一般经济状况、家庭居住条件和卫生保健条件都比较好，这些家庭的儿童感染脊髓灰质炎的概率相对来说也大一点。这个问题在方案四中同样存在。除了这个问题之外，二年级的儿童年龄层次和一、三年级不一样，这可能导致二年级儿童的发病率和一、三年级不一样，这个原因可能会带来系统性偏差。

　　这个方案还有一个非常关键的缺陷。在接种疫苗以及诊断儿童是否感染脊髓灰质炎等试验的整个过程中都需要医生参与。脊髓灰质炎是一个比较复杂的疾病，在诊断时本身就有困难。由于这个疫苗在实验室试验中已经被证明是安全有效的，可以产生抗体，因此人们可能从心理上会倾向于相信这个疫苗在大规模的儿童试验中同样会有效。这些心理因素会诱导医生的诊断结果。在遇到一些比较难以诊断的疑难病例时，如果病例是一、三年级的学生，医生可能把没有感染脊髓灰质炎的儿童诊断为感染脊髓灰质炎；如果是二年级的学生，医生可能会把感染了脊髓灰质炎的儿童诊断为没有感染。这种心理诱导因素也会带来系统性偏差。

　　显然，这个方案有许多问题。美国国家脊髓灰质炎防治基金会提出的这个方案在当时得到了许多研究机构和卫生部门的反对，但由于这个方案当时得到了美国国家脊髓灰质炎防治基金会会议的顾问委员会认可，在大规模儿童试验中，依然被付诸实施了。

　　在分析方案四的问题时，许多研究机构和卫生部门都认为，医生必须做到"盲"。也就是说，医生不知道参加试验的儿童哪些接种疫苗了，哪些没有接种。同理，参加试验的儿童也必须做到"盲"。参与试验的儿童不知道自己是否接种了疫苗，以免这种心理诱导影响试验结果。这种考虑促成了方案五的产生。

方案五：无论是否接种疫苗都应当征求父母的意见。如果疫苗有效但儿童不接种疫苗，就可能会面临更高的感染脊髓灰质炎的风险，同样会对儿童的身心健康产生危害。因此，在设计方案五的时候，无论儿童是否接种疫苗，都必须取得父母的同意。如果父母同意孩子参加本次试验，研究人员需要告诉父母，即使同意孩子接受疫苗，参加试验的儿童可能接种疫苗，也可能不接种疫苗。

那么方案现在就可以这样设计了：在父母同意接种疫苗的儿童中，以一种完全随机的方式来决定哪些儿童接种疫苗，哪些儿童不接种疫苗。选择完全随机的方式来决定是否接种疫苗，可以使接种疫苗的儿童与不接种疫苗的儿童的家庭状况、自身健康状况、兴趣爱好等可能会影响试验结果的因素基本相同。即使不给儿童接种疫苗，也需要给他们接种安慰剂。这种安慰剂看上去和疫苗一模一样，但它没有任何抗体。由完全随机的抽签方式来决定哪些儿童接种安慰剂，哪些儿童接种疫苗。在接种疫苗的过程中，儿童或者医生都无法知道究竟是接种了疫苗还是接种了安慰剂。这样，可以避免心理诱导因素产生的系统性偏差。这种对照试验的结果才具有可比性。这就是完全随机化的双盲对照试验，这个试验在大规模儿童试验中也被付诸实施了。因此，1954 年，美国公共卫生署组织实施的骨髓灰质炎疫苗试验有两个试验方案分别在两个完全不同的地区得以实施。

由于方案五的试验结果更有说服力，因此表 2.2 只给出了方案五的试验结果。

表 2.2　完全随机化双盲对照试验结果

	接种疫苗	接种安慰剂	没有接种	不完全接种	总数
参加试验的儿童数	200 745	201 229	338 778	8 484	749 236
病例总数（个数）	82	162	182	2	428
病例总数（比例）	40.8	80.5	53.7	23.6	57.1
脊髓灰质炎（病例数）	57	142	157	2	358
脊髓灰质炎（比例）	28.4	70.6	46.3	23.6	47.8
其他病例数（个数）	25	20	25	0	70
其他病例数（比例）	12.5	9.9	7.4	0	9.3

关于表 2.2，我们给出几个注意事项。表中的比例指的是病例在 10 万儿童中的比例。没有接种的 338 778 名儿童中，事实上包含接种 1 次或者 2 次安慰剂的 8 571 名儿童。不完全接种指的是接种 1 次或者 2 次疫苗的儿童。所有参与试验的儿童都取得了父母的同意。因此，参加本次双盲试验的儿童数共有 200 745（接种疫苗）+ 201 229（接种安慰剂）+ 8 571（接种 1 次或者 2 次安慰剂）+ 8 484（接种 1 次或者 2 次疫苗）= 419 029 名。在 419 029 名参与试验的儿童中，有 200 745（接种疫苗）+ 8 484（接种 1 次或者 2 次疫苗）= 209 229 名儿童接种了疫苗；有 201 229（接种安慰剂）+ 8 571（接种 1 次或者 2 次安慰剂）= 209 800 名儿童接种了安慰剂。接种疫苗和接种安慰剂的儿童数量非常接近。

接种疫苗以后，脊髓灰质炎的发病率为十万分之 28.4；而接种安慰剂以后，脊髓灰质炎的发病率高达十万分之 70.6。直观上看起来，这个疫苗已经是非常有用的了。事实上，非常严谨的统计分析确实证实该疫苗是有效的。

顺便提一下另外一个比较有意思的数字。没有参与试验的儿童的发病率为十万分之

46.3，比接种安慰剂的儿童的发病率十万分之 80.5 还是要低很多。这个现象发生的原因其实我们之前提到过：没有接种的儿童是父母不同意参加本次试验的那些儿童，这些儿童的家庭大多数比较贫穷，由于在婴儿阶段就接触到脊髓灰质炎病毒，在母体带来的免疫力保护下，自身产生了免疫力。因此，这些儿童感染脊髓灰质炎的比例要低一些。

2.3　随机化试验的其他例子

从前面的一个案例中，我们可以学习到，通过把一些个体随机地分配到控制组和处理组中，可以使控制组中的混杂因素和处理组中的混杂因素非常相似，从而使得控制组和处理组的结果对比更有意义。

能否进行随机化试验取决于许多因素，比如说道德因素、职业规范等。如果我们希望评价孕妇饮酒对婴儿体质是否造成不良后果，就不能采用随机化试验，我们不能随机地分配一些孕妇在孕产期饮酒，然后衡量饮酒对婴儿体质的影响。这种做法显然是不道德的。对于其他一些政策评价，比如死刑的存在会不会降低恶性罪案的发生率，也不能随机地选择一些城市允许死刑，然后随机地选择另一城市不允许死刑。这些做法是人民群众难以接受的。当我们不能采用随机化试验的时候，需要非常小心混杂因素对试验结果的影响。

但是，如果某个试验允许我们采用随机化来分配控制组和处理组，就为我们控制混杂因素的影响提供了极大的便利。当参与试验的个体提前知道自己在控制组和处理组这个信息，而这个信息可能会影响试验结果（脊髓灰质炎就是一个例子）时，我们不得不采用单盲或者双盲试验。也就是说，我们需要设计一个方案，使本来属于控制组的个体以为自己属于处理组。比如，如果安慰剂和疫苗的包装是一模一样的，接种安慰剂的个体就会以为自己接种了疫苗。双盲试验还能控制心理因素的影响，进一步提升试验结果的可对比性。

我们再来看一个随机化试验。20 世纪 90 年代，墨西哥的农村有许多适龄儿童没有上学。这与早些年中国的情况类似，在经济比较落后的农村地区，许多孩子不得不放弃上学，攒钱贴补家用。圣地亚哥·利维（Santiago Levy）是加拿大财政部的一个官员，他希望知道，实行一些好的福利项目是否可以提升孩子的入学率并提高人们的健康水平。当时，他就设计了一个名为 Progresa 项目的随机化试验。在这种试验中，真正随机地选择一些村庄实施好的福利项目，随机地选择另一些村庄来进行对照。这种随机化试验的好处在于，可以非常好地控制影响入学率的一些其他混杂因素。对于政府部门来说，好的福利项目自然就是给钱、给政策。具体来说，如果适龄儿童选择上学而且家庭愿意采取一些预防疾病的措施，政府可以提供一些补贴；如果孩子上中学，就可以比在小学期间得到更多的补贴；女孩上学得到的补贴会比男孩更多。

试验结果发现，得到政策照顾的村庄的入学率可以达到 77%，比没有得到这些政策照顾的村庄的入学率高 4 个百分点。另外，如果对女孩上学给予补贴，女孩的入学率就可以增加到 75%，比不给补贴的女孩的入学率高 10 个百分点。显然，这些福利政策对于提升小孩尤其是女孩的升学率是非常有效的。后来，墨西哥政府根据这个试验结果，发布了一个名为 Oportunidades 的项目，旨在通过福利政策提升孩子的入学率并提高人们的健康水平。

2.4 结　　论

　　大千世界中，事物之间的联系是如此微妙而复杂，以至于我们很难认识、检测并控制所有引起试验结果变化的因素。"世界上没有两片一样的叶子"，自然界的差异深刻而广泛，以至于我们难以找到同质的试验个体。事物变化发展的逻辑一环扣一环，各种因素通过不同的渠道发挥作用，以至于我们只能在锲而不舍的观察、试验、求证、反思、质疑、否定和改进过程中无限接近真相，却不能为任何一种因果关系妄下定论。

　　所有数据都只能为潜在的因果联系提供证据，以增强我们对于一种假设的信心。科学家不会说他们已经证明了一种假设，或是一种因果关系。证明意味着终结、绝对肯定或是不再需要进一步探究某事物。证明对于谨慎自持的科学界来说是一个过于强烈的用语。证据可以支持或肯定假设，但是无法证明假设。即使有数以百计的研究显示同样的结果，就如同抽烟与肺癌之间的关联受到无数支持一样，科学家也只能说：直到今天所有研究都与某个假设预测的一致；更何况历史上有许多曾经被认为是已被证明、到后来却发现是错误的例子。证明被用于推论逻辑或数学关系上，但是不足以承载现实真相的厚重。

第三章 Python入门
CHAPTER 3

　　全世界的编程语言有 600 多种，但是，真正流行的编程语言就只有 20 种左右。这其中包括相对比较难学的 C 语言、非常流行的 JAVA 语言、早年间比较适合初学者的 Basic 语言以及很适合网页编程的 JavaScript 等。当然，这其中也包括我们即将开始学习的 Python 语言。Python 语言是著名的"龟叔"吉多·范罗苏姆（Guido Van Rossum）在 1989 年圣诞节期间为了打发无聊的圣诞节而编写的编程语言。Python 出现的时间不算长，但是 Python 究竟有多流行呢？我们来看一组数据。IEEE Spectrum 依据 12 个线上数据源，每年对 48 种语言进行排行。2017 年发布的第 4 届顶级编程语言交互排行榜显示，Python 语言的流行度排名第一。但值得注意的是，排在前三名的语言 Python、C 和 Java 都拥有广大的用户群体，并且它们的用户总量也十分相近。这三个语言相比而言，Python 语言简单易学但是执行效率低，C 语言比较烦琐但是执行效率高。实现同一个任务，C 需要 1 000 行，Java 需要 100 行，Python 可能只需要 20 行。但是，执行效率就倒过来了。完成同一个任务，C 需要 1 秒钟，Java 需要 2 秒钟，Python 可能需要 10 秒钟。Python 的执行效率比较低，这是缺点。

　　科学计算常用的软件是 MATLAB。这是一款商用软件，价格不菲。MATLAB 有一些专业性非常强的工具箱，暂时还无法被其他开源软件完全替代，这是 MATLAB 的优势。但大部分常用功能在 Python 中可以找到相应的扩展库。Python 完全免费，用户可以在任何计算机上免费安装 Python 以及大多数扩展库。另外，MATLAB 专注于工程和科学计算。但在计算领域，也经常会遇到文件管理、界面设计、网络通信等需求。Python 有丰富的扩展库，可以轻易完成计算以外的其他任务。这就有利于开发者用 Python 实现所需的完整功能。因此，除非需要用到一些专业性很强的科学计算功能，使用 Python 还是很方便的。

3.1　Python 安装指南

　　本节主要介绍 Python 的安装及使用方法。

　　为了使用 Python，我们推荐安装 Anaconda。Anaconda 是一款开源软件，可以在 Linux、Windows 和 Mac OS X 上运行 Python，并可以快捷安装 Python 的众多数据科学包以及依赖环境。由于接下来的章节均使用 Python 3.7 版本，我们可以在 Anaconda 官网上下载 Python 3.7 版本的 Anaconda。

　　安装完 Anaconda，你会发现里面有许多不同功能的软件。我们在接下来的章节中主要使用 Jupyter Notebook 作为编写 Python 代码的工具。Jupyter Notebook 是一种开源的网页应用程序，允许用户创建和共享包含实时代码、公式、可视化和叙述文本的文档，可以用于数据清洗与转换、数值模拟、统计建模、数据可视化、机器学习等。简而言之，Jupyter Notebook 是以网页的形式展现文档，我们可以在网页中直接编写和运行相关代码，并且代码的运行结果也会显示在代码块下方。当我们需要编写说明文档时，也可以在同一个页面中直接编写。

3.2 表 达 式

本节主要介绍 Python 基础表达式的用法：加法（+）、减法（−）、乘法（*）、除法（/）、指数（**）、向下取整（//）、取余（%），以及运算的优先级规则。

程序语言尽管比人类语言简单很多，但是，程序语言还是要有一些基本规则。我们现在开始学习 Python 语言的语法规则。所有的程序语言都是由表达式组成的，这些表达式给计算机下指令，让计算机执行一些操作。例如，加法、减法、乘法表达式由两个数字表达式之间的 +、−、* 号组成，比如，

```
4 + 5
```

```
9
```

```
4 − 5
```

```
-1
```

```
4 * 5
```

```
20
```

乘方运算通过两个连续的 * 号（即 **）来表达，注意，两个 * 号中间不能用空格。如果有空格，就会出现语法错误提示。大家可以尝试用 2 * * 3 试试程序是否报错。空格在这里作为一个字符出现。因此，不要轻易为了美观而随意添加空格符号。

```
2 ** 3
```

```
8
```

```
3 ** 2
```

```
9
```

```
2 ** 0.5
```

```
1.4142135623730951
```

　　Python 表达式遵循熟悉的优先级规则：优先计算括号之内的表达式，之后是指数运算，然后计算乘除，最后计算加减。可以比较一下下面两个表达式的不同：

```
(1 + 3)**2
```

16

```
1 + 3**2
```

10

　　我们可以多做几个练习看看计算结果：

```
(2 + 1) * 4 ** 2 − 1
```

47

　　下面我们来看看除法。除法有三种，第一种是常见的浮点除法。

```
4 / 5
```

0.8

　　在进行"/"运算时，除数不能为 0，否则会给出语法错误提示。另外，任何两个数相除，即使被除数能被除数整除，计算结果一定也是浮点数。但 +、−、∗ 运算不会出现这个问题。

```
4 / 2
```

2.0

　　第二种除法运算符"//"称为向下取整，即比商更小的整数值。如果商是正数，则取整数位；如果商是带非零小数位的负数，则取整数位减去 1 后的结果；如果恰好被整除，则返回一个整数值。

```
9 // 3
```

3

```
5 // 2
```

2

```
5 // 3
```

1

```
5 // -3
```

-2

```
-5 // 3
```

-2

```
-5 // -3
```

1

　　在进行相除取整时，两个相连的除号之间也不能有空格。这一点与乘方的运算是类似的。空格在 Python 中是一个字符，不能随意添加。

　　第三种除法运算符"%"是一种取余运算。注意：向下整除之后的余数，比如 5/2，结果为 2.5，向下取整之后的商是 2，余数为 1。因此，5%2 取余运算的结果应该是 1。

```
5 % 2
```

1

```
5 % 3
```

2

```
5 % -3
```

-1

```
-5 % 3
```

1

```
-5 % -3
```

-2

　　注意，任何两个数字相除，计算结果总是浮点数。即使是两个整数恰好整除，结果也是浮点数。比较下面三种除法：

```
9 / 3
```

3.0

```
9 % 3
```

0

```
9 // 3
```

3

再来看一个稍微复杂一点的例子。

```
11 // 3 * 3 + 11 % 3
```

11

3.2.1　习题

1. 计算 $1 + 2 \times 3 + 4 \div 5$ 的值。
2. 计算 2019 除以 123 的余数。

3.3　数 值 类 型

在介绍表达式时，我们提到了两个数值型数据的类型：整数以及浮点数。本节主要介绍 Python 数值类型：int（整数）、complex（复数）和 float（浮点数），以及对应的数值精度。

3.3.1　整数

整数表示没有小数部分的整数，包括负整数、零或者正整数。Python 可以处理任意大小的整数，但整数不能以 0 开头，比如 080，−0490 等形式。

```
3
```

3

```
0
```

0

```
−786
```

−786

3.3.2　浮点数

在 Python 中，浮点数用小数点表示。与整数没有小数点相比，浮点数总是带一个小数点。浮点数运算则可能会有四舍五入的误差。

```
0.0
```

0.0

```
5.
```

5.0

```
15.20
```

15.2

```
21.9
```

21.9

浮点数也可以使用科学计数法，格式为"a e b"，其中，a、b 为数值，e 是符号。另外，e 和 E 是等价的。

```
32.3e+18
```

3.23e+19

```
−32.54e100
```

−3.254e+101

```
70.2E−12
```

7.02e−11

浮点数非常灵活，但有一些限制。具体来说，有如下几个问题：第一，浮点数可以表示很大或者很小的数字，但存在一定的范围限制。当然，尽管这些浮点数存在一定的范围限制，但是我们一般很少会突破这些限制。第二，浮点数只能表示 15 位或者 16 位有效数字，剩下的精度就会丢失。一般情况下，这个有限的精度对于绝大多数情况已经足够了。第三，这些浮点数在做算术运算之后，最后的几位数字常常可能不准确。

第一个问题可以通过两种方式来观察：如果一个计算的结果是非常大的数字，那么它会被表示为无限大；如果一个计算的结果是非常小的数字，则表示为零。

```
2e306
```

2e+306

```
2e306 * 10
```

2e+307

```
2e307 * 100
```

inf

```
2e−322
```

2e−322

```
2e−322 / 10
```

2e−323

```
2e−322 / 100
```

0.0

第二个问题可以通过涉及超过 15 位有效数字的表达式来观察。在进行任何算术运算之前，这些额外的数字会被丢弃。

```
0.666666666666666 − 0.66666666666666666123456789
```

−1.1102230246251565e−16

```
0.6666666666666666 − 0.66666666666666666123456789
```

0.0

第三个问题可以通过一个例子来说明。当两个表达式应该相等时，可以观察到第三个问题。例如，表达式 $2 ** 0.5$ 计算 2 的平方根，但是该值的平方不会完全恢复成 2。

```
2 ** 0.5
```

1.4142135623730951

```
( 2 ** 0.5) * ( 2 ** 0.5)
```

2.0000000000000004

```
( 2 ** 0.5) * ( 2 ** 0.5) — 2
```

4.440892098500626e−16

上面的最终结果非常接近零，但不精确为零。这个问题几乎出现在所有编程语言中，并不单单是 Python 的问题。

3.3.3　复数

Python 支持复数，复数由实数部分和虚数部分构成，可以用 a + bj, 或者 complex(a,b) 表示。注意：（1）可以使用 j 或者 J 来表示虚数，这两种方法等价；（2）虚数 j 或者 J 前面必须要有一个数值，不能单独使用 j 或者 J。

```
3.14j
```

3.14j

```
complex(0,3.14)
```

3.14j

```
2j
```

2j

```
5.j
```

5j

```
9.322e−36j
```

9.322e−36j

```
.876j
```

0.876j

```
−.6545+0J
```

(−0.6545+0j)

```
3e+26J
```

3e+26j

```
4.53e−7j
```

4.53e−7j

```
complex(2, 5.)
```

(2+5j)

 3.3.4　习题

1. 计算 1+2j 乘以 3−4j 的值。
2. 计算 3.14 的 123 次方。

3.4　字　符　串

本节主要介绍 Python 中的字符串数据类型及其相关的字符串方法，包括连接 +、重复 *、索引 [ ]、格式化 % 等。

字符串是 Python 中常用的数据类型。我们可以使用半角状态下的单引号或双引号 (即 ' ' 或 " ") 来创建字符串。字符串既可以包含传统的数值型数据，也可以包括布尔值 True 或 False。表达式的含义取决于其结构和正在组合的值的类型。例如，将两个字符串加在一起会产生另一个字符串。

```
"data" + "science"
```

'datascience'

加法是字符串连接运算符，将两个字符串组合在一起。

```
"data" + " " + "science"
```

'data science'

星号（*）是重复操作。

```
'Data ' * 2
```

'Data Data '

单引号和双引号都可以用来创建字符串：'hi' 和"hi" 是相同的表达式。双引号通常是首选，因为它们允许在字符串中包含单引号。

```
"This won't work with a single-quoted string!"
```

"This won't work with a single-quoted string!"

函数 str( ) 返回任何值的字符串表示形式。

```
"That's " + str(1 + 1)+'. '
```

"That's 2."

Python 使用方括号来截取字符串。从左到右，索引从 0 开始，取 0，1，2 等，依此类推；从右到左，索引从 −1 开始，取 −1，−2，−3 等，依此类推。

```
'Hello'[0]
```

'H'

```
'Hello'[1]
```

'e'

```
'Hello'[−1]
```

'o'

```
'Hello'[0:2]
```

'He'

```
'Hello'[0:−2]
```

'Hel'

```
'Hello'[2:]
```

'llo'

```
'Hello'[:]
```

'Hello'

```
'Hello'[:−1]
```

'Hell'

用 in/not in 检验一个字符串是否整体包含在另一个字符串中。对于 in，如果字符串中包含给定的字符，则返回 True，否则返回 False。比如，"H" in "Hello" 输出为 True；"M" not in "Hello" 输出为 True。

```
'Tom' in 'Tom and Jerry'
```

True

```
'Jerry' in 'Tom and Jerry'
```

True

```
'Spike' in 'Tom and Jerry'
```

False

3.4.1 字符串方法

对于字符串而言，我们可以使用字符串方法。字符串方法本质上就是操作字符串的函数。这些方法通过在字符串后面放置一个点，然后调用该函数来实现。例如，以下方法生成了一个字符串的大写版本。

```
"loud".upper()
```

'LOUD'

将第一个字母大写：

```
'statistics'.capitalize()
```

'Statistics'

将字符串居中，并使用空格将位数补齐到指定长度：

```
'statistics'.center(12)
```

' statistics '

可以尝试一下'statistics'.center(13) 的效果。检验字符串是否至少含有一位字符，且所有字符均为英文字母：

```
'statistics'.isalpha()
```

True

方法 replace 用于替换字符串中的所有子字符串。方法 replace 有两个参数,即被替换的字符串和替代字符串。

```
'hitchhiker'.replace('hi', 'ma')
```

'matchmaker'

字符串方法也可以使用变量名称进行调用,只需要将这些名称绑定到字符串上。因此,例如,通过首先创建"ingrain",然后进行第二次替换,以下步骤从"train"生成了"degrade"一词。

```
s = "train"
t = s.replace('t', 'ing')
u = t.replace('in', 'de')
u
```

'degrade'

注意,t = s.replace('t', 'ing') 这一行不改变字符串 s,它仍然是"train"。方法调用 s.replace('t', 'ing') 的结果只有一个值,即字符串"ingrain"。

```
s
```

'train'

这是我们第一次看到方法,但方法并不是字符串独有的。我们以后会看到,其他类型的对象同样可以使用方法。字符串方法实现了 string 模块的大部分方法,这些方法支持 Unicode,也有一些方法专门支持 Unicode。

3.4.2　输入与输出函数

我们简单介绍一下输入函数 input。执行 input 函数后,会等待用户键盘输入,直至按下回车键后自动退出。

```
input("按除回车键之外的其他任意键,显示输入的内容,直至按下回车键退出。")
```

接下来,我们介绍 print 函数。这个函数以后会经常调用。print 函数默认输出是换行的,如果不换行,则需要在变量末尾加上逗号。print( ) 函数的语法是 print(* objects, sep=' ', end='\n', file=sys.stdout)。其中,第一个参数 objects 表示可以一次输出多个对象,输出多个对象时,需要用","分隔;第二个参数 sep 用来间隔多个对象,默认值是一个空格;第三个参数 end 用来设定以什么结尾,默认值是换行符"\n",我们可以换成其他字符串;最后一个参数 file 表示要写入的文件对象。我们来看几个例子就清楚了。

第一个例子是关于换行输出的。

```
print("What is your student #?")
```

What is your student #?

第二个例子是关于不换行输出的。

```
x = 'I love '
y = 'Baymax.'
print(x,y)
```

I love Baymax.

```
print(x, end = '')
print(y)
```

I love Baymax.

第三个例子是关于以 "." 为分隔符的。

```
print("isbd","ruc","edu","cn", sep=".")
```

isbd.ruc.edu.cn

Python 支持字符串的格式化输出，即字符串中的一些元素可以用固定格式的操作符来控制显示。例如，%s 表示输出为字符串，%d 表示输出为整数，%f 表示输出为浮点数。我们给出一些具体例子。

```
print("My name is %s and weight is %5.2f kg!" % ('Garfield', 50) )
```

My name is Garfield and weight is 50.00 kg!

```
print("My name is %s and weight is %d kg!" % ('Garfield', 50) )
```

My name is Garfield and weight is 50 kg!

print 函数中常用到的还有禁止转义字符 r/R，即让 print 的内容按照字符串字面的意思来使用。比如，print(r'\n') 输出 \n，print (R'\n') 输出 \n。

```
print(r'\n')
```

\n

```
print(R'\n')
```

\n

3.4.3 习题

1. 将 '鹅' 重复 3 次后与 ', 曲项向天歌' 连接后输出结果。
2. 利用格式符 % 将 '前 10 位正整数的和是：' 对应的结果填入相应位置后输出结果。

3.5 赋值语句

本节主要介绍 Python 变量及其命名规则、赋值语句用法，并列举几个例子进一步解释如何运用变量、赋值语句。

通过等号把变量值赋给变量名。尚未赋值的变量名应该在等号左边，取值在等号右边。赋值语句的语法规则如下：

变量名 = 变量值

比如，

```
a = 5
```

目前，a 的值就是 5。除非以后我们重新定义 a 的取值，否则 a 的值会保持不变。

```
a = 5
b = 6
a + b
```

11

之前赋值的名称可以在等号右边的表达式中使用。比如，

```
c = a + 6
d = c + 7
d
```

18

```
quarter = 1/4
half = 2 * quarter
half
```

0.5

但是，上述情形仅仅是表达式的当前值赋给了当前的名称。如果这个值以后改变了，则由这个值定义的其他名称将不会改变取值。如果要改变取值，则需要重新赋值。

```
quarter = 4
half
```

0.5

```
half = 2 * quarter
half
```

8

变量名必须要用字母开头，可以包含字母和数字，并且区分大小写；名称不能包含空格，通常使用下划线"＿"来替换每个空格；变量名不能用数字开头或者包含空格（可以试试 1var = 2 或者 var 1 = 2 看是否报错）；以后我们还会提到，变量名不能使用保留字符，例如 pass、try、lambda 等。

```
var_1 = 2
var_1
```

2

Python 可以给出中文变量名。

```
我 = 3
我 + 2
```

5

```
我 / 2
```

1.5

```
我 // 2
```

1

```
我 * 2
```

6

```
我 ** 2
```

9

```
变量名 = '变量值'
```

```
变量名
```

'变量值'

我们通常会使用一些易于理解的变量名称。比如，为了描述加利福利亚州伯克利 5 美元商品的销售税，以下名称就直接阐明了各种数量的含义。

```
purchase_price = 5
state_tax_rate = 0.075
county_tax_rate = 0.02
city_tax_rate = 0
sales_tax_rate = state_tax_rate + county_tax_rate + city_tax_rate
sales_tax      = purchase_price * sales_tax_rate
sales_tax
```

0.475

也就是说，购买 5 美元的商品，需要支付 0.475 美元的销售税。

可以通过使用 del 语句删除单个或多个对象，例如：

```
del purchase_price, sales_tax_rate
```

作为一个例子，可以再来看看目前全球电影票房排行榜前 5 名的电影票房（亿美元）：《复仇者联盟：终局之战》：27.98；《阿凡达》：27.90；《泰坦尼克号》：21.87；《星球大战：原力的觉醒》：20.68；《复仇者联盟：无限战争》：20.48。

```
复联之终局之战 =27.98
阿凡达 =27.90
泰坦尼克号 = 21.87
星战之原力的觉醒 = 20.68
复联之无限战争 = 20.48
前五总票房 = 复联之终局之战 + 阿凡达 + 泰坦尼克号 + 星战之原力的觉醒 + 复联之无限战争
前五总票房
```

118.91000000000001

这意味着，排行榜前 5 名的票房总和达到 118.91 亿美元。

3.5.1 多个变量赋值

Python 允许同时为多个变量赋值。

```
a = b = c = 1
```

三个变量被分配到相同的内存空间上。我们可以为多个对象指定多个变量。

```
a, b, c = 1, 2, 3
```

整数型对象 1，2 和 3 分别分配给变量 a，b 和 c。

3.5.2 保留字符

表 3.1 给出了 Python 中的保留字符。这些保留字符不能用作常数、变量或其他标识符。除了 False、None、True 之外，这些保留字符只包含小写字母。

表 3.1   保留字符

and	except	not	assert	finally	or
break	for	pass	class	from	nonlocal
continue	global	raise	def	if	return
del	import	try	elif	is	with
while	lambda	yield	False	None	True
as	async	await	else	in	

3.5.3 海底捞申请上市

多次传闻要上市的海底捞，这次来真的了。2018 年 9 月 26 日上午 9:30，海底捞创始人张勇、首席执行官杨利娟敲响了港交所的铜锣。从 1994 年创立到 2018 年，历时 24 年，海底捞终于被大家吃上市了。事实上，2018 年 5 月 17 日，港交所网站就披露了海底捞国际控股递交的上市申请材料。这家以服务体验出名的"中华火锅老大"首次晒出了全部家底。上市申请材料显示，海底捞 2015 年开设门店数量 146 家，2016 年开设门店数量 176 家，2017 年开设门店数量 273 家，2018 年预计新开设 180~220 家餐厅。因此，2018 年预计开设门店数量达到 453~493 家。

```
Num2015, Num2016, Num2017 = 146, 176, 273
NumNew = 220
Num2018 = NumNew + Num2017
Num2018
```

493

```
Num2017 = 273
NumNew = 180
Num2018 = NumNew + Num2017
Num2018
```

453

```
Num2016/Num2015−1,Num2017/Num2016−1,NumNew/Num2017
```

(0.20547945205479445, 0.5511363636363635, 0.6593406593406593)

可以看出，近两年海底捞新开门店数量激增。当然，快速扩张可能会同时带来巨额流动负债。

2017 年人均消费 97.7 元，顾客总量达 1.06 亿人次，可以算得 2017 年海底捞的营业额为 103.56 亿元，这个数字接近海底捞公布的 2017 年度营收额 104 亿元。

```
Sales = 1.06 * 97.7
Sales
```

103.56200000000001

据海底捞在上市申请材料中公布的数据，2017 年度每家门店平均每天有 1 500 人造访。按照 2017 年总顾客人数 1.06 亿人次、273 家门店、365 天来计算，每家门店平均每天造访的人数约为 1 064 人次；但是按照一年的工作日大概 250 天来计算，每家门店平均每天造访的人数可以达到 1 553 人次。

```
1.06*1e8 / 273 / 365
```

1063.7764062421597

一年的有效工作日 250 天是怎么算出来的呢？一年有 52 个星期，共有 104 天周末时间；另外还有 11 天法定节假日。

```
休息日 = 52 * 2
法定节假日 = 11
有效工作日 = 365 - 休息日 - 法定节假日
有效工作日
```

250

```
1.06*1e8 / 273 / 有效工作日
```

1553.1135531135533

2017 年餐厅 104 亿元营收额中有 30 亿元来自一线城市、52 亿元来自二线城市、15亿元来自三线或三线以下城市，其他地区的营收额只有 7 亿元。也就是说，营收额的一半来自二线城市。这个信息大体能反映海底捞的顾客群。事实上，88.2% 的顾客都是回头客，六成顾客每月去一次。

```
City2nd = 52/104
City2nd
```

0.5

2017 年餐厅 104 亿元营收额再加上 2 亿元左右的外卖业务收入以及 0.37 亿元的销售调味料和食材的收入，总收入为 106.37 亿元。

需要扣除原材料以及易耗品成本 43.13 亿元、员工成本 31.2 亿元、其他支出 20.1 亿元，剩下的利润是 11.94 亿元。收入的三成分给了员工。海底捞解决了约 5 万人的就业，根据这个数字可以推算，这 5 万员工的平均年薪在 6 万元左右。

```
总收入 = 106.37
原材料 = 43.13
工资 = 31.2
其他 = 20.1
利润 = 总收入−原材料−工资−其他
原材料比例 = 原材料/总收入
工资比例 = 工资/总收入
其他占比 = 其他/总收入
原材料比例
```

0.40547146751903734

3.5.4 帮助你了解中国人民大学

中国人民大学的前身是 1937 年诞生于抗日战争烽火中的陕北公学。掐指一算，2019 年中国人民大学应该进行多少年校庆呢？

```
校庆 = 2019 − 1937
校庆
```

82

中国人民大学 (中关村大街 59 号) 占地面积 906 亩，换算下来会有多少平方米、多少公顷呢？（注意，1 公顷为 15 亩，1 亩等于 666.667 平方米。）

```
公顷数 = 906/15
公顷数
```

60.4

1 公顷恰好是 1 万平方米，中国人民大学中关村校区面积大概为 60.4 公顷，即 60.4 万平方米。中国人民大学通州校区总占地面积为 128 公顷，换算下来大约是 1 920 亩。

```
亩数 = 128*15
亩数
```

1920

截至 2017 年 12 月，中国人民大学有专任教师 1 884 人，其中教授 659 人，副教授 770 人。助理教授有多少人？教授、副教授、助理教授的比例各为多少？

```
专任教师, 教授, 副教授 = 1884, 659, 770
助理教授 = 专任教师 − 教授 − 副教授
助理教授/专任教师,副教授/专任教师,教授/专任教师
```

(0.24150743099787686, 0.40870488322717624, 0.3497876857749469)

助理教授比例相对较低的原因有两个：一是青年教师数量确实不够；二是助理教授晋升为副教授的速度可能比引进助理教授的速度快。

截至 2017 年 12 月，中国人民大学共有全日制在校生 24 201 人，其中本科生 10 759 人，硕士生 8 479 人，博士生 3 554 人，留学生 1 409 人。

```
在校生 = 24201
本科生, 硕士生, 博士生 = 10759, 8479, 3554
留学生 = 1409
(硕士生 + 博士生) / 本科生
```

1.118412491867274

```
生师比 = 在校生/专任教师
生师比
```

12.845541401273886

中国人民大学的研究生数量与本科生数量之比是 1.12:1，研究生略多一些。学生与教师之比大概为 13:1，1 个教师指导约 13 个学生。关于这一点，我们稍微扩充一下，13 个学生的学费其实远远不够支付 1 个教师的成本，因此，学校运转需要大量国家拨款。这些都是公共资源，同学们应该珍惜这种来之不易的资源。

中国人民大学有学校办公室、教务处、发展规划处等 26 个行政单位，统计学院、经济学院等 47 个院系，党委办公室、校工会、组织部等 11 个党群组织，图书馆、档案馆、信息技术中心、博物馆等 4 个教辅单位，7 个学生社团，18 个其他机构。

```
机构数 = 26 + 47 + 11 + 4 + 7 + 18
机构数
```

113

中国人民大学下设 113 个机构。

3.5.5　习题

利用"帮助你了解中国人民大学"章节中的数据，计算中关村校区每公顷的在校生密度。如果通州校区和中关村校区在校生的密度一样，推算一下通州校区能容纳的在校生人数。

3.6　其他运算符

我们之前已经介绍了赋值运算符"="。事实上，Python 提供了许多不同优先级别的运算符。本章介绍赋值运算符、位运算符、逻辑运算符、成员运算符、身份运算符、比较运算符等，并列出了这些运算符在计算时的优先级。

3.6.1　赋值运算符

Python 有一些常用的赋值运算符。

```
a, b, c = 2, 4, 8
```

```
c = a + c
c
```

10

```
c += a
c
```

12

```
c *= a
c
```

24

```
c /= a
```

12.0

```
c %= a
c
```

0.0

```
c **= a
c
```

0.0

```
c //= a
c
```

0.0

我们把这些赋值运算符列在表 3.2中。

表 3.2　赋值运算符

运算符	描述	实例
+=	加法赋值运算符	c += a 等价于 c = c + a
−=	减法赋值运算符	c −= a 等价于 c = c − a
*=	乘法赋值运算符	c *= a 等价于 c = c * a
**=	乘方赋值运算符	c **= a 等价于 c = c ** a
/=	除法赋值运算符	c /= a 等价于 c = c / a
%=	取余赋值运算符	c %= a 等价于 c = c % a
//=	向下取整赋值运算符	c //= a 等价于 c = c // a

3.6.2　位运算符

位运算符是把十进制数字先换算成二进制，然后基于二进制来计算，输出结果按十进制显示。我们以 $a = 60$ 和 $b = 11$ 两个数字来说明各种位运算。其中，变量 $a = 60$ 的二进制格式为 $a = 00111100$，$b = 13$ 的二进制格式为 $b = 00001101$。Python 中的位运算法则如表 3.3 所示。

注 1：取反运算符

$\sim a = -a - 1$。

当二进制数为正数时，其反码、补码和原码相同。当表示有符号数时，最高位为符号位，0 表示正数，1 表示负数。当二进制数为负数时，保持最高位符号位不变，将数值位按位求反 (得到反码)，然后在最低位加 1 得到补码。对于这个例子，$a = 00111100$。注意，如果我们的系统是 16 位的，则 a 事实上是这么表达的，$a = 0000000000111100$，按位取反以后变成 1111111111000011。此时的最高位是 1，表示负数。因此，该数值按位取反，得到反码是 0000000000111100，然后在最低位加 1，变为 0000000000111101，这个结果是 61。再带上负号，就变成 -61 了。

注 2：左移和右移运算符。

由于 Python 可以处理任意大的整数，因此左移运算符不会把高位的数字 1 丢弃，而是会继续保留。低位用 0 补齐。另外，如果原始数据是负数，转为二进制以后，最高位是 1。此时，对右移运算符而言，高位应该用 1 而不是 0 补齐。

表 3.3 位运算符

运算符	描述	实例
&	与：若两个相应数位都为 1，则返回 1，否则返回 0	a&b = 12 二进制：00001100
|	或：若相应数位有一个为 1，则返回 1，否则返回 0	a|b = 61 二进制：00111101
^	异：若两个相应数位不同，则返回 1	a^b = 49 二进制：00110001
~	数位取反：把 1 变为 0，把 0 变为 1	~ a = −61 二进制：11000011
<<	左移若干位：高位保留，低位补 0，但对其他 大部分语言而言：高位丢弃，低位补 0	a << 2 = 240 二进制：11110000
>>	右移若干位：低位丢弃，正数高位补 0，负数高位补 1	a >> 2 = 15 二进制：00001111

```
a = 60
b = 13
a&b
```

12

```
a|b
```

61

```
a^b
```

49

```
~a
```

-61

```
a << 2
```

240

```
a >> 2
```

15

要记住，如果我们的系统是 16 位，则事实上 a 被存储为 0000000000111100。左移 2 位之后，变为 0000000011110000，最高位是 0，即整数，取值为 $16 + 32 + 64 + 128 = 240$。

3.6.3 逻辑运算符

Python 语言支持逻辑运算符。假设赋值 $a = 60$ 且 $b = 13$，我们给出三种逻辑运算符以及运算结果（见表 3.4）。

表 3.4 逻辑运算符

运算符	逻辑表达式	描述	返回
and	a and b	如果 a 为 False，则返回 False，否则返回 b 的值	13
or	a or b	如果 a 为 True，则返回 a 的值，否则返回 b 的值	60
not	not a	如果 a 为 True，则返回 False；反之，返回 True	False

```
a1, b1 = 1, 2
a1 and b1
```

```
2
```

```
a1 or b1
```

```
1
```

```
a2, b2 = 0, 2
a2 and b2
```

```
0
```

```
a2 or b2
```

```
2
```

3.6.4 成员运算符

Python 语言支持成员运算符，用来判断一个字符（串）是否在另一个字符串中。表 3.5 列出了两种成员运算符。

表 3.5 成员运算符

运算符	描述
in	a in b: 如果 a 在 b 中，则返回 True，否则返回 False
not in	a not in b: 如果 a 不在 b 中，则返回 True，否则返回 False

```
'Tom' in 'Tom and Jerry'
```

True

```
'Jerry' not in 'Tom and Jerry'
```

False

```
'3' in '123'
```

True

3.6.5 身份运算符

身份运算符（见表 3.6）用于比较两个对象的存储单元。

表 3.6　身份运算符

运算符	描述
is	a is b: 类似于 id(a) == id(b)，若引用同一对象，则返回 True，否则返回 False
is not	a is not b: 类似于 id(a) != id(b)，若引用不同对象，则返回 True，否则返回 False

注：id( ) 函数用于获取对象的内存地址。

```
a = b = 8
a is b
```

True

```
a, b = 8, 18
a is b
```

False

is 与 == 的区别：is 用于判断两个变量的引用对象是否相同，== 用于判断引用变量的值是否相等。

```
a = [1, 2, 3]
b = a
b is a
```

True

```
b = a
b == a
```

True

```
id(a),id(b)
```

(4427182344, 4427182344)

我们只需要把 b 的赋值方式稍微改一下，就可以看出差别来了。

```
b = a[:]
b is a
```

False

```
b = a[:]
b == a
```

True

```
id(a),id(b)
```

(4427182344, 4427013256)

3.6.6　比较运算符

Python 包含了各种比较值的运算符。比较运算符的运行结果一般为布尔值。例如，3 > 1 + 1。

```
3 > 1 + 1
```

True

值 True 表明这个比较是正确的，Python 已经证实了 3 和 1 + 1 之间关系的这个简单事实。表 3.7 列出了一整套通用的比较运算符。

表 3.7　比较运算符

比较	操作符	结果为 True 的例子	结果为 False 的例子
小于	<	2 < 3	2<2
大于	>	3 > 2	3>3
小于等于	<=	2 <= 2	3<=2
大于等于	>=	3 >= 3	2>=3
等于	==	3 == 3	3==2
不等于	! =	3! = 2	2!=2

一个表达式可以包含多个比较，并且为了使整个表达式为真，它们都必须为真。例如，我们可以用下面的表达式表示 $1+1$ 在 1 和 3 之间。

```
1 < 1 + 1 < 3
```

True

两个数的平均值总是在较小的数和较大的数之间。

```
x, y  = 12, 5
min(x, y) <= (x+y)/2 <= max(x, y)
```

True

字符串也可以比较，它们的顺序是字典顺序。

```
"Dog" > "Catastrophe" > "Cat"
```

True

3.6.7　运算符优先级

最后我们给出这些运算符的优先级（见表 3.8）。在运算过程中，计算机从优先级高的运算符开始执行。

表 3.8　运算符优先级

**	指数（乘方运算符）
~	数位取反
*,/,%,//	乘、除、取余、向下取整
+,−	加减
>>,<<	右移、左移位运算符
&	与位运算符
^,|	异、或位运算符
<=,<,>,>=,==,! =	比较运算符
=, %=, /=, //=, −=, +=, *=, **=	赋值运算符
is, is not	身份运算符
in, not in	成员运算符
not, and, or	逻辑运算符

3.6.8　习题

1. 计算 $1\,024^3 \geqslant 31\,415^2$ 的返回值。
2. 计算 1 and 0 or 2 and 4 的返回值。

3.7 调用函数

本节主要介绍 Python 中常用的内置函数以及函数调用。我们主要介绍常用的数学函数和随机数函数等。

3.7.1 常用内置函数的调用

Python 具有一些常用的内置函数。调用这些函数，首先要知道这些函数名称。先写函数名，然后是括号，再对括号里相应的变量赋值。我们先看调用绝对值函数：

```
abs(−12)
```

12

接下来，我们调用四舍五入函数：

```
round(5−1.3)
```

4

最大值函数 max 可以接受任意数量的参数并返回最大值。例如，

```
max(2,7)
```

7

```
max(2,2+3,4,3+8)
```

11

range( ) 也是常用的内置函数之一。调用 range(start, stop[, step]) 可创建一个整数列表，一般用在 for 循环中。关于 for 循环，以后会详细介绍。大家现在可以忽略 for 循环的语法规则。start: 计数从 start 开始，默认是 0。例如，range(5) 等价于 range(0,5)；stop: 计数到 stop 结束，但不包括 stop。例如，range(0,5) 是 [0,1,2,3,4]，没有 5；step: 步长，默认为 1。例如，range(0,5) 等价于 range(0,5,1)。

```
for i in range(2):
    print(i)
```

0
1

```
for i in range(1,5,2):
    print(i)
```

1
3

注意，Python 默认的是换行输出。如果希望不换行输出，只需改成如下格式即可：

```
for i in range(2):
    print(i, end=' ')
```

0 1

3.7.2 math 和 cmath 模块函数的调用

上一小节用到的这些函数都是可以直接调用的，比如 abs 和 round，但有很多函数都会存储在一个称为模块（module）的函数集合中，比如 log(2,2) 和 sqrt(2)。调用这些函数之前，我们需要事先导入相应的模块。数学运算常用的函数基本都在 math 模块中。Python math 模块提供了许多针对浮点数的数学运算函数。要使用 math 函数必须先导入。

```
import math
math.sqrt(1)
```

1.0

```
math.sqrt(9)
```

3.0

```
math.sin(1)
```

0.8414709848078965

math 模块中包括我们常用的三角函数，如表 3.9 所示。

表 3.9 常用的三角函数

函数	描述
acos(x)	返回 x 的反余弦弧度值
asin(x)	返回 x 的反正弦弧度值
atan(x)	返回 x 的反正切弧度值
cos(x)	返回 x 的弧度的余弦值
hypot(x,y)	返回欧几里得范数 sqrt(x*x+y*y)
sin(x)	返回 x 的弧度的正弦值
tan(x)	返回 x 的弧度的正切值
degrees(x)	将弧度转换为角度，如 degrees(math.pi/2)，返回 90.0
radians(x)	将角度转换为弧度

Python math 模块中还有两个数学常量：

```
math.e
```

2.718281828459045

```
math.pi
```

3.141592653589793

导入模块之后，大家可以使用 dir 函数来查看这个模块中包含的函数。

```
import math
dir(math)
```

dir( ) 输出的结果太长了，所以不在这里显示了。表 3.10 给出了 math 模块中常用的数学函数。

表 3.10　　math 模块中常用的数学函数

函数	返回值（描述）
ceil(x)	返回数字的上入整数，如 math.ceil(4.1) 返回 5
exp(x)	返回 e 的 x 次幂，如 math.exp(1) 返回 2.718 281 828 459 045
floor(x)	返回数字的下舍整数，如 math.floor(4.9) 返回 4
log(x)	如 math.log(math.e) 返回 1.0，math.log(100,10) 返回 2.0
pow(x,y)	x**y 运算后的值
round(x[,n])	返回 x 的四舍五入值，n 代表小数点后的位数
sqrt(x)	返回 x 的平方根

Python cmath 模块包含了一些用于复数运算的函数，也在数学运算中经常被调用。下面给出一些调用 cmath 的例子。

```
import cmath
cmath.sqrt(−1)
```

1j

```
cmath.sqrt(9)
```

(3+0j)

```
cmath.sin(1)
```

(0.8414709848078965+0j)

```
cmath.log10(100)
```

(2+0j)

如果忘记了模块中函数的使用方法，则可以用 help 函数来查看帮助文件。

```
help(math.log)
```

Help on built-in function log in module math:

log(...)

    log(x, [base=math.e])

    Return the logarithm of x to the given base.

    If the base not specified, returns the natural logarithm (base e) of x.

示例中方括号内的参数表示可选参数，也就是说，如果不给出方括号中的参数，就使用默认值。

```
math.log(16,2)/math.log(2,2)
```

4.0

```
math.log(16,2)/math.log(2)
```

5.7707801635558535

```
math.log(16)/math.log(2)
```

4.0

Jupyter 笔记本可以帮助记住不同函数的名称。编辑代码时，在输入名称开头的少数字母之后按 Tab 键，可以显示补全该名称的列表。例如，在 math 后面按 Tab 键，查看 math 模板中所有的可用函数。随着函数名字的补全，选项列表的范围会不断缩小。试试在下面几个命令后面按 Tab 键。

```
math.log
```

<function math.log>

如果要了解函数的更多信息，可以在名称后面放置一个疑问号，比如

```
math.log?
```

3.7.3 其他常用模块函数的调用

Python operator 模块提供一些常用的逻辑比较以及算术运算的操作。

```
import math
import operator
```

```
math.sqrt(operator.add(4,5))
```

3.0

```
import operator
operator.lt (1,3)
```

True

事实上，这和下面的表达方式是等价的。

```
1 <= 3
```

True

operator.lt(a,b) 相当于判断 a<b
operator.le(a,b) 相当于判断 a<=b
operator.eq(a,b) 相当于判断 a==b
operator.ne(a,b) 相当于判断 a!=b
operator.ge(a,b) 相当于判断 a>=b
operator.gt(a,b) 相当于判断 a>b
常用的随机数函数包含在 random 模块中。

```
import random
random.choice(range(10))
```

2

```
random.randint(0,1)
```

0

```
random.randrange(10, 100, 2)
```

56

注意，random.randrange(10, 100, 2) 相当于从 [10, 12, …, 96, 98] 序列中获取一个随机数，结果与 random.choice(range(10, 100, 2)) 等效。表 3.11 给出了 random 模块中常用的随机数函数。

表 3.11　常用的随机数函数

函数	描述
choice(seq)	从指定序列中随机挑选一个元素
randrange([start,]stop [,step])	从指定范围内获取一个随机数
randint(start, stop)	从含 start 和 stop 的范围内随机生成一个整数
random( )	在 [0,1) 范围内随机生成一个实数
seed([x])	改变随机数生成器的种子 x
shuffle(lst)	将序列 lst 的所有元素随机排序
uniform(x,y)	随机生成下一个实数，它在 [x,y] 范围内
sample(lst, k)	从序列 lst 中随机获取指定长度为 k 的序列

3.7.4　习题

1. 生成 1 到 10 内间隔为 1 的序列，从中随机抽出一个数并计算其正弦值。
2. 计算 $\exp(\pi j)$ 的值。其中，j 表示虚数单位。

3.8　结　　论

　　在本章中，我们学习了几种比较简单的数据类型：整数、浮点数和复数。整数包括正整数、负整数和 0。整数和浮点数的区别在于前者不带小数点，而后者带小数点；整数的运算总是准确的，但是浮点数可能会有运算误差；可以使用任意大的整数，但是浮点数是有范围的，浮点数在小数点以前可以有 300 多位，小数点以后也可以有 300 多位。但再大或再小的数可能就无法区分了。在学习浮点数时，我们用字母 e/E 来表示科学计数法。复数使用字母 j/J 而不是 i/I 来表示。

　　我们还学习了变量名的命名规则：变量名可以用字母开头或者直接用中文变量名；但不能使用数字开头，变量名中间不能出现空格，不能使用保留字符。对我们来说，使用中文变量名时，可读性可能就会更好一些。另外，我们通过一些案例学习了各种运算符以及优先级的差别。在今后的学习中，赋值运算符、逻辑运算符、成员运算符的使用频率很高。因此，希望大家能够熟练掌握这些运算符。另外，我们学习了如何简单调用一些函数，希望大家从这些例子中熟练掌握函数调用。关于这一点，以后我们还会详细介绍。

C 第四章 复杂数据类型
HAPTER 4

　　每个数据都有一个类型，我们可以使用内置的 type 函数返回任何表达式的计算结果所属的数据类型。先看几个例子。

```
type(5)
```

int

```
type(5.)
```

float

```
type(5.0)
```

float

　　浮点数和整数的区别之一就是浮点数有小数点，但整数没有小数点。

```
type(5/1)
```

float

　　注意，在上面的例子中，type 函数先计算表达式的最终值，然后返回最终值的类型。两个整数相除，即使能够整除，结果也一定是浮点数。

```
type(5//2)
```

int

```
type(2+2j)
```

complex

```
type('5')
```

str

```
type(['A','B'])
```

list

```
type(('A','B'))
```

tuple

```
type({'Name':'A,B'})
```

dict

　　列表（list）、元组（tuple）、字典（dict）是我们本章需要学习的重点内容。另外，内置函数和方法被视为一种数据类型，是 builtin_function_or_method。下面再给出一些内置函数的例子。

```
type(abs)
```

builtin_function_or_method

```
type(max)
```

builtin_function_or_method

```
type(len)
```

builtin_function_or_method

　　在前一章，我们已经介绍过数值型数据，比如整数、浮点数、复数等。我们也介绍过字符串。这一章会探索一些比较复杂的数据类型。我们重点介绍列表、元组、字典和数组四种复杂数据类型。

4.1　列　　表

　　列表（list）是 Python 中非常基本的数据结构，支持字符、数字、字符串、列表 (即嵌套)。列表的数据项不需要具有相同的类型。列表用 [ ] 标识。列表是一种有序的集合，可以随时添加和删除其中的元素。列表中每个元素都分配一个索引，第一个索引是 0，第二个索引是 1，依此类推。切割列表中的值时，用 [头下标：尾下标]。Python 列表有两种取值顺序：头下标从左到右索引默认以 0 开始，尾下标最大范围是字符串长度减 1；头下标从右到左索引默认以 −1 开始，尾下标最大范围是字符串开头。头下标和尾下标都可以为空，表示取到头或尾。

```
mylist=['LEE',123,3.1,'LILY']
mylist
```

['LEE', 123, 3.1, 'LILY']

用索引从左到右来访问 list 中每一个位置的元素，索引是从 0 开始的：

```
mylist[0]
```

'LEE'

```
mylist[1]
```

123

```
mylist[2]
```

3.1

```
mylist[3]
```

'LILY'

当索引超出范围时，Python 会报一个 IndexError 错误，所以，要确保索引不越界，最后一个元素的索引是 len(list)−1。如果要取最后一个元素，除了计算索引位置外，还可以用 −1 作为索引，直接获取最后一个元素：

```
mylist[−1]
```

'LILY'

依此类推，可以获取倒数第 2 个、倒数第 3 个元素：

```
mylist[−2]
```

3.1

```
mylist[−3]
```

123

```
mylist[0][2]
```

'P'

输出第 2 个至第 3 个元素：

```
mylist [1:3]
```

[123, 3.1]

输出第 3 个至列表末尾的所有元素：

```
mylist [2:]
```

[3.1,'LILY']

```
my_family=['爷爷','奶奶','爸爸','妈妈','我']
my_family
```

[' 爷爷',' 奶奶',' 爸爸',' 妈妈',' 我']

```
len(my_family )
```

5

```
my_family[0]
```

' 爷爷'

```
my_family[−1]
```

' 我'

```
my_family[1:4]
```

[' 奶奶',' 爸爸',' 妈妈']

```
my_family[−4:−1]
```

[' 奶奶',' 爸爸',' 妈妈']

对列表进行操作时，"*"表示列表被重复多次。比如，

```
my_family*2
```

[' 爷爷',' 奶奶',' 爸爸',' 妈妈',' 我',' 爷爷',' 奶奶',' 爸爸',' 妈妈',' 我']

对列表进行操作时，"+"表示两个列表组合。

```
'数据+'科学'+'基础'
```

' 数据科学基础'

```
tinylist = [ 123, '321']
comblist=mylist+tinylist
comblist
```

['LEE', 123, 3.1, 'LILY', 123, '321']

把上面的结果与下面的运行结果比较一下：

```
newlist=[mylist, tinylist ]
newlist
```

[['LEE', 123, 3.1, 'LILY'], [123, '321']]

```
comblist[0]
```

'LEE'

```
newlist [0]
```

['LEE', 123, 3.1, 'LILY']

变量 list 就是一个列表。用 len( ) 函数可以获得 list 元素的个数：

```
len(mylist)
```

4

如果 mylist 中一个元素也没有，就是一个空的 list，它的长度为 0：

```
len ([])
```

0

注意，mylist 是一个可变的有序表，所以，可以往 mylist 中追加元素到末尾：

```
mylist.append('DUDU')
mylist
```

['LEE', 123, 3.1, 'LILY', 'DUDU']

也可以把元素插入到指定的位置，比如索引号为 1 的位置：

```
mylist.insert(1,'flower')
mylist
```

['LEE', 'flower', 123, 3.1, 'LILY', 'DUDU']

使用 del 语句删除列表的元素。

```
del mylist[1]
mylist
```

['LEE', 123, 3.1, 'LILY', 'DUDU']

要删除 mylist 末尾的元素,用 pop( ) 方法:

```
mylist.pop()
mylist
```

['LEE', 123, 3.1, 'LILY']

要删除指定位置的元素,用 pop(i) 方法,其中 i 是索引位置:

```
mylist.pop(1)
mylist
```

['LEE', 3.1, 'LILY']

要把某个元素替换成别的元素,可以直接赋值给对应的索引位置:

```
mylist[1]=2+1j
mylist
```

['LEE', (2+1j), 'LILY']

上面的例子同时也暗示 mylist 里面的元素的数据类型可以不同。

表 4.1 给出了一些常用的列表操作,比如 +、*等运算符以及成员运算符等。

表 4.1　Python 常用的列表操作

Python 表达式	结果	描述
[1,2,3]+[4,5,6]	[1,2,3,4,5,6]	组合
['Hi!']*4	['Hi!','Hi!','Hi!','Hi!']	重复
3 in [1,2,3]	True	元素是否存在于列表中
for x in [1,2,3]: print(x),	1,2,3	迭代

列表可以作为函数的参数,Python 包含 cmp, len, max, min 以及 list 等函数,这些函数的功能如表 4.2 所示。

表 4.2　Python 常用的函数

函数	描述
cmp(list1,list2)	比较两个列表的元素
len(list)	返回列表元素个数
max(list)	返回列表元素最大值
min(list)	返回列表元素最小值
list(seq)	将元组转换为列表

对列表进行操作，Python 有如表 4.3 所示的方法。

表 4.3　Python 列表操作方法

方法	描述
list.append(obj)	在列表末尾添加新的对象
list.count(obj)	统计某个元素在列表中出现的次数
list.extend(seq)	在列表末尾一次性追加另一个序列中的多个值（用新列表来扩展原来的列表）
list.index(obj)	从列表中找出某个值第一个匹配项的索引位置
list.insert(index,obj)	将对象插入列表
list.pop(index=−1)	移除列表中的一个元素 (默认最后一个元素)，并且返回该元素的值
list.remove(obj)	移除列表中某个值的第一个匹配项
list.reverse( )	反向列表中的元素
list.sort(cmp=None, key=None,reverse=False)	对原列表进行排序

有三个方法与删除操作有关系：remove（移除）的是列表中首个符合条件的元素，并不删除特定的索引；del（删除）是按索引操作的，索引起始位置为 0；pop 和 del 比较接近，都是按照索引删除字符，但 pop 的返回值可以赋给其他变量，返回的是删除的那个数值。

```
a =[1,2,3,5,4,2,6]
a.del(a[5])
a
```

[1, 2, 3, 5, 4, 6]

```
a =[1,2,3,5,4,2,6]
a.remove(a[5])
a
```

[1, 3, 5, 4, 2, 6]

```
n =[1,2,2,3,4,5]
n.remove(3)
print(n)
```

[1, 2, 2, 4, 5]

```
n =[2,4,6,8,10,18]
a=n.pop(4)
print(n)
print(a)
```

[2, 4, 6, 8, 18]
10

接下来做一个小练习，取出下面这个矩阵的对角线元素。

```
L = [
['A', 'B', 'C','D'],
['E', 'F', 'G','H'],
['I', 'J', 'K','L'],
['M', 'N', 'O','P'],
]
L [0][0]
```

'E'

```
L [2][2]
```

'K'

```
D = L[0][0] + L[1][1] + L[2][2] + L[3][3]
D
```

'AFKP'

试试看能不能用 D.insert(0,'HHHH')?

```
D.insert(0,'HHHH')
D
```

['HHHH', 'AEKP']

4.2 元　　组

元组（tuple）也是 Python 中经常使用的数据类型。元组用圆括号 ( ) 标识。元组的创建很简单，只需要在括号中添加元素，并使用逗号隔开即可。元组是一种有序的集合，和列表非常类似，但是元组一旦初始化就不能修改。因此，元组没有 append( )、insert( ) 这样的方法。其他获取元素的方法和列表是一样的，但不能赋值成另外的元素。

```
mytuple= ('LEE', 123 , 3.1, 'LILY')
mytuple
```

('LEE', 123, 3.1, 'LILY')

如果要定义一个空的 tuple, 可以写成 ( ):

```
null = ()
len(null)
```

0

但是，要定义一个只有 1 个元素的 tuple，如果你这么定义，

```
ten = (10)
ten
```

10

```
type(ten)
```

int

刚才定义的并不是 tuple，而是 10 这个数字。这是因为，圆括号 ( ) 既可以表示 tuple，又可以表示数学公式中的小括号，这就产生了歧义。因此，Python 规定，在这种情况下，按小括号进行计算，计算结果自然是 10。只有一个元素的 tuple 定义时必须加一个逗号来消除歧义，以免误解成数学计算意义上的小括号。

```
ten = (10,)
ten
```

(10,)

```
type(ten)
```

tuple

刚才这个例子稍微复杂一点，已经牵涉到我们接下来要介绍的字典了。

4.3 字　　典

字典 (dictionary) 是一种非常灵活的可变容器模型，可存储任意类型的对象。字典和列表或元组至少有两个区别：一是列表或元组是有序的对象集合，字典是无序的对象集合；二是字典中的元素是通过键而不是位置来提取的。字典用花括号 { } 识别，由键 (key) 和它对应的值 (value) 组成。每个键与对应的值对用冒号分隔，每个键值对之间用逗号分隔，整个字典包括在花括号 { } 中。标准格式如下：d = key1:value1, key2:value2。键一般是唯一的，如果重复定义键，最后出现的键的值会自动替换前面的。值不需要唯一。

```
mydict = {'Name': 'LEE'}
mydict
```

{'Name': 'LEE'}

```
mydict = {'Name': ['LEE','Lily']}
mydict
```

{'Name': ['LEE', 'Lily']}

字典是通过键提取元素的。

```
mydict['Name']
```

['LEE', 'Lily']

```
mydict['Name'][0]
```

'LEE'

```
dict={'统计学':['数理统计','经济统计','应用统计']}
dict['统计学'][1]
```

'经济统计'

```
dict={'统计学':['数理统计','应用统计'],'数学':['应用数学','基础数学']}
dict['数学']
```

['应用数学','基础数学']

```
dict['统计学']
```

['数理统计','应用统计']

键必须不可变，可以用数字、字符串或元组充当，但键不可以用列表。

```
mydict = { }
mydict['one'] = "This is one"
mydict[2] = "This is two"
mydict
```

{2: 'This is two', 'one': 'This is one'}

要求输出键为 2 的值，并不是第二个位置的元素！

```
mydict[2]
```

'This is two'

```
mydict['one']
```

'This is one'

我们可以输出字典的键和值：

```
dict.keys()
```

dict_keys(['one', 2])

```
dict.values()
```

dict_values(['This is one', 'This is two'])

修改键值的操作如下：

```
dict = {'姓名': '小朱', '学历': '博士', '性别': '男'};
dict['姓名'] = '老朱';
dict['学历'] = "研究生";
dict['姓名']
```

'老朱'

```
dict['学历']
```

'研究生'

字典可以选择两种方式删除元素：dict.pop(key) 和 del dict[key]。

```
dict = {'姓名': '小朱', '学历': '博士', '性别': '男'};
del dict['性别']
dict
```

{'姓名': '小朱', '学历': '博士'}

```
dict = {'姓名': '小朱', '学历': '博士', '性别': '男'};
dict.pop['性别']
dict
```

{'姓名': '小朱', '学历': '博士'}

dict.clear 清空词典所有条目,用于清空 (或删除) 字典中的所有数据项。

```
dict = {'姓名': '小朱', '学历': '博士', '性别': '男'};
dict.clear()
dict
```

{}

也可以直接删除整个词典。

```
dict = {'姓名': '小朱', '学历': '博士', '性别': '男'};
del dict
dict
```

dict

表 4.4 给出了字典的一些常用操作,这些操作既有方法,也有函数。

表 4.4 字典的常用操作

函数	描述
cmp(dict1,dict2)	比较两个字典元素
len(dict)	计算字典元素个数,即键的总数
str(dict)	输出字典可打印的字符串表示
type(variable)	返回输入的变量类型,如果变量是字典,就返回字典类型
dict.clear()	删除字典内所有元素
dict.copy()	返回一个字典的浅复制
dict.fromkeys(seq[,val])	创建一个新字典,以序列 seq 中元素作为字典的键,val 为字典所有键对应的初始值
dict.get(key,default=None)	返回指定键的值,如果值不在字典中,则返回 default 值
dict.has_key(key)	如果键在字典 dict 里,则返回 true,否则返回 false
dict.items()	以列表返回可遍历的 (键,值) 元组数组
dict.keys()	以列表返回一个字典所有的键

续表

函数	描述
dict.setdefault(key,default=None)	和 get( ) 类似，但如果键不在字典中，则会添加键并将值设为 default
dict.update(dict2)	把字典 dict2 的键/值对更新到 dict 里
dict.values()	以列表返回字典中的所有值
pop(key[,default])	删除字典给定键 key 所对应的值，返回值为被删除的值，key 值必须给出，否则，返回 default 值
popitem()	随机返回并删除字典中的一对键和值

元组的一级元素不可被修改、增加、删除，但是可以修改二级后的列表或者字典。

```
tu = ("alex", [11, 22, {"k1": 'v1', "k2": ["v2", "v3"]}, 44])
tu [1][2][ "k2"].append("v4")
tu [1][2][ "k2"]
```

['v2', 'v3', 'v4']

4.4 数　　组

数组 (array) 的概念与线性代数中的向量比较接近，但是，数组可以包含字符串。数字也可以包含其他类型的数值数据，但是单个数组只能包含单一类型的数据。这是和之前提到的列表、元组不一样的地方。在介绍数组之前，我们先定义 make_array 函数如何创建数组。

```
import numpy as np
make_array = lambda *args: np.asarray(args)
```

事实上，这个函数与直接调用函数 np.asarray( ) 是一样的。

数组可以包含字符串或其他类型的值，但是单个序列只能包含单一类型的数据。例如：

```
baseline_high = 14.48
highs = make_array(baseline_high - 0.880, baseline_high - 0.093,
baseline_high + 0.105, baseline_high + 0.684)
highs
```

array([13.6 , 14.387, 14.585, 15.164])

我们可以尝试一下如下程序，看看会出现什么结果。

```
baseline_high = 14.48
highs = baseline_high + make_array( -0.880,  -0.093,   0.105,  0.684)
highs
```

注意，baseline_high 中间有下划线，而不是一个空格。

```
highs[1]
```

14.387

数组允许我们使用单个名称，将多个值传递给一个函数。例如，sum 函数计算序列中所有值的和，len 函数计算其长度。一起使用它们，我们可以计算一个集合的平均值。

```
sum(highs)/len(highs)
```

14.434000000000001

数组可以用在算术表达式中来计算其内容。当数组与单个数组合时，该数与数组的每个元素组合。因此，我们可以通过编写熟悉的转换公式，将所有温度转换成华氏温度。

```
(9/5) * highs + 32
```

array([56.48 , 57.8966, 58.253 , 59.2952])

要看 tuple 和数组之间的区别，对比一下下面的函数就知道了。

```
baseline_high = 14.48
highs_tuple = (baseline_high − 0.880, baseline_high − 0.093,
baseline_high + 0.105, baseline_high + 0.684)
(9/5) * highs_tuple[0] + 32
(9/5) * highs_tuple[1] + 32
(9/5) * highs_tuple[2] + 32
(9/5) * highs_tuple[3] + 32
```

命令

(9/5) * highs_tuple + 32,sum(highs_tuple)

能不能执行呢？

我们经常可能需要对多个数组进行操作。如果两个数组的大小一样，我们就可以很容易地对两个不同的数组进行计算操作。我们再来看看之前的例子：

```
baseline_low = 3.00
lows = baseline_low + make_array( − 0.872, − 0.629, − 0.126, 0.728)
lows
```

array([2.128, 2.371, 2.874, 3.728])

要看最高温度和最低温度的差值，比较麻烦的做法是这样的：

```
make_array(highs[0] − lows[0], highs[1] − lows[1], highs[2] − lows[2], highs[3] − lows[3])
```

array([11.472, 12.016, 11.711, 11.436])

但是，如果使用数组来看最高温度和最低温度的差值，我们就不需要这么麻烦了。至于如何做，留给大家作为课后作业。

数组也有方法，这些方法是操作数组值的函数。数值集合的均值是其总和除以长度。以下示例中的每对括号都是调用表达式的一部分；它调用一个无参数函数来对数组 highs 进行计算。

```
highs.size
```

4

```
highs.size
```

57.736000000000004

```
highs.mean()
```

14.434000000000001

对数组进行操作时，Numpy 模块为程序员提供了许多创建和操作数组的函数。例如，diff 函数计算数组中每两个相邻元素之间的差。差数组的第一个元素是原数组的第二个元素减去第一个元素。

```
np.diff(highs)
```

array([0.787, 0.198, 0.579])

关于 Numpy 模块，如果需要非常完整、系统地学习操作手册，大家可以参考 https://docs.scipy.org/doc/numpy/reference/。这个操作手册详细列出了这些功能，学习操作手册尽管是学习 Python 语言的重要组成部分，但是并不需要记住全部命令，只需要知道 Python 数组操作有这个功能即可。在真正需要的时候，可以返回来查询操作手册。

表 4.5 给出了一些数组的常用操作。

表 4.5　数组的常用操作

函数	描述
np.prod	将所有元素相乘
np.sum	将所有元素相加
np.all	检验所有元素是否都为真值 (或都为非零元素)
np.any	检验是否至少有一个元素为真值 (或至少有一个非零元素)
np.count_nonzero	计算非零元素的个数

续表

函数	描述
np.diff	相邻元素做差
np.round	将每个元素四舍五入到最接近的整数
np.cumprod	累乘：将每个元素乘到一起
np.cumsum	累加：将每个元素加到一起
np.exp	返回每个元素的 e 的幂次方
np.log	返回每个元素的以 e 为底的对数函数值
np.sqrt	返回每个元素的开方值
np.sort	对元素进行排序

字符串也可以当作数组，调用 numpy.char 下的函数进行操作，见表 4.6。

表 4.6　numpy.char 下的函数操作

函数	描述
np.char.lower	将每个元素小写
np.char.upper	将每个元素大写
np.char.strip	删除每个元素开头或结尾的空格
np.char.isalpha	判断每个元素是否都是字母 (没有数字或符号)
np.char.isnumeric	判断每个元素是否都是数字 (没有字母)
np.char.count	计算被搜索的字符串出现在数组中的次数
np.char.find	每个元素中被搜索字符串第一次出现的位置
np.char.rfind	每个元素中被搜索字符串最后一次出现的位置
np.char.startswith	每个元素是否以被搜索的字符串开头

下面我们以"范围"这个函数为例来说明数组的使用方法。"范围"函数产生了一个数组，按照递增或递减的顺序排列，每个元素按照一定的间隔分开。"范围"函数在很多情况下非常有用，所以值得我们非常深入地了解。"范围"使用 np.arange 函数来定义，该函数接受一个、两个或三个参数：起始值、终止值和步长。如果将一个参数传递给 np.arange，那么这个参数被默认为是终止值。注意，终止值不会达到，产生的数组会在终止值之前结束。另外，默认的起始值 start=0，步长 step=1。如果将两个参数传递给 np.arange，那么这两个参数分别被默认为是起始值和终止值，注意，终止值不会达到，产生的数组会在终止值之前结束。另外，默认的步长 step=1。如果将三个参数传递给 np.arange，那么这三个参数分别被默认为是起始值、终止值和步长。"范围"函数始终包含起始值，但不包括终止值。它按照步长计数，并在到达终止值之前停止。下面的例子中，数值从 0 起始，并仅仅增加到 4，并不是 5。

```
np.arange(5)
```

array([0, 1, 2, 3, 4])

下面的数组从 3 起始，增加到 8。

```
np.arange(3, 9)
```

array([3, 4, 5, 6, 7, 8])

这个数组从 3 起始，增加步长 5 后变成 8，然后增加步长 5 后变成 13，依此类推。

```
np.arange(3, 30, 5)
```

array([3, 8, 13, 18, 23, 28])

当你指定步长时，起始值、终止值和步长可正可负，可以是整数也可以是分数。

```
np.arange(1.5, −2, −0.5)
```

array([1.5, 1. , 0.5, 0. , −0.5, −1. , −1.5])

针对数组进行操作的"范围"函数非常有用，下面我们通过两个计算 π 的数学公式来说明这个函数的用途。首先来看莱布尼茨的 π 公式。

伟大的德国数学家和哲学家戈特弗里德·威廉·莱布尼茨 (Gottfried Wilhelm Leibniz, 1646—1716) 发现了一个简单分数的无穷和。公式是：

$$\pi = 4 \left(1 - \frac{1}{3} + \frac{1}{5} - \frac{1}{7} + \frac{1}{9} - \frac{1}{11} + \cdots \right) \tag{4.1}$$

我们来计算莱布尼茨公式无穷和的前一百万项，看是否接近 π。我们将计算这个有限的总和，首先加上所有的正项，然后减去所有的负项：

$$\pi = 4 \left(1 + \frac{1}{5} + \frac{1}{9} + \frac{1}{13} + \cdots \right) - 4 \left(\frac{1}{3} + \frac{1}{7} + \frac{1}{11} + \cdots \right) \tag{4.2}$$

令人惊讶的是，当我们将无限多个分数相加时，顺序可能很重要。但是我们对 π 的近似只使用了大量的数量有限的分数，所以可以按照任何方便的顺序将这些项相加。式 (4.2) 中和式的正项分母是 1，5，9，依此类推。数组 by_four_to_20 包含 20 之前的这些数。

```
by_four_to_20 = np.arange(1, 20, 4)
by_four_to_20
```

array([1, 5, 9, 13, 17])

为了获得 π 的准确近似，我们使用更长的数组 positive_term_denominators。

```
positive_term_denominators = np.arange(1, 1e6, 4)
positive_term_denominators
```

array([1.00000e+00, 5.00000e+00, 9.00000e+00, ..., 9.99989e+05, 9.99993e+05, 9.99997e
+05])

我们实际打算加起来的正项就是 1 除以这些分母。

```
positive_terms = 1 / positive_term_denominators
positive_terms
```

array([1.00000000e+00, 2.00000000e-01, 1.11111111e-01, ..., 1.00001100e-06, 1.00000700e-06, 1.00000300e-06])

负项的分母是 3，7，11，依此类推。这个数组可以通过正项数组加上 2 得到。

```
negative_terms = 1 / (positive_term_denominators + 2)
```

整体的和是：

```
4 * (sum(positive_terms) − sum(negative_terms))
```

3.1415906535890485

这非常接近于 $\pi = 3.14159\cdots$。可以看出，莱布尼茨公式看起来不错。

我们再来看第二个计算 π 的公式。英国数学家约翰·沃利斯 (John Wallis, 1616—1703) 提出了一个计算 π 的公式

$$\pi = 2 \cdot \left(\frac{2}{1} \cdot \frac{2}{3} \cdot \frac{4}{3} \cdot \frac{4}{5} \cdot \frac{6}{5} \cdot \frac{6}{7} \cdots \right) \tag{4.3}$$

我们调整一下上述的 π 计算公式的计算顺序：

$$\pi = 2 \cdot \left(\frac{2}{1} \cdot \frac{4}{3} \cdot \frac{6}{5} \cdots \frac{10^6}{999\,999} \right) \left(\frac{2}{3} \cdot \frac{4}{5} \cdot \frac{6}{7} \cdots \frac{10^6}{10^6+1} \right) \tag{4.4}$$

```
even = np.arange(2,1000001,2)
one_below_even = even − 1
one_above_even = even + 1
2 * np.prod(even/one_below_even)* np.prod(even/one_above_even)
```

3.1415910827951143

沃利斯公式非常准确，小数点的前 5 位都是正确的。

第五章 复杂代码组

CHAPTER 5

本章我们来学习比较复杂的代码组。不同于其他大多数语言，Python 中的代码组不能使用大括号 { } 来控制类、函数或者其他逻辑判断，其最具特色的就是用缩进来表示代码组。我们可以使用 tab 或 space(空格键) 来表示缩进。缩进的空白数量是可变的，但是同一代码块的语句必须包含相同的缩进空白数量。

```python
if True:
    print("True")
else:
    print("False")
```

True

在 Python 中，以下代码在执行时可能会报错：

```python
if True:
    print("True")
else:
    print("Answer")
        print("False")
```

IndentationError: unexpected indent

这个错误提示可能存在 tab 或者空格没对齐的问题。

```python
if True:
    print("True")
else:
    print("Answer")
    print("False")
```

IndentationError: unindent does not match any outer indentation level

在输入上面这段程序时，如果第四行使用制表符 tab 缩进，第五行使用空格键 space 缩进，尽管表面上看起来是对齐了，但在执行程序时还是会报错。上面程序报错提示使用的缩进方式不一致，有的是制表符 tab 缩进，有的是空格键 space 缩进，改为一致即可。尽管部分编译器会自动把制表符 tab 和空格键 space 统一起来，但考虑到程序可能会在不同的编译器中运行，即使不是为了语法问题，为了提高程序语言的一致性，我们也建议在每个缩进层次使用单个 tab 或两个空格或四个空格，不要混用。另外，切记在 Python 的代码块中必须使用相同数目的行首缩进空格数。

　　缩进相同的一组语句构成一个代码块，我们称之为代码组。像 if、while、def 和 class 这样的复合语句，首行以关键字开始，以冒号结束，该行之后的一行或多行代码构成代码组。首行及后面的代码组组成一个程序模块。在本章，我们将学习判断语句、循环语句及函数调用等比较复杂的代码组。

　　下面介绍一些准备知识。先来看看标识符。在 Python 里，标识符由字母、数字以及下划线组成，区分大小写字母，但不能以数字开头，标识符不能使用空格，不能使用保留字符。以下划线开头的标识符是有特殊意义的：以单下划线 _ 开头代表不能直接访问的类属性，需要通过类提供的接口进行访问，不能通过 from xxx import xxx 导入；以双下划线开头代表类的私有成员；以双下划线开头和结尾代表特殊方法的专用标识，如 ___init___( ) 代表类的构造函数。

　　使用分号，Python 可以在同一行显示多条语句。比如：

```
x = 'Why '; y = 'do you '; z = 'learn Python?';
print(x + y + z)
```

Why do you learn Python?

　　Python 语句中一般以换行作为语句的结束符，但是我们可以使用反斜杠 (\) 将一行的语句分为多行显示。比如说，

```
vegetables ='potato ' + \
      'tomato ' + \
      'cabbage'
vegetables
```

'potato tomato cabbage'

　　语句中包含 [ ], { } 或 ( ) 括号时不需要使用多行连接符。

```
WeekDays = ['Monday', 'Tuesday', 'Wednesday',
           'Thursday', 'Friday']
WeekDays
```

['Monday', 'Tuesday', 'Wednesday', 'Thursday', 'Friday']

　　我们之前提到过，Python 使用单引号 (')、双引号 (")、三引号 (' ' ' 或""") 来表示字符串，但引号的开始与结束必须是相同类型。其中，三引号可以由多行组成，常用于文档字符串，在代码组中一般被当作注释。三引号之间的内容可以直接换行，而单引号和双引

号之间换行需要使用反斜杠符号。

```
word = 'word'
sentence = "这是一个句子。"
paragraph = """这是一个段落。
                        包含了多个语句"""
```

Python 中，多行注释一般使用三个单引号 (''') 或三个双引号 (""")。

```
'''
这是多行注释，使用单引号。
这是多行注释，使用单引号。
这是多行注释，使用单引号。
'''
```

```
"""
这是多行注释，使用双引号。
这是多行注释，使用双引号。
这是多行注释，使用双引号。
"""
```

对于单行注释，我们可以简单地采用 "#" 开头即可。

```
# 第一个注释
print("Hello, Dr. Lee!")
```

Hello, Dr. Lee!

注释也可以在语句或表达式行末。

```
name = "Dr. Lee" # '这位是李博士。'
```

函数之间或类的方法之间可以使用空行分隔，表示一段新的代码的开始。类和函数入口之间也用一行空行分隔，以突出函数入口的开始。与代码缩进不同，空行并不是 Python 语法的一部分。如果书写时不插入空行，Python 解释器的运行就不会出错。但是空行的作用在于分隔两段不同功能或含义的代码，便于日后代码的维护或重构。空行也是程序代码的一部分。

除了输出函数 print，Python 中还有输入函数 input。它接受一个标准输入数据，返回为 string 类型。下面的程序执行后，首先会显示双引号内的汉字，\n 实现换行，用户在方框内进行输入。最后按回车键退出输入，并显示输入内容。

```
input("按下回车键退出，其他任意键显示输入的内容\n")
```

input 函数的调用格式为 input([[" 提示信息"]])。比如说：输入 = input(" 请您输入一个数字:")。

5.1　条　件　语　句

条件语句通过判断指定条件为真 (True) 或假 (False) 来决定是否继续执行后续指令。任何非零或者非空的值为 True；0 或者空值为 False。在条件语句中，if 语句的基本形式为：

```
if 判断条件:
    执行语句
elif 判断条件:
    执行语句
else:
    执行语句
```

其中，"判断条件"为真时，执行后续语句，以相同的缩进表示属于同一后续模块；"判断条件"不成立时，执行 else 的后续模块。注意，else 为可选语句。当判断条件为多个值时，可以使用以下形式：

```
if 判断条件:
    执行语句
elif 判断条件1:
    执行语句1
elif 判断条件2:
    执行语句2
elif 判断条件3:
    执行语句3
else:
    执行语句
```

我们先来看几个简单的例子。

例 1：

```
gender = '男'
# gender = '女'
# 表示注释
if gender == '男':
    sex = 1
else:
    sex = 0
print(sex)
```

例 2：

```
样貌 = '不帅'
人品 = '不好'
if 样貌 == '不帅' and 人品 == '不好':
    print('我觉得不大行')
else:
    print('可以考虑考虑')
```

我觉得不大行

```
样貌 = '帅呆了'
人品 = '不好'
if 样貌 == '帅呆了':
    print('可以考虑考虑')
else:
    if 人品 == '好':
        print('可以考虑考虑')
    else:
        print('还是算了吧')
```

可以考虑考虑

例 3：中国人民大学 2018 年在北京地区文科录取分数线为 665 分，理科分数线是 674 分；在安徽地区文科录取分数线是 651 分，理科分数线是 668 分。

```
生源 = ['北京','安徽']
科目 = ['文科','理科']
分数 = [665,674,651,668]
学生 = ['北京','文科',668]
if 学生[0] not in 生源:
    print('该考生不是来自北京或安徽')
else:
    print('该考生来自北京或者安徽')
```

该考生来自北京或者安徽

```
学生 = ['北京','工科',668]
if 学生[1] not in 科目:
    print('信息输入错误')
else:
    print('信息输入正确')
```

信息输入错误

注意，if 语句的判断条件可以用 >（大于）、<(小于)、==（等于）、>=（大于等于）、<=（小于等于）来表示其关系。

```
学生 = ['北京','工科',699]
if 学生[2] >= max(分数):
    print('该生如果来自北京或者安徽的话，肯定可以考上人民大学')
```

该生如果来自北京或者安徽的话，肯定可以考上人民大学

从分数线来看，理科的分数线比文科略高，北京地区比安徽地区略高。

例 4：法定结婚年龄是指根据《中华人民共和国婚姻法》第六条规定，男方结婚年龄不得早于 22 周岁，女方结婚年龄不得早于 20 周岁。

```
性别 = '男';年龄 = 25 #仅需使用第一行或第二行
性别 = '女'; 年龄 = 15
if (性别 == '男' and 年龄 >= 22) or (性别 == '女' and 年龄 >= 20):
    print('祝贺你，你可以登记结婚了')
elif (性别 == '男'):
    print('不要这么急嘛，小伙子，你还小，至少要再等 %d 年。'%(22-年龄))
else:
    print('不要这么急，小姑娘，你还小，至少要再等 %d 年。'%(20-年龄))
```

不要这么急，小姑娘，你还小，至少要再等 5 年。

例 5：《民法典》规定：不满八周岁的未成年人为无民事行为能力人；八周岁以上的未成年人为限制民事行为能力人；成年人为完全民事行为能力人，十六周岁以上的未成年人，以自己的劳动收入为主要生活来源的，视为完全民事行为能力人。

```
年龄 = 17
if 年龄 < 8:
    print('无民事行为能力人')
elif 年龄 >= 18:
    print("完全民事行为能力人")
elif 年龄 <= 16:
    print("限制民事行为能力人")
else:
    以自己的劳动收入作为主要生活来源 = \
    input("是否以自己的劳动收入作为主要生活来源，请输入' 是' 或者' 否': ")
    if 以自己的劳动收入作为主要生活来源 == ' 是':
        print("完全民事行为能力人")
    else:
        print("限制民事行为能力人")
```

是否以自己的劳动收入作为主要生活来源，请输入' 是' 或者' 否'：否

限制民事行为能力人

例 6：北京市公安局公安交通管理局对部分机动车采取尾号限行的交通管理措施。其中，2018 年 10 月 8 日至 2019 年 1 月 6 日的星期一至星期五，限行机动车车牌尾号分别为：2 和 7、3 和 8、4 和 9、5 和 0、1 和 6。

```
车牌号 = '京A-1234'
尾号 = int(车牌号[-1]) # 取尾号并将其转换为整数形式

if 尾号 in [2,7]:
    print('周一限行')
elif 尾号 in [3,8]:
    print('周二限行')
elif 尾号 in [4,9]:
    print('周三限行')
elif 尾号 in [5,0]:
    print('周四限行')
else:
    print('周五限行')
```

周三限行

例 7：

```
季节 = '冬天'
天气 = '晴天'
温度 = 0
if 季节 in '冬天' and 温度>= 10:
    print('今天很暖和。')
elif 天气 in '晴天':
    print('虽然气温很低，但是太阳晒在身上暖洋洋的。')
else:
    print('今天不宜出门。')
```

虽然气温很低，但是太阳晒在身上暖洋洋的。

例 8：Python 复合布尔表达式计算采用短路规则，即如果前面的部分已经计算出整个表达式的值，则后面的部分不再计算。下面的代码将正常执行，不会报除数为零的错误：

```
a=0
b=1
if ( a > 0 ) and ( b / a > 2):
    print("a > 0, and b / a > 2")
```

```
else :
    print("a is less than or equal to 0")
```

a is less than or equal to 0

而下面的代码就会报错:

```
a=0
b=1
if ( a > 0 ) or ( b / a > 2 ):
    print("yes")
else :
    print("no")
```

ZeroDivisionError: division by zero

5.1.1 习题

我国成年人的 BMI 标准为: 低于 18.5 为体重过轻, 18.5～23.9 为体重正常, 24～27.9 为超重, 28 以上为肥胖, 35 以上是重度肥胖。请编写一组代码, 使其能够根据体重的不同输出对应的 BMI 评价。注意, BMI 的定义为体重 (千克) 除以身高的平方。

5.2 循 环 语 句

循环语句允许我们执行一个语句或语句组多次。Python 提供了两种循环: while 循环和 for 循环。当然, 基于这两种循环可以构造嵌套循环。

5.2.1 while 语句

在 Python 编程中, while 语句用于判断是否循环执行程序。当判断条件为真时, 循环处理执行语句。执行语句可以是单个语句或语句块。判断条件可以是任何表达式, 任何非零或非空的值均为 True。当判断条件为 False 时, 循环结束。其基本形式为:

```
while 判断条件:
    执行语句
```

这里, while 语句和之前的 if 语句, 以及即将介绍的 for 语句是一样的, 都无需使用 end 结束函数, 我们使用不同的缩进来表示语句是否属于同一程序模块。我们来看一些例子。

例 1:

```
number = 0
while (number < 3):
    print('The number is', number)
```

```
    number += 2
print('The number ends at', number)
```

The number is 0
The number is 2
The number ends at 4

例 2：

```
和 = 0
n = 0
while n <= 3:
    和 += n
    print(n, 和)
    n += 1
print(和)
```

0 0
1 1
2 3
3 6
6

例 3：

```
活着 = True
年龄 = int(0)
while 活着 and (年龄 <= 1E4):
    print('我一直等你')
    年龄 += 5E3
```

我一直等你
我一直等你
我一直等你

在上面的程序中，如果没有 (年龄 <= 1E4) 这个限制，程序会一直不停地执行下去。此时，就不得不使用 Ctrl+C 或 Interrupt 来结束程序了。

例 4：

```
列表 = [12, 37, 45, 64, 97, 104]
偶数 = []
奇数 = []
while len(列表) > 0:
    number = 列表.pop()
```

```
    if (number % 2 == 0):
        偶数.append(number)
    else :
        奇数.append(number)
print('偶数为 %s ' %偶数)
print('奇数为 %s ' %奇数)
```

偶数为 [104, 64, 12]
奇数为 [97, 45, 37]

例 5：

```
var = 0
number = []
while var == 1:
    num = input("请输入数字:")
    number.append(int(num))
    print("您输入的数字为", num, ", 现在序列被更新为", number)
```

使用 while 语句时还可以使用两个重要的命令：continue 以及 break。其中，continue 用于跳过当前循环，开始下一次循环，break 则是用于退出本轮循环。此外，"判断条件" 还可以是一个常值，若其非零，则表示循环必定成立。下面是具体的例子。

例 6：

```
var = 0
number = []
while var == 0:
    num = input("请输入数字:")
    number.append(num)
    print("您输入的数字为", num, ", 现在序列被更新为", number)
    if len(number) >= 2:
        break
```

请输入数字:2
您输入的数字为 2 , 现在序列被更新为 ['2']
请输入数字:2
您输入的数字为 2 , 现在序列被更新为 ['2', '2']

例 7：

```
n = 0
while n < 10:
    n += 1
    if n % 2 == 0:
```

```
        continue
    print(n, end=" ")
```

1 3 5 7 9

```
活着 = True
年龄 = 0
while 活着 & (年龄 <= 1E4):
年龄 += 1
if 年龄 % 5E3 != 0:
continue
print('花儿都谢了')
```

花儿都谢了
花儿都谢了

例 8：

```
活着 = True
年龄 = 0
while 活着:
    年龄 += 5E3
    if 年龄 > 1E4:
        break
    print('等你一万年')
```

等你一万年
等你一万年

```
活着 = True
年龄 = 0
while 活着:
    年龄 += 5E3
    if 年龄 > 1E4:
        break
print('等你一万年')
```

等你一万年

    在上面的例子中，我们改变了 print 函数的位置。大家可以仔细对比一下差别。

    通过上面的一些例子可以看到，break 语句可以在循环过程中直接退出循环，而 continue 语句可以提前结束本轮循环，并直接开始下一轮循环。这两个语句通常都必须配合 if 语句使用。但要注意不要滥用 break 和 continue 语句。break 和 continue 会造成代码执行逻辑分叉过多，容易出错。大多数循环并不需要用到 break 和 continue 语句，上面的两个例子都可以通过改写循环条件或者修改循环逻辑，去掉 break 和 continue 语句。如果代码写得有问题，会让程序陷入"死循环"，也就是永远循环下去。这时可以用 Ctrl+C 或者通过 Kernel 中的 Interrupt 命令退出程序，强制结束 Python 进程。

另外，while...else... 在循环条件为 false 时执行 else 语句块。其基本形式为：

```
while 判断条件:
    执行语句
else:
    执行语句
```

例 9：

```
Year = 0
MaxYear = 1E4
while Year <= MaxYear:
    Year += 1
    if (Year % 5E3 ==0):
        print('我已经等待%5d年了。'%Year)
else:
    print('我已经等待%5d年了。'%Year)
```

我已经等待 5000 年了。
我已经等待 10000 年了。
我已经等待 10001 年了。

例 10（猜大小）：

```
import random
s = int(random.randint(1, 5))
m = int(input('请您输入一个整数:'))
while m != s:
    if m > s:
        print('您输入的数字太大了')
        m = int(input('输入一个较小的整数:'))
    if m < s:
        print('您输入的数字太小了')
        m = int(input('输入一个较大的整数:'))
print('恭喜您，猜对了。')
```

请您输入一个整数:3
您输入的数字太大了
输入一个较小的整数:2
您输入的数字太大了

输入一个较小的整数:1
恭喜您，猜对了。

例 11（猜拳小游戏）：

```
import random
random.seed(200)
while True:
    随机数 = int(random.randint(1, 3))
    if 随机数 == 1:
        电脑 = "石头"
    elif 随机数 == 2:
        电脑 = "剪刀"
    else:
        电脑 = "布"
    我 = input("输入'石头'、'剪刀'、'布'，或者输入'结束'结束游戏:")
    选择 = ['石头', "剪刀", "布"]
    if (我 not in 选择) and (我 != '结束'):
        print("输入错误，请重新输入！")
    elif (我 not in 选择) and (我 == '结束'):
        print("\n游戏结束了")
        break
    elif 我 == 电脑:
        print("电脑出了：  " + 电脑 +"，平局！")
    elif (我 == '石头' and 电脑 =='剪刀') or (我 == '剪刀' and
            电脑 =='布') or (我 == '布' and 电脑 =='石头'):
        print("电脑出了：  " + 电脑 +"，你赢了！")
    else:
        print("电脑出了：  " + 电脑 +"，你输了！")
```

输入'石头'、'剪刀'、'布'，或者输入'结束'结束游戏: 石头
电脑出了: 石头，平局！
输入'石头'、'剪刀'、'布'，或者输入'结束'结束游戏: 剪刀
电脑出了: 石头，你输了！
输入'石头'、'剪刀'、'布'，或者输入'结束'结束游戏: 结束
游戏结束了

5.2.2　for 语句

在循环语句中，for 循环可以遍历任何序列的项目，如一个列表、元组或一个字符串。使用 for...in... 循环可以把列表、元组或者字符串中的所有元素依次迭代出来。其循环的语法格式如下：

```
for iterating_var in sequence:
```

```
statement(s)
```

for 循环的其他用法和 while 语句是基本一致的。

例 12：

```
sum = 0
for x in range(5):
    sum += x
print(sum)
```

10

这里用到了 range 函数。可以通过 list 函数来查看 range 函数的结果。

```
list (range(5))
```

[0, 1, 2, 3, 4]

```
names = ['数据', '科学']
for name in names:
    print(name, end = '')
```

数据科学

```
str1 = ['习近平','新时代','中国特色','社会主义', '思想']
for name in str1:
    print(name, end = '')
```

习近平新时代中国特色社会主义思想

```
for letter in 'STAT':
    print('letter:', letter)
```

letter: S

letter: T

letter: A

letter: T

```
一线城市 = ['北京', '上海', '广州', '深圳']
for 城市 in 一线城市:
    print('一线城市:', 城市)
print("程序结束!")
```

一线城市：北京
一线城市：上海
一线城市：广州
一线城市：深圳
程序结束！

另外一种执行循环的遍历方式是通过下标索引。

例 13：

```
一线城市 = ['北京', '上海', '广州', '深圳']
for 城市 in range(len(一线城市)):
    print('一线城市:', 一线城市[城市])
print("程序结束!")
```

一线城市：北京
一线城市：上海
一线城市：广州
一线城市：深圳
程序结束！

```
一线城市 [0][1]
```

'京'

与 while...else... 一样，在 Python 中可以使用 for...else... 语句，用法基本一样：在 for 语句正常执行完毕（不是通过 break 跳出而中断）的情况下执行 else 中的语句。

例 14：

```
一线城市 = ['北京', '上海', '广州', '深圳']
print('一线城市：', end = '')
for 城市 in range(len(一线城市)):
    print( 一线城市[城市], end = ' ')
else:
    print("\n其他为二线或二线以下城市")
```

一线城市：北京上海广州深圳
其他为二线或二线以下城市

例 15：居民身份证是国家法定的证明公民个人身份的证件。为了堵塞和制止假居民身份证的流通和使用，《中华人民共和国国家标准（GB11643-1999）》中有关公民身份号码的规定表示：公民身份号码是特征组合码，由十七位数字本体码和一位数字校验码组成。

在校验身份号码时，可以将身份号码前 17 位数分别乘以 7，9，10，5，8，4，2，1，6，

3，7，9，10，5，8，4，2，然后将这些乘积的结果相加，用加和除以 11。余数可能是 0，1，2，3，4，5，6，7，8，9，10，对应最后的校验码分别是 1，0，X，9，8，7，6，5，4，3，2。

我们提供两个身份号码：53010219200508011x、11012020180521433X。请检查这两个身份号码的校验码是否正确。

```
身份证编号 = '53010219200508011x'
# 身份证编号 = '11012020180521433X'
乘数 =  [7,9,10,5,8,4,2,1,6,3,7,9,10,5,8,4,2]
校验码 = [1,0,'X', 9,8,7,6,5,4,3,2]
和 = 0;
for i in range(17):
    和 += int(身份证编号[i])*乘数[i]
if str(校验码[和%11]).upper()==str(身份证编号[-1]).upper():
    print('校验码正确')
else:
    print('校验码错误，正确的校验码应该为%s。' %str(校验码[和%11]))
```

校验码正确

5.2.3 循环嵌套

我们学习了 while 和 for 循环语句之后，就可以使用循环嵌套语句了。Python 语言允许在一个循环体里面嵌入另一个循环。在 for 和 while 循环嵌套语句中，语法基本一致。

Python for 循环嵌套语法：

```
for iterating_var in sequence:
    for iterating_var in sequence:
        statement(s)
    statement(s)
```

Python while 循环嵌套语法：

```
while expression:
    while expression:
        statement(s)
    statement(s)
```

例 16：打印金字塔结构。

```
MaxNum = 3
for i in range(2,MaxNum+2):
    for k in range(1,i):
        print(k, end=" ")
    print("\n")
```

```
1
1 2
1 2 3
```

思考一下，在上面程序的第二行中，为什么需要加上 2？

```
i=1
MaxNum = 5
while 1:
    if MaxNum % 2 == 0:
        print('MaxNum必须是一个奇数。')
        MaxNum += 1
    break
# 如果MaxNum是偶数的话，自动增加一层。
Median = MaxNum//2 + 1
while i<=MaxNum:
  if i<= Median:
    print ("O"*i)
  elif i<= MaxNum:
    j=i-2*(i-Median)
    print("O"*j)
  i+=1
```

```
O
OO
OOO
OO
O
```

例 17：两种不同的冒泡排序算法（本质相同）。

```
arays = list(range(4,0,-1))
for i in range(len(arays)):
    for j in range(i+1):
        if arays[i] < arays[j]:
            arays[i],arays[j] = arays[j],arays[i]
        print(i,j,arays)
```

```
0 0 [4, 3, 2, 1]
1 0 [3, 4, 2, 1]
1 1 [3, 4, 2, 1]
2 0 [2, 4, 3, 1]
2 1 [2, 3, 4, 1]
```

2 2 [2, 3, 4, 1]
3 0 [1, 3, 4, 2]
3 1 [1, 2, 4, 3]
3 2 [1, 2, 3, 4]
3 3 [1, 2, 3, 4]

```
array = list(range(4,0,-1))
L = len(array)
for i in range(L):
    for j in range(L-i):
        if array[L-j-1]<array[L-j-2]:
            array[L-j-1],array[L-j-2]=array[L-j-2],array[L-j-1]
        print(i,j,array)
```

0 0 [4, 3, 1, 2]
0 1 [4, 1, 3, 2]
0 2 [1, 4, 3, 2]
0 3 [2, 4, 3, 1]
1 0 [2, 4, 1, 3]
1 1 [2, 1, 4, 3]
1 2 [1, 2, 4, 3]
2 0 [1, 2, 3, 4]
2 1 [1, 2, 3, 4]
3 0 [1, 2, 3, 4]

例 18：判断素数。

```
起点 = 10;
终点 = 20;
for num in range(起点, 终点):
    for i in range(2,num):
        if num%i == 0:
            #j=num/i
            #print('%d equals %d * %d' % (num,i,j))
            break
    else:
        print(num, '是素数')
```

11 是素数
13 是素数
17 是素数
19 是素数

```
起点 = 10;
终点 = 20;
素数 = 起点
while(素数 < 终点):
    j = 2
    while(j <= (素数/j)):
        if not(素数%j):
            break
        j += 1
    if (j > 素数/j) :
        print(素数, "是素数")
    素数 += 1
```

11 是素数
13 是素数
17 是素数
19 是素数

```
起点 = 10;
终点 = 20;
素数 = [];
for i in range(起点, 终点):
    for j in range(2,i):
        if(i%j==0):
            break
    else :
        素数.append(i)
print('%d到%d之间的素数有%s'%(起点, 终点, 素数))
```

10 到 20 之间的素数有 [11, 13, 17, 19]

```
起点 = 10
终点 = 20
素数 = []
for num in range(起点, 终点+1):
    snum = int(num*0.5+1)
    for i in range(2,snum):
        if num%i == 0:
            break
    else :
        素数.append(num)
print(起点, '到', 终点, '的质数有', 素数)
print(起点, '到', 终点, '有', len(素数), '个质数')
```

10 到 20 的质数有 [11, 13, 17, 19]
10 到 20 有 4 个质数

5.2.4　习题

1. 你能给出 1 到 1 000 之间所有的素数吗？
2. 除冒泡排序法以外，还有什么有效的排序方法？请编写程序。

5.3　函　　数

函数是组织好的、可重复使用的、用来实现单一或相关功能的程序模块。函数能提高程序的模块性和代码的重复利用率。在 Python 中有三类函数：内置函数、用户自定义的一般函数以及用户自定义的匿名函数。

Python 内置了很多有用的函数，比如 print( )，我们可以直接调用，如表 5.1 所示。

表 5.1　Python 中部分内置函数

abs( )	divmod( )	input( )	open( )	staticmethod( )
all( )	enumerate( )	int( )	ord( )	str( )
any( )	eval( )	isinstance( )	pow( )	sum( )
basestring( )	execfile( )	issubclass( )	print( )	super( )
bin( )	file( )	iter( )	property( )	tuple( )
bool( )	filter( )	len( )	range( )	type( )
bytearray( )	float( )	list( )	raw input( )	unichr( )
callable( )	format( )	locals( )	reduce( )	unicode( )
chr( )	frozenset( )	long( )	reload( )	vars( )
classmethod( )	getattr( )	map( )	repr( )	xrange( )
cmp( )	globals( )	max( )	reverse( )	zip( )
compile( )	hasattr( )	memoryview( )	round( )	__import__( )
complex( )	hash( )	min( )	set( )	
delattr( )	help( )	next( )	setattr( )	

见如下函数调用的例子。

```
abs(-20)
```

```
20
```

```
int('123')
```

```
123
```

```
float('12.34')
```

12.34

```
str(100)
```

'100'

```
bool(1)
```

True

```
bool('')
```

False

函数名其实就是指向一个函数对象的引用，完全可以把函数名赋给一个变量，相当于给这个函数起了一个"别名"：

```
a = abs
a(−1)
```

1

调用函数的时候，如果传入的参数数量不对，会报 TypeError 的错误，并且 Python 会明确地告诉用户：abs( ) 能且仅能接受一个参数，但用户给出了两个参数（abs( ) takes exactly one argument (2 given)）；如果传入的参数数量是对的，但参数类型不能被函数所接受，也会报 TypeError 的错误，并且给出错误信息，比如输入 abs('a') 时，会显示 bad operand type for abs( ): 'str'。可以在交互式命令行通过 help(abs) 查看 abs 函数的帮助信息。

用户也可以自定义函数。用户自定义函数就是用户自行创建的函数，它必须满足下面的简单规则：

（1）函数代码块以 def 关键词开头，后接函数标识符名称和圆括号 ( )。

（2）参数放在圆括号中间。

（3）函数的第一行语句可以选择性地写一些函数说明。

（4）函数内容以冒号起始，然后换行缩进。

（5）return 表达式结束函数，选择性地返回一个值给调用方。不带表达式的 return 相当于返回 None。

语法规则为：

```
def functionname(parameters):
    "函数_文档字符串"
    function_suite
    return [expression]
```

去除字符串首尾的空格：

```
def trim(s):
    while s[0] == ' ':
        s = s[1:]
    while s[-1] == ' ':
        s = s[:-1]
    return s
```

字符串拼接：

```
def plus(str1, str2):
    total = str1 + str2
    return total;
```

定义函数时只给出了函数一个名称，指定了函数里包含的参数和代码块结构。这个函数的基本结构完成以后，可以通过另一个函数调用执行。

调用自定义函数：

```
str = '   Susan     '
trim(str)
```

'Susan'

```
str1 = '数据'
str2 = '科学'
plus(str1, str2)
```

'数据科学'

```
plus(str2, str1)
```

'科学数据'

上面的测试结果暗示着变量的顺序非常重要，但是，如果使用如下的函数调用方式，则变量的顺序就不那么重要了。

```
plus(str1 = '数据', str2 = '科学')
```

'数据科学'

```
plus(str2 = '科学', str1 = '数据')
```

'数据科学'

　　函数中可以含有不同类型的参数。前面我们已经遇到了两种参数：必备参数和关键字参数。必备参数是指必须以正确的顺序传入函数，并且调用时的数量必须和声明时的一样的参数。比如，在调用 trim(str) 函数，必须传入一个参数，不然会出现语法错误。关键字参数和函数调用关系紧密，函数调用使用关键字参数来确定传入的参数值。使用关键字参数允许函数调用时参数的顺序与声明时的不一致，因为 Python 解释器能够用参数名匹配参数值。此外，还有默认参数：调用函数时，如果缺省参数的值没有被传入，则被认为是默认值。

```
def plus(str1, str2 = 'science'):
    total = str1 + str2
    return total;
plus('statistical ')
```

'statistical science'

```
plus('mathmatical ')
```

'mathmatical science'

```
plus(str1 = 'statistical ')
```

'statistical science'

　　有时我们可能需要一个函数能处理比当初声明时更多的参数。这些参数叫作不定长参数，与上述两种参数不同，声明时不会命名不定长参数。基本语法如下：

```
def functionname( [[ formal_args, ]]  * var_args_tuple ):
    function_suite
    return [expression]
```

　　加了星号 (*) 的变量名会存放所有未命名的变量参数。

```
def 输出可变长度(arg1, *vartuple):
    "打印任何传入的参数"
    print(arg1)
    print(vartuple)
    return;
```

　　可以比较一下两个输出结果的差异：

```
输出可变长度(1);
```

```
输出可变长度(1, 2, 3);
```

return [[表达式]] 退出函数，该语句选择性地向调用方返回一个表达式。不带参数值的 return 语句返回 None。

列表反转函数：

```python
def 反转1(li):
    for i in range(0, int(len(li)/2)):
        temp = li[i]
        li[i] = li[-i-1]
        li[-i-1] = temp
    return li
```

```python
li = [1, 2, 3, 4, 5]
反转1(li)
```

[5, 4, 3, 2, 1]

```python
def 反转2(list):
    for i in range(int(len(list)/2)):
        list[i], list[-i - 1] = list[-i - 1], list[i]
    return list
```

```python
反转2(li)
```

[5, 4, 3, 2, 1]

```python
def 反转3(ListInput):
    RevList=[]
    for i in range(len(ListInput)):
        RevList.append(ListInput.pop())
    return RevList
```

```python
反转3(li)
```

[5, 4, 3, 2, 1]

以前我们定义的函数都有对应的函数名，没有名字的函数则被称为匿名函数。在 Python 中，对匿名函数提供了有限支持。当传入函数时，有时我们无须显式地定义函数，也就不用担心函数名冲突的问题了。创建匿名函数需要用到 lambda。这里，lambda 的主题是一个表达式，而不是一个代码块。语句中只能有一个表达式，不用写 return，返回值就是该表达式的结果。因此，lambda 函数体比 def 简单得多，但这同时导致了 lambda 表达式中只能封装非常有限的逻辑。另外，lambda 函数不能访问自有参数列表之外或全局命名空间里的参数。lambda 函数的语法如下：

```
lambda  [[ arg1  [[  ,arg2 ,..., argn  ]]]]  : expression
```

见如下示例：

```
lambda x: x * x;
```

```
lambda x, y: x + y;
```

问题在于，匿名函数怎么调用呢？这时我们就需要使用 map 函数了。

```
map(lambda x: x * x, [1, 4, 9])
```

<map at 0x105998860>

注：map( ) 语法是 map(function, iterable, ...)。使用 map( ) 函数将第一个参数（function）作用到第二个参数（iterable）上。其中，第一个参数 function 是一个函数，第二个参数 iterable 是一个或多个序列。map( ) 将 function 函数值返回为一个迭代器，要用 list( ) 才能正确显示结果。

```
list (map(lambda x, y: x + y,  [1,4,7],[2,5,8]) )
```

[3, 9, 15]

匿名函数是一个函数对象，可以把匿名函数赋值给一个变量，再利用变量来调用该函数。

```
square = lambda x: x * x
square(5)
```

25

```
del sum
sum = lambda x, y: x ** 2 + y ** 2
sum(1,4)
```

17

```
summation = lambda x, y: x + y
summation(1,2)
```

3

```
circle  = lambda x, y: x * x + y * y
```

```
circle (3,4)
```

25

```
def odd(n):
    return n % 2 == 1
list ( filter (odd, range(1, 10)))
```

[1, 3, 5, 7, 9]

```
list ( filter (lambda x: x % 2 == 1, range(10)))
```

[1, 3, 5, 7, 9]

```
import math
def sqrit (x):
    return math.sqrt(x) % 1 == 0
list ( filter (sqrit , range(1, 10)))
```

[1, 4, 9]

```
list ( filter (lambda x: math.sqrt(x) % 1 == 0, range(1,10)))
```

[1, 4, 9]

　　上面定义了两个函数的两种不同形式：一种用 def 来定义，一种用 lambda 来定义。注意，用 def 定义的函数，return 是一个逻辑判断语句。另外，上面的函数都使用了 filter( ) 函数。这个函数用于过滤不符合条件的元素，返回符合条件的元素。语法是 filter(function, iterable)。其中，第一个参数 function 是判断函数，第二个参数 iterable 是可迭代对象。该函数接收序列的每个元素作为参数传递给函数，结果可能为 True 或 False，最后仅仅返回取值为 True 的元素。Python 3 中返回的是一个 filter 类，需要用 list 函数转为列表之后才能正确显示结果。在本章结束之前，我们补充介绍一个 list 函数，这个函数在之前被多次使用了，但是我们没有详细介绍过。事实上，list 函数的功能是将一个序列转换为一个列表。类似的函数还有许多，这些函数可以将数据的类型进行转换，并返回一个新的对象。

CHAPTER 6 第六章 表格处理

表格是展示数据集的一种基本方法。本章我们介绍如何通过 Pandas 模块来处理表格。这个模块纳入了大量的库、方法和一些标准的数据类型，提供了高效地操作大型数据集所需的工具。这个模块最初是被作为金融数据分析工具而开发的，为时间序列分析提供了很好的支持。时间序列数据一般指的是对单个个体连续观测一段时间收集到的数据。但是，Pandas 这个模块的名称来自面板数据分析 (panel data analysis)。面板数据一般指的是我们对多个个体在一段时期内进行连续观测得到的数据。因此，在同一个时间点，我们会同时观察多个个体；对每个个体而言，我们会有多次观测。可以简单地认为，面板数据是时间序列数据的推广。我们可以利用 Pandas 模块处理如下四种类型的数据：

(1) 一维序列 Series：与 Numpy 模块中的 Array 非常类似。二者与 Python 基本的数据结构 List 有相似的地方，但其中一个区别是：List 中的元素可以是不同的数据类型，而 Array 和 Series 中则只允许存储相同的数据类型，这样可以更有效地使用内存，提高运算效率。

(2) 以时间为索引的 Time-Series：这也是一个一维序列。

(3) 两维表格型数据结构 DataFrame：可以将 DataFrame 理解为 Series 的容器，也就是说，多个序列 Series 放在一起，组成了 DataFrame。

(4) 三维面板数组结构 Panel：可以理解为 DataFrame 的容器。

我们着重介绍 Series 和 DataFrame 这两种数据结构。利用 Series 产生一维的相同类型的数据；利用 DataFrame 产生两维的、可以包含不同类型的数据。从这个意义上说，Series 是 DataFrame 的一种特殊情况，一个 DataFrame 中可以包含若干个 Series。为了展示方便，除 Pandas 模块以外，我们同时导入 Numpy 模块。

```
import numpy as np
import pandas as pd
```

我们导入了这些模块，并对每个模块都重新使用了更简单的名称。首先，我们调用 Series 函数创建一个自带索引（index）的数组。

```
s = pd.Series([1, 2, np.nan, 4])
```

我们可以通过 print(s) 或者直接运行 s 来输出结果。

```
s
```

```
0    1.0
1    2.0
2    NaN
3    4.0
dtype: float64
```

这段输出的最后一行是 Series 中数据的类型。数据在第二列输出，第一列是数据的索引。我们可以分别打印出 Series 中的数值和索引：

```
s.values
```

```
array([ 1., 2., nan, 4.])
```

```
s.index
```

```
RangeIndex(start=0, stop=4, step=1)
```

我们在介绍列表 List 的时候，List 的索引从左到右是从 0 开始的一列整数。在默认情况下，Series 数据从上到下的索引也是如此。不过，我们在创建 Series 的时候，可以指定索引，这一点和创建 Dict 是类似的。索引可以是任何类型的数据，例如：字符串。

```
s = pd.Series([1, 2, np.nan, 4],
          index = ['A', 'B', 'C', 'D'])
s
```

```
A    1.0
B    2.0
C    NaN
D    4.0
dtype: float64
```

索引的目的是可以通过它来获取对应位置的数据。

```
s['A']
```

```
1.0
```

下面我们来看一下 DataFrame 的创建。DataFrame 的数据结构非常接近于电子表格或者 mysql 数据库的形式。列称为 columns，行称为 index。我们可以通过 columns 和 index 来确定某个数据点的位置。下面通过一个 2 × 3 的矩阵来创建一个 DataFrame。

```
df = pd.DataFrame(np.arange(6).reshape(2, 3))
df
```

	0	1	2
0	0	1	2
1	3	4	5

在创建 DataFrame 的时候可以自定义列名和索引。

```
df = pd.DataFrame(np.arange(6).reshape(2, 3),
          index = ['第一行', '第二行'],
          columns = ['A', 'B', 'C'])
df
```

	A	B	C
第一行	0	1	2
第二行	3	4	5

创建 DataFrame 有多种方式。例如，在创建 DataFrame 时，可以直接指定列数据来创建 DataFrame。

```
df = pd.DataFrame({"值班": ["A", "B", "C", "D", "E"],
          "星期": ["一", "二", "三", "四", "五"]})
df
```

	值班	星期
0	A	一
1	B	二
2	C	三
3	D	四
4	E	五

这是定义 DataFrame 对象的常用方法之一——使用字典。字典的"键"就是列值，每个"键"对应的"值"是一个列表，是列中填充的数据。上面的定义中没有指定索引（index），所以默认的是从 0 开始的整数。

我们还可以使用"字典套字典"的方式定义 DataFrame。在字典中，可以规定列名称(第一层键)、行索引(第二层字典键)以及对应的数据(第二层字典值)，也就是在字典中规定好了每个数据格中的数据。

```
data = {'值班': {'first': 'A', 'second': 'B'},
        '星期': {'first': '一', 'second': '二'}}
df = pd.DataFrame(data)
df
```

	值班	星期
first	A	一
second	B	二

在 DataFrame 中，可以通过自定义索引和列值来修改数据顺序，这也是列值和字典键明显的不同。

```
df_new = pd.DataFrame(df, index = ['second', 'first'],
                      columns = ['星期', '值班'])
df_new
```

	星期	值班
second	二	B
first	一	A

DataFrame 的不同列可以是不同的数据类型。如果以 Series 数组来创建 DataFrame，每个 Series 将成为一行 (注意，不是一列)。

```
duty = pd.Series(['A', 'B', 'C', 'D', 'E'],
                 index = [1, 2, 3, 4, 5])
day = pd.Series(['一', '二', '三', '四', '五'],
                index = [1, 2, 3, 4, 5])
df = pd.DataFrame([duty, day])
df
```

	1	2	3	4	5
0	A	B	C	D	E
1	一	二	三	四	五

当通过索引或列规定了相应位置上的数据时，没有规定的位置上的值为空（NaN）。

```
duty = pd.Series(['A', 'B', 'C', 'D', 'E'],
                 index = [1, 2, 3, 4, 5])
day = pd.Series(['二', '三', '四', '五'],
                index = [2, 3, 4, 5])
df = pd.DataFrame([duty, day])
df
```

	1	2	3	4	5
0	A	B	C	D	E
1	NaN	二	三	四	五

接下来，我们介绍 Pandas 模块。

6.1 模 拟 数 据

首先，使用字典产生数据框架。

```
NumRows = 4
df = pd.DataFrame({
    'A': pd.date_range('20191201', periods = NumRows),
    'B': pd.Series(range(NumRows), dtype = 'float'),
    'C': np.array(3, dtype = 'int32'),
    'D': pd.Categorical(['测试', '训练', '测试', '训练']),
    'E': 'foo'},
    index = list(range(NumRows)))
df
```

	A	B	C	D	E
0	2019-12-01	0.0	3	测试	foo
1	2019-12-02	1.0	3	训练	foo
2	2019-12-03	2.0	3	测试	foo
3	2019-12-04	3.0	3	训练	foo

6.1.1 基本的描述性操作

通过 df.dtypes( ) 函数来获取数据类型。

```
df.dtypes
```

```
A          datetime64[ns]
B                 float64
C                   int32
D                category
E                  object
dtype: object
```

通过 df.head( ) 函数来访问表格前几行。

```
df.head(3)
```

	A	B	C	D	E
0	2019-12-01	0.0	3	测试	foo
1	2019-12-02	1.0	3	训练	foo
2	2019-12-03	2.0	3	测试	foo

通过 df.tail( ) 函数来访问表格后几行。

```
df. tail (3)
```

	A	B	C	D	E
1	2019-12-02	1.0	3	训练	foo
2	2019-12-03	2.0	3	测试	foo
3	2019-12-04	3.0	3	训练	foo

输出表格的数据数目。

```
df.size
```

20

输出表格的形状。

```
df.shape
```

(4, 5)

输出表格的维度。

```
df.ndim
```

2

下面介绍输出表格中列名信息和行名信息的函数。

```
df.index
```

Int64Index([0, 1, 2, 3], dtype='int64')

```
df.columns
```

Index(['A', 'B', 'C', 'D', 'E'], dtype='object')

或者通过 df.axes 同时查看行名和列名信息。

```
df.axes
```

[Int64Index([0, 1, 2, 3], dtype='int64'), Index(['A', 'B', 'C', 'D', 'E'], dtype='object')]

df.values 用于提取表格的所有值并以数组的形式输出。

```
df.values
```

array([[Timestamp('2019-12-01 00:00:00'), 0.0, 3, ' 测试', 'foo'],
    [Timestamp('2019-12-02 00:00:00'), 1.0, 3, ' 训练', 'foo'],

[Timestamp('2019-12-03 00:00:00'), 2.0, 3, ' 测试', 'foo'],
[Timestamp('2019-12-04 00:00:00'), 3.0, 3, ' 训练', 'foo']],
dtype=object)

利用 describe( ) 函数给出一些表格中数值的描述性统计量。

```
df.describe()
```

	B	C
count	4.000000	4.0
mean	1.500000	3.0
std	1.290994	0.0
min	0.000000	3.0
25%	0.750000	3.0
50%	1.500000	3.0
75%	2.250000	3.0
max	3.000000	3.0

当然，我们可以利用 sum( )、mean( )、max( )、min( )、count( ) 函数来单独计算某一列的统计值。

```
print(df['B'].sum())
print(df['B'].mean())
print(df['B'].max())
print(df['B'].min())
print(df['B'].count())
```

6.0

1.5

3.0

0.0

4

可以对表格进行转置操作。

```
df.T
```

	0	1	2	3
A	2019-12-01 00:00:00	2019-12-02 00:00:00	2019-12-03 00:00:00	2019-12-04 00:00:00
B	0	1	2	3
C	3	3	3	3
D	测试	训练	测试	训练
E	foo	foo	foo	foo

可以对表格按照列标签（axis = 1）或行标签（axis = 0）进行排序操作，默认是升序。

```
df.sort_index(axis = 1, ascending = False)
```

	E	D	C	B	A
0	foo	测试	3	0.0	2019-12-01
1	foo	训练	3	1.0	2019-12-02
2	foo	测试	3	2.0	2019-12-03
3	foo	训练	3	3.0	2019-12-04

也可以对表格的数值进行排序操作，通过 by 来指定按照某一列数值的大小顺序进行排列，默认为升序，可进行单列和多列排序。多列排序指的是当前一列相同时比较后一列，否则优先对前一列数值进行排序。注意，sort_values( ) 函数只能对列进行排序操作。

```
df.sort_values(by = 'B')
```

	A	B	C	D	E
0	2019-12-01	0.0	3	测试	foo
1	2019-12-02	1.0	3	训练	foo
2	2019-12-03	2.0	3	测试	foo
3	2019-12-04	3.0	3	训练	foo

```
df.sort_values(by = ['D', 'B'], ascending = False)
```

	A	B	C	D	E
3	2019-12-04	3.0	3	训练	foo
1	2019-12-02	1.0	3	训练	foo
2	2019-12-03	2.0	3	测试	foo
0	2019-12-01	0.0	3	测试	foo

6.1.2 基本的选择操作

我们可以使用列标签来访问列中的数据。

```
df['A']
```

```
0    2019-12-01
1    2019-12-02
2    2019-12-03
3    2019-12-04
Name: A, dtype: datetime64[ns]
```

df.A 等价于 df['A']

```
df.A
```

```
0          2019-12-01
1          2019-12-02
2          2019-12-03
3          2019-12-04
Name: A, dtype: datetime64[ns]
```

我们可以通过下标来访问指定的行。

```
df [0:3]
```

	A	B	C	D	E
0	2019-12-01	0.0	3	测试	foo
1	2019-12-02	1.0	3	训练	foo
2	2019-12-03	2.0	3	测试	foo

6.1.3　按照标签进行混合选择操作

DataFrame 提供了两个操作符来访问其中的数据。

（1）loc：通过行和列的索引来访问数据；

（2）iloc：通过行和列的下标来访问数据。

下面来看几个例子。

按照标签选择指定行。

```
df.loc [0,  :]
```

```
A          2019-12-01 00:00:00
B                          0.0
C                            3
D                          测试
E                          foo
Name: 0, dtype: object
```

按照标签选择指定列。

```
df.loc [:,  ['A', 'B']]
```

	A	B
0	2019-12-01	0.0
1	2019-12-02	1.0
2	2019-12-03	2.0
3	2019-12-04	3.0

按照标签选择指定的行和列。首先输出表格的前三行以及 A、B 列。

```
df.loc [0:3, ['A', 'B']]
```

	A	B
0	2019-12-01	0.0
1	2019-12-02	1.0
2	2019-12-03	2.0
3	2019-12-04	3.0

下面来看几个关于 iloc 的例子。

按照行下标选择。

```
df.iloc [3, :]
```

A	2019-12-04 00:00:00
B	3
C	3
D	训练
E	foo

Name: 3, dtype: object

按照行以及列的下标选择。

```
df.iloc [1:3, 0:2]
```

	A	B
1	2019-12-02	1.0
2	2019-12-03	2.0

```
df.iloc [[1, 2], [0, 2]]
```

	A	C
1	2019-12-02	3
2	2019-12-03	3

```
df.iloc [1:2,  :]
```

	A	B	C	D	E
1	2019-12-02	1.0	3	训练	foo

```
df.iloc [:,  1:5]
```

	B	C	D	E
0	0.0	3	测试	foo
1	1.0	3	训练	foo
2	2.0	3	测试	foo
3	3.0	3	训练	foo

```
df.iloc [1,  1]
```

1.0

我们顺便介绍一个函数：iat。df.iat[1, 1] 这个命令尽管与 df.iloc[1, 1] 等价，但是运行速度比 df.iloc[1, 1] 快。

```
df.iat [1,1]
```

1.0

6.1.4　根据布尔索引选取

我们打算访问具有指定特征的行。下面看几个例子：

```
df[df.B > 1]
```

	A	B	C	D	E
2	2019-12-03	2.0	3	测试	foo
3	2019-12-04	3.0	3	训练	foo

根据布尔条件对整个表格进行筛选，返回与表格形状相同的 DataFrame，符合条件的位置返回原始数值，否则为空（NaN）。

```
df_sub = df.iloc[0 : 2, 1 : 3]
df_sub
```

	B	C
0	0.0	3
1	1.0	3

```
df_sub[df_sub > 0]
```

	B	C
0	NaN	3
1	1.0	3

利用 isin( ) 函数进行过滤。

```
df[df['D'].isin(['测试'])]
```

	A	B	C	D	E
0	2019-12-01	0.0	3	测试	foo
2	2019-12-03	2.0	3	测试	foo

6.1.5 索引

我们可以对 DataFrame 进行增加一列或者修改指定位置的值的操作。看下面的例子。

```
s1 = pd.Series([1, 2, 3, 4], index = [0, 1, 2, 3])
s1
```

```
0    1
1    2
2    3
3    4
dtype: int64
```

```
df['F'] = s1
df
```

	A	B	C	D	E	F
0	2019-12-01	0.0	3	测试	foo	1
1	2019-12-02	1.0	3	训练	foo	2
2	2019-12-03	2.0	3	测试	foo	3
3	2019-12-04	3.0	3	训练	foo	4

下面是修改表格中指定位置的值。

```
df.loc[0, 'C'] = 0
df
```

	A	B	C	D	E	F
0	2019-12-01	0.0	0	测试	foo	1
1	2019-12-02	1.0	3	训练	foo	2
2	2019-12-03	2.0	3	测试	foo	3
3	2019-12-04	3.0	3	训练	foo	4

```
df.loc[1, "C"] = 0
df
```

	A	B	C	D	E	F
0	2019-12-01	0.0	0	测试	foo	1
1	2019-12-02	1.0	0	训练	foo	2
2	2019-12-03	2.0	3	测试	foo	3
3	2019-12-04	3.0	3	训练	foo	4

```
df.loc[:, 'G'] = np.array([5] * len(df))
df
```

	A	B	C	D	E	F	G
0	2019-12-01	0.0	0	测试	foo	1	5
1	2019-12-02	1.0	0	训练	foo	2	5
2	2019-12-03	2.0	3	测试	foo	3	5
3	2019-12-04	3.0	3	训练	foo	4	5

```
dfcopy = df.copy()
dfcopy[dfcopy['C'] > 0]
```

	A	B	C	D	E	F	G
2	2019-12-03	2.0	3	测试	foo	3	5
3	2019-12-04	3.0	3	训练	foo	4	5

  索引可以自定义，自定义的索引会自动寻找原来的索引，如果是一样的，就取原来索引对应的值，这个可以简称为"自动对齐"。reindex( ) 可以改变、增加或者删减一些索引值，并返回一个副本。

```
df_rd1 = df.reindex(columns = ['A', 'D', 'H', 'F'])
df_rd1
```

		A	D	H	F
0	2019-12-01	测试	NaN	1
1	2019-12-02	训练	NaN	2
2	2019-12-03	测试	NaN	3
3	2019-12-04	训练	NaN	4

当重新设置的索引与被操作的 DataFrame 的索引不一致时，其值被 NaN 填充。如果不想以 NaN 填充，则可以利用 fill_value 来设置填充方式。

```
df_rd2 = df.reindex(columns = ['A', 'D', 'H', 'F'],
            fill_value = 14)
df_rd2
```

		A	D	H	F
0	2019-12-01	测试	14	1
1	2019-12-02	训练	14	2
2	2019-12-03	测试	14	3
3	2019-12-04	训练	14	4

通过 method 的方法来设置向前填充（method = 'ffill' 或 'pad'）和向后填充（method = 'bfill' 或 'backfill'）。向前填充，指在重新设置的索引没有相对应的数值时取前一个索引的值作为填充。向后填充，指在重新设置的索引没有相对应的数值时取后一个索引的值作为填充。

```
df_rd3 = df.reindex(columns = ['A', 'D', 'H', 'F'],
            method = 'ffill')
df_rd3
```

		A	D	H	F
0	2019-12-01	测试	5	1
1	2019-12-02	训练	5	2
2	2019-12-03	测试	5	3
3	2019-12-04	训练	5	4

我们可以通过 drop( ) 函数实现删除某些特定行（axis = 0）和列（axis = 1）。默认值 axis=0，也就是按照行删除。

```
df.drop([0, 1], inplace = True)
df
```

	A	B	C	D	E	F	G
2	2019-12-03	2.0	3	测试	foo	3	5
3	2019-12-04	3.0	3	训练	foo	4	5

```
df.drop('G', axis = 1, inplace = True)
df
```

	A	B	C	D	E	F
2	2019-12-03	2.0	3	测试	foo	3
3	2019-12-04	3.0	3	训练	foo	4

前面是按照列标签来删除表格中多余的列。如果要删除多列，建议按序号来删除。

```
delCol = [4, 5]
df.drop(df.columns[delCol], axis = 1, inplace = True)
df
```

	A	B	C	D
2	2019-12-03	2.0	3	测试
3	2019-12-04	3.0	3	训练

当删除多余的行或者列时，会导致相应的索引变得不连续。此时，可以指定时间序列为索引列，或者可以指定某一特定的列为索引列。下面来看一个例子。

```
df.set_index('A', inplace = True)
df
```

A	B	C	D
2019-12-03	2.0	3	测试
2019-12-04	3.0	3	训练

```
df.reset_index(level = [0], inplace = True)
df
```

	A	B	C	D
0	2019-12-03	2.0	3	测试
1	2019-12-04	3.0	3	训练

6.1.6 习题

1. 操作题：请从标准正态分布中随机产生一个形状为 (4, 5) 的 DataFrame，并将行名命名为 row_i，列名命名为 col_j，其中，i = 1,··· ,4，j = 1,··· ,5。找出大于 0 的那些数值（用 DataFrame 展示，其中，0 或负值用 NaN 表示）。

2. 将上题中的 DataFrame 的 col_3 与 col_4 相乘，并添加至 col_6。最后将得到的 DataFrame 的 row_3 删除，得到一个新的 DataFrame。

6.2 案例 1：俄法 1812 年战争数据

为了争夺欧洲霸权，1812 年夏，拿破仑集结军队，渡过尼曼河，向俄国不宣而战。关于这场战争，可以参考百度百科网页：https://baike.baidu.com/item/俄法 1812 年战争。这里，我们主要学习如何利用 Python 进行表格处理。首先，读入数据。在这个例子中，我们把数据保存在一个名为 Minard.csv 的文件中。读者可以把这个数据记录下来，然后保存为 csv 格式，更改一下所在文件的目录即可。

```
minard = pd.read_csv('~/Minard.csv') # ～请指定文件所在的路径
minard
```

	longitude	latitude	city	direction	survivors
0	32.0	54.8	Smolensk	Advance	145000
1	33.2	54.9	Dorogobouge	Advance	140000
2	34.4	55.5	Chjat	Advance	127100
3	37.6	55.8	Moscou	Advance	100000
4	34.3	55.2	Wixma	Retreat	55000
5	32.0	54.6	Smolensk	Retreat	24000
6	30.4	54.4	Orscha	Retreat	20000
7	26.8	54.3	Moiodexno	Retreat	12000

检查表格大小。

```
[len(minard.index), len(minard.columns)]
```

[8, 5]

注：可以比较一下 minard.shape。
查阅表格列标签。

```
minard.columns
```

Index(['longitude', 'latitude', 'city', 'direction', 'survivors'], dtype='object')

更改列名称。

```
minard.rename(columns={'city': 'city name'}, inplace = True)
minard
```

	longitude	latitude	city name	direction	survivors
0	32	54.8	Smolensk	Advance	145000
1	33.2	54.9	Dorogobouge	Advance	140000
2	34.4	55.5	Chjat	Advance	127100
3	37.6	55.8	Moscou	Advance	100000
4	34.3	55.2	Wixma	Retreat	55000
5	32	54.6	Smolensk	Retreat	24000
6	30.4	54.4	Orscha	Retreat	20000
7	26.8	54.3	Moiodexno	Retreat	12000

提取单列。

```
minard['survivors']
```

```
0    145000
1    140000
2    127100
3    100000
4     55000
5     24000
6     20000
7     12000
Name: survivors, dtype: int64
```

```
minard.loc[:, 'survivors']
```

```
0    145000
1    140000
2    127100
3    100000
4     55000
5     24000
6     20000
7     12000
Name: survivors, dtype: int64
```

```
minard.iloc[:, 4]
```

```
0    145000
1    140000
2    127100
3    100000
4     55000
5     24000
6     20000
7     12000
Name: survivors, dtype: int64
```

```
minard.iloc[0, 4]
```

145000

```
minard.iloc[5, 4]
```

24000

```
initial  = minard.iloc[0, 4]
initial
```

145000

列操作。

```
percent_surviving = minard.iloc[:, 4]/ initial
percent_surviving
```

```
0    1.000000
1    0.965517
2    0.876552
3    0.689655
4    0.379310
5    0.165517
6    0.137931
7    0.082759
Name: survivors, dtype: float64
```

```
minard['percent surviving'] = percent_surviving
minard
```

	longitude	latitude	city name	direction	survivors	percent surviving
0	32	54.8	Smolensk	Advance	145000	1.000000
1	33.2	54.9	Dorogobouge	Advance	140000	0.965517
2	34.4	55.5	Chjat	Advance	127100	0.876552
3	37.6	55.8	Moscou	Advance	100000	0.689655
4	34.3	55.2	Wixma	Retreat	55000	0.37931
5	32	54.6	Smolensk	Retreat	24000	0.165517
6	30.4	54.4	Orscha	Retreat	20000	0.137931
7	26.8	54.3	Moiodexno	Retreat	12000	0.082759

接下来，我们一起学习如何添加"%"。

```
minard['percent surviving'] = pd.Series(["{0:.2f}%".format(val * 100) for val in minard['
    percent surviving']])
minard
```

	longitude	latitude	city name	direction	survivors	percent surviving
0	32	54.8	Smolensk	Advance	145000	100.00%
1	33.2	54.9	Dorogobouge	Advance	140000	96.55%
2	34.4	55.5	Chjat	Advance	127100	87.66%
3	37.6	55.8	Moscou	Advance	100000	68.97%
4	34.3	55.2	Wixma	Retreat	55000	37.93%
5	32	54.6	Smolensk	Retreat	24000	16.55%
6	30.4	54.4	Orscha	Retreat	20000	13.79%
7	26.8	54.3	Moiodexno	Retreat	12000	8.28%

```
minard[['longitude', 'latitude']]
```

	longitude	latitude
0	32	54.8
1	33.2	54.9
2	34.4	55.5
3	37.6	55.8
4	34.3	55.2
5	32	54.6
6	30.4	54.4
7	26.8	54.3

　　下面我们介绍如何删除表格中的数据。drop 方法并不实际改变数据框，而是提取被删除数据后剩下的部分。可以通过 help(minard.drop) 查询 drop 方法中各参数的具体含义。与 drop 方法不同的是，del 方法会直接删除数据框中指定的数据。

```
minard1=minard.drop(minard[['longitude', 'latitude', 'direction']],
              axis = 1,
              inplace = False)
minard1
```

	city name	survivors	percent surviving
0	Smolensk	145000	100.00%
1	Dorogobouge	140000	96.55%
2	Chjat	127100	87.66%
3	Moscou	100000	68.97%
4	Wixma	55000	37.93%
5	Smolensk	24000	16.55%
6	Orscha	20000	13.79%
7	Moiodexno	12000	8.28%

对比 drop() 函数，del 函数功能如下：

```
del minard['longitude']
minard
```

	latitude	city name	direction	survivors	percent surviving
0	54.8	Smolensk	Advance	145000	100.00%
1	54.9	Dorogobouge	Advance	140000	96.55%
2	55.5	Chjat	Advance	127100	87.66%
3	55.8	Moscou	Advance	100000	68.97%
4	55.2	Wixma	Retreat	55000	37.93%
5	54.6	Smolensk	Retreat	24000	16.55%
6	54.4	Orscha	Retreat	20000	13.79%
7	54.3	Moiodexno	Retreat	12000	8.28%

6.3 案例 2：2010 年中国人口普查资料

读入数据：2010 年中国人口普查资料 1-7 表格，各地区人口按年龄、性别分类。由于这个数据集的规模比较大，所以只展示部分数据。

```
CHN_pop = pd.read_csv('~/Population2010.csv', encoding = 'gbk')
CHN_pop.iloc[0:9,0:7]
```

	年龄	性别	全国	北京	天津	河北	山西
0	合计	小计	1332810869	19612368	12938693	71854210	35712101
1	合计	男	682329104	10126430	6907091	36430286	18338760
2	合计	女	650481765	9485938	6031602	35423924	17373341
3	0 岁	小计	13786434	115882	81871	880194	345782
4	0 岁	男	7461199	60564	43546	470526	181346
5	0 岁	女	6325235	55318	38325	409668	164436
6	1-5 岁	小计	61746176	569998	379022	3897692	1477029
7	1-5 岁	男	33601367	300229	201322	2100526	775404
8	1-5 岁	女	28144809	269769	177700	1797166	701625

计算此表格的行数与列数。

```
print(CHN_pop.shape[0], CHN_pop.shape[1], len(CHN_pop))
```

69 34 69

因此，此表格有 69 行 34 列。下面列出此表格的列名称、性别列中的所有值和年龄列中的所有值。

```
CHN_pop.columns
```

Index(['年龄', '性别', '全国', '北京', '天津', '河北', '山西', '内蒙古', '辽宁', '吉林', '黑龙江', '上海', '江苏', '浙江', '安徽', '福建', '江西', '山东', '河南', '湖北', '湖南', '广东', '广西', '海南', '重庆', '四川', '贵州', '云南', '西藏', '陕西', '甘肃', '青海', '宁夏', '新疆'], dtype='object')

```
CHN_pop['性别'].unique()
```

array(['小计', '男', '女'], dtype=object)

```
CHN_pop['年龄'].unique()
```

array(['合计', '0 岁', '1-5 岁', '6-9 岁', '10-14 岁', '15-19 岁', '20-24 岁', '25-29 岁', '30-34 岁', '35-39 岁', '40-44 岁', '45-49 岁', '50-54 岁', '55-59 岁', '60-64 岁', '65-69 岁', '70-74 岁', '75-79 岁', '80-84 岁', '85-89 岁', '90-94 岁', '95-99 岁', '100 岁以上'], dtype=object)

表格包含了许多信息，我们只提取其中一部分数据进行分析，比如，我们挑选北京和上海地区的人口数据来分析。

```
partial_CHN_pop = CHN_pop[['年龄', '性别', '北京', '上海']]
```

为了简单起见，我们把列的名称改一下。

```
CHN_pop1 = partial_CHN_pop.rename(columns={'北京': '京', '上海': '沪'})
```

我们来看一下北京和上海的人口差值。

```
change = CHN_pop1['京']–CHN_pop1['沪']
```

在表格中添加一列。

```
CHN_pop1['Change'] = change
CHN_pop1.head(3)
```

	年龄	性别	京	沪	Change
0	合计	小计	19612368	23019196	−3406828
1	合计	男	10126430	11854916	−1728486
2	合计	女	9485938	11164280	−1678342

计算一下两地人口差别的百分比,并按照指定格式输出。

```
CHN_pop1['Percent Change'] = change/CHN_pop1['京']
CHN_pop1['Percent Change'] = pd.Series(pd.Series(["{0:.2f}%".format(val * 100)
for val in CHN_pop1['Percent Change']]))
CHN_pop1.head(3)
```

	年龄	性别	京	沪	Change	Percent Change
0	合计	小计	19612368	23019196	−3406828	−17.37%
1	合计	男	10126430	11854916	−1728486	−17.07%
2	合计	女	9485938	11164280	−1678342	−17.69%

复制生成一个新的表格。

```
diff_pop= CHN_pop1.copy()
```

按照人口变化数量降序排列。

```
diff_pop1 = diff_pop.sort_values(by = 'Change', ascending = False)
diff_pop1.head(5)
```

	年龄	性别	京	沪	Change	Percent Change
19	20-24 岁	男	1368039	1339673	28366	2.07%
18	20-24 岁	小计	2633028	2620370	12658	0.48%
67	100 岁以上	男	146	195	−49	−33.56%
68	100 岁以上	女	406	733	−327	−80.54%
66	100 岁以上	小计	552	928	−376	−68.12%

从上述数据可以看出，除了 20～24 岁年龄段的男性与小计，对于其他所有年龄段的人口，北京地区都低于上海地区。对于 100 岁以上的年龄段人口，北京地区比上海地区总体上少了 68.12%。这说明上海地区的百岁老人明显多于北京地区，尤其是上海地区的女性百岁老人比北京地区多了将近 1 倍。而北京地区 20～24 岁年龄段的男性人口则比上海地区多 2.07%。这种两地人口差异可能的原因有两点：

(1) 北京地区是中国高等院校最多的城市，而在校大学生的年龄段主要集中在 20～24 岁，所以可能是该原因导致了这个年龄段的人口北京地区比上海地区多。

(2) 上海地区独有的海洋气候与生活环境可能更加宜居。这可能导致两地的 100 岁以上年龄段人口产生了较大差异。

为了研究上海地区的性别比例，我们需要进行一系列操作。

```
diff_pop1_hu = diff_pop1.drop(['京', 'Change', 'Percent Change'],
                         axis = 1)
diff_pop1_hu.tail(5)
```

	年龄	性别	沪
36	50-54 岁	小计	1802722
39	55-59 岁	小计	1723410
2	合计	女	11164280
1	合计	男	11854916
0	合计	小计	23019196

在删除一些无关变量之后，我们首先来看看所有年龄段的人口合计情况。

```
all_ages = diff_pop1_hu[diff_pop1_hu['年龄'] == '合计']
all_ages
```

	年龄	性别	沪
2	合计	女	11164280
1	合计	男	11854916
0	合计	小计	23019196

下面我们来计算性别比例。通过对"沪"列进行排序，产生了一个新的数据框架。

```
all_ages =all_ages.sort_values(by = '沪', ascending = False)
all_ages = pd.DataFrame(all_ages.values,
                        columns = all_ages.columns)
all_ages.head()
```

	年龄	性别	沪
0	合计	小计	23019196
1	合计	男	11854916
2	合计	女	11164280

性别比例按照指定格式输入。

```
all_ages['Proportion'] = all_ages['沪'] / all_ages.loc[0, '沪']
all_ages['Proportion'] = pd.Series(["{0: .2f}%".format(val * 100)
for val in all_ages['Proportion']])
all_ages
```

	年龄	性别	沪	Proportion
0	合计	小计	23019196	100.00%
1	合计	男	11854916	51.50%
2	合计	女	11164280	48.50%

下面我们计算上海地区新生儿的性别比例。首先提取上海地区年龄为 0 岁以内的人口数。

```
infants = diff_pop1_hu[diff_pop1_hu['年龄']=='0岁']
```

产生了一个新的数据框架。

```
infants =infants.sort_values(by = '沪', ascending = False)
infants = pd.DataFrame(infants.values,columns = infants.columns)
infants.head()
```

	年龄	性别	沪
0	0 岁	小计	128222
1	0 岁	男	67467
2	0 岁	女	60755

计算性别比例并按照指定格式输出。

```
infants['Proportion'] = infants['沪']/infants.loc[0,'沪']
infants['Proportion'] = pd.Series(["{0:.2f}%".format(val * 100)
for val in infants['Proportion']])
infants
```

	年龄	性别	沪	Proportion
0	0 岁	小计	128222	100.00%
1	0 岁	男	67467	52.62%
2	0 岁	女	60755	47.38%

同样地，我们可以得到上海地区百岁以上老人的性别比例。

```
hundreds = diff_pop1_hu[diff_pop1_hu['年龄'] == '100岁以上']
hundreds =hundreds.sort_values(by = '沪', ascending = False)
hundreds = pd.DataFrame(hundreds.values,
                columns = hundreds.columns)
hundreds['Proportion'] = hundreds['沪'] / hundreds.loc[0, '沪']
hundreds['Proportion'] = pd.Series(["{0: .2f}%".format(val * 100)
for val in hundreds['Proportion']])
hundreds
```

	年龄	性别	沪	Proportion
0	100 岁以上	小计	928	100.00%
1	100 岁以上	女	733	78.99%
2	100 岁以上	男	195	21.01%

下面我们来关注上海各年龄段的性别比例。首先，提取女性人口数据。

```
females_all_rows = diff_pop1_hu[diff_pop1_hu['性别'] == '女']
```

然后，把女性总人口剔除。

```
females = females_all_rows[females_all_rows['年龄']!='合计']
females = females.sort_index(ascending = True,
                axis = 0, inplace = False)
```

同样地，可以得到男性人口数据，并把男性总人口剔除。

```
males_all_rows = diff_pop1_hu[diff_pop1_hu['性别'] == '男']
males = males_all_rows[males_all_rows['年龄'] != '合计']
males = males.sort_index(ascending = True,
                axis = 0, inplace = False)
```

下面计算性别比例。

```
ratios = np.array(females['沪']) / np.array(males['沪'])
ratios = pd.DataFrame({'年龄': np.array(males['年龄']),
                       '沪:F:M RATIO': ratios})
```

```
ratios.sort_index(ascending = False, axis = 1,
                  inplace = False).head(3)
```

	沪:F:M RATIO	年龄
0	0.900514	0 岁
1	0.872791	1-5 岁
2	0.858765	6-9 岁

我们来看看 75 岁以上的人口。在这个人群中，女性与男性的比例总是大于 1，而且不止多一点点。在 90 岁以上的年龄段，女性人口数几乎是男性人口数的 2 倍；在 100 岁以上的年龄段，女性人口数几乎是男性人口数的 4 倍。

```
ratios.tail(6)
```

	年龄	沪:F:M RATIO
16	75-79 岁	1.230321
17	80-84 岁	1.389719
18	85-89 岁	1.646558
19	90-94 岁	1.991876
20	95-99 岁	2.294980
21	100 岁以上	3.758974

6.3.1 习题

1. 基于上述人口数据，计算青壮年（25~44 岁）的人口比例。
2. 结合本例中所有的输出结果，请分析中国各地区的人口比例特征。

第七章 数据可视化

CHAPTER 7

数据可视化其实就是通过图形来比较直观地展示数据，好处在于直观、醒目、简单。在本章中，我们主要学习可视化模块 matplotlib。在 matplotlib 模块中，应用最广的绘图工具包是 matplotlib.pyplot。这是绘制平面 (二维) 图形的常用模块。这个模块的画图风格非常接近于 MATLAB，命令的使用方式与 MATLAB 中的画图命令也差不多。因此，在为该模块命名时，就使用到了 MATLAB 的前三个字母。这个模块名字中间的 plot 表示绘图功能，而末尾的 lib 则表示这是一个库，集成了许多功能。

本章将以 matplotlib.pyplot 为基础，主要讲述 6 种基础统计图形的绘制方法：散点图、折线图、柱状图、饼图、箱线图和概率图。另外，我们也会简单地提一下直方图。先导入 matplotlib.pyplot 模块，并缩写为 plt。接着导入 numpy 和 pandas 模块，分别缩写为 np 和 pd。

```
import numpy as np
import pandas as pd
import matplotlib.pyplot as plt
```

7.1 基 础 语 法

大体说来，绘制图形有三个步骤。第一步，构建画图区域。可以在某个区域中画一幅或多幅图形，常用的三个函数如表 7.1 所示。

表 7.1　构建画图区域函数

函数名称	函数作用
plt.figure	在指定区域画一幅图形，可以指定区域大小、像素
plt.subplot	在指定区域画多幅子图，可以指定子图行列数和编号
plt.add_subplot	在指定区域画多幅子图，可以指定子图行列数和编号

第二步，一般认为是绘制图形的主要工作，包括根据数据绘制指定图形、添加标题和坐标轴名称，等等。我们可以先绘制图形，也可以先添加各类标签。但是添加图例一定要在绘制图形之后。这一步经常使用的函数如表 7.2 所示。

表 7.2　　添加标签函数

函数名称	函数作用
plt.title	在当前图形中添加标题
plt.xlabel	在当前图形中添加横轴名称
plt.ylabel	在当前图形中添加纵轴名称
plt.xlim	当前图形横轴的范围
plt.ylim	当前图形纵轴的范围
plt.xticks	横轴刻度的数目与数值
plt.yticks	纵轴刻度的数目与数值
plt.legend	当前图形的图例，可以指定图例的大小、位置、标签

第三步则是保存和显示图形。常用函数如表 7.3 所示。

表 7.3　　保存和显示函数

函数名称	函数作用
plt.savefig	保存绘制的图形
plt.show	在本机显示图形

最简单的绘图可以省略第一部分，直接在默认的区域绘制图形。绘制图形涉及许多参数。在多数情况下，这些参数都会有默认取值。如果手动设置，往往可以绘制更加个性化的图形。

7.2　散点图和折线图

本节主要介绍在 Python 中绘制散点图和折线图的函数常用参数。

7.2.1　散点图

散点图利用坐标点的分布形态反映特征间的统计关系。绘制散点图的函数为 scatter，其函数常用参数及说明如表 7.4 所示。

表 7.4　　散点图的函数常用参数

参数名称	说明
x,y	数组 (array)，表示横轴和纵轴对应的数据
s	数值或一维数组 (array)，指定大小
c	数值或一维数组 (array)，指定颜色
marker	特定字符串 string，指定点的类型
plt.ylim	指定当前图形纵轴的范围
alpha	接收 0~1 的小数，表示点的透明度

下面我们使用 scatter 函数来画一个简单的散点图。调用 scatter 函数时，第一个参数给出横轴的取值，第二个参数给出纵轴的取值。两个参数的长度必须一样，否则会报错。同

时，我们给出横轴、纵轴的标签及标题。顺便提一下，读者暂时不要尝试使用中文来表示纵轴、横轴的标签或标题。尽管程序不会报错，但是中文有时候不能正确显示。以后，我们会用相关案例告诉读者如何使用中文来表示纵轴、横轴的标签或标题。

```
plt.scatter ([1,2,3,4,5], np.arange(2,20,4))
plt.xlabel('Horizontal Axis') # 添加 x 轴标签
plt.ylabel('Vertical Axis') # 添加 y 轴标签
plt.title ('A Toy Example') # 添加标题
plt.show() # 见图 7.1
```

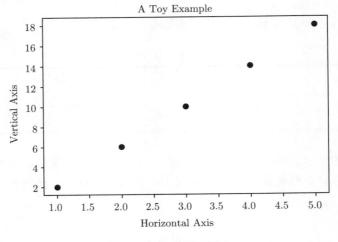

图 7.1　散点图示例 1

下面我们来看一下 scatter 函数的输出控制。我们可以通过字符串对应的关键词来提取一些数据。看看下面的例子。

```
data = {'a': np.arange(50),
        'c': np.random.randint(0,50,50),
        'd': np.random.randn(50)}
data['b'] = data['a'] + 10*np.random.randn(50)
data['d'] = np.abs(data['d']) * 100
plt.scatter('a','b', c = 'c', s = 'd', data = data)
plt.xlabel('a')
plt.ylabel('b')
plt.show() # 见图 7.2
```

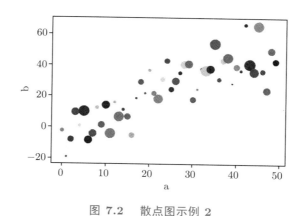

图 7.2　散点图示例 2

7.2.2　折线图

折线图包含了散点图作为特殊情形。折线图是一种将数据点成对展示并连接起来的图形。我们可以把折线图看作将散点图按照横轴坐标顺序连接起来的图形。折线图主要是查看纵轴变量随着横轴变量改变的趋势，绘制折线图的函数为 plot。调用 plot 函数时，可以画折线图或散点图。用 plot 函数来画折线图，第一个参数给出横轴的取值，第二个参数给出纵轴的取值。两个参数的长度必须一样。折线图的函数常用参数见表 7.5。

表 7.5　折线图的函数常用参数

参数名称	说明
x,y	数组 (array)，表示横轴和纵轴对应的数据
color	特定字符串 string，指定线条颜色
linestyle	特定字符串 string，指定线条类型
marker	特定字符串 string，表示点的类型
alpha	接收 0~1 之间的小数，表示点的透明度

其中，指定 color 参数时，有 8 种常用颜色可以选择："b" 是蓝色，"g" 是绿色，"r" 是红色，"c" 是青色，"m" 是品红色，"y" 是黄色，"k" 是黑色，"w" 是白色。

下面我们来看一个简单的例子，使用 plot 函数来画一个简单的折线图。

```
# 绘制折线
plt.plot ([1,2,3,4,5], np.arange(2,20,4))
# 添加坐标轴以及标题
plt.xticks ([1,2,3,4,5])
plt.yticks(np.arange(2,20,4))
plt.xlabel('Horizontal Axis')
plt.ylabel('Vertical Axis')
plt.title ('A Toy Example')
# 显示图像
plt.show() # 见图 7.3
```

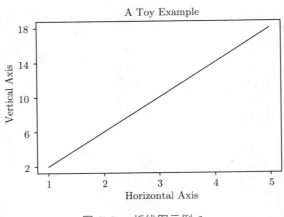

图 7.3   折线图示例 1

在 plot 函数中，如果只给出一个参数，那么默认这个参数给出了纵轴的取值范围，横轴会自动产生一个从 0 开始的列表与之对应。大家可以对比一下图 7.4 和图 7.3 的横轴取值的差别。

```
plt.plot(np.arange(2,20,4))
plt.xlabel('Horizontal Axis')
plt.ylabel('Vertical Axis')
plt.title('A Toy Example')
plt.show() # 见图 7.4
```

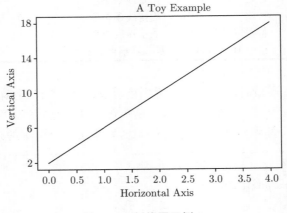

图 7.4   折线图示例 2

可以看到，尽管我们没有指定横轴的范围，但是画出的图形给出了 0 到 4 这个数值范围。在一般情况下，如果我们只是指定了纵轴的取值范围，横轴会自动指定一列从 0 开始的数组与纵轴相对应。画图函数 plot 非常灵活，我们可以按照自己的意图指定横轴以及纵轴的范围。我们可以不指定横轴的取值，但一旦指定横轴的取值，横轴的列表长度就必须和纵轴的列表长度完全一致。

　　下面我们来看一个 sin 函数以及一个 cos 函数。我们先产生一个 numpy 数组，包含从 $-\pi$ 到 π 等间隔的 256 个值。cos 和 sin 则分别是这 256 个值对应的余弦和正弦函数值。

```
X = np.linspace(−np.pi, np.pi, 256, endpoint=True)
C,S = np.cos(X), np.sin(X)
plt.plot(X, C) # 绘制 y 轴为 C 的曲线
plt.plot(X, S) # 绘制 y 轴为 S 的曲线
plt.show() # 见图 7.5
```

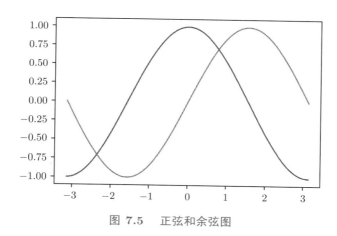

图 7.5　　正弦和余弦图

　　折线图会自动用两种不同颜色来表示两条不同的直线。
　　下面来看几个绘制子图的例子。

```
rad = np.arange(0, np.pi∗2, 0.01)
p1 = plt.figure( figsize =(8, 6), dpi=80) # 设置绘图大小与分辨率
# 绘制第一张子图
ax1 = p1.add_subplot(2, 1, 1)
plt. title ('lines')
plt.xlabel('x')
plt.ylabel('y')
plt.xlim(0,1)
plt.ylim(0,1)
plt.xticks ([0, 0.2, 0.4, 0.6, 0.8, 1])
plt.yticks ([0, 0.2, 0.4, 0.6, 0.8, 1])
plt.plot(rad, rad∗∗2)
plt.plot(rad, rad∗∗4)
plt.legend(['y=x^2', 'y=x^4'])
# 绘制第二张子图
ax2 = p1.add_subplot(2,1,2)
plt. title ('sin/cos')
plt.xlabel('rad')
```

```
plt.ylabel('value')
plt.xlim(0, np.pi*2)
plt.ylim(-1, 1)
plt.xticks([0, np.pi/2, np.pi, np.pi*1.5, np.pi*2])
plt.yticks([-1, -0.5, 0, 0.5, 1])
plt.plot(rad, np.sin(rad))
plt.plot(rad, np.cos(rad))
plt.legend(['sin', 'cos'])
plt.show()  # 见图 7.6
```

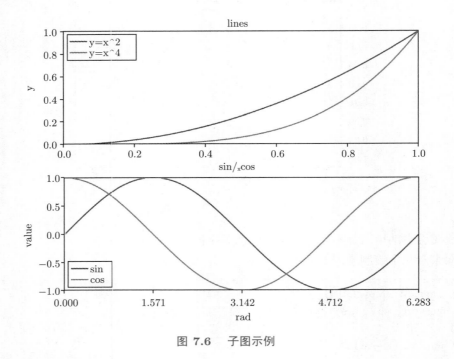

图 7.6 子图示例

我们给出第二种画子图的例子（见图 7.7）。

```
# 生成数据
def f(t):
    return np.exp(-t)*np.cos(2*np.pi*t)
t1 = np.arange(0,5, 0.10)
t2 = np.arange(0,5, 0.02)
# 绘制子图
plt.figure(1)
plt.subplot(211)
plt.plot(t1, f(t1), 'bo', t2, f(t2), 'k')
plt.subplot(212)
plt.plot(t2, np.cos(2*np.pi*t2), 'r--')
```

```
plt.show() # 见图 7.7
```

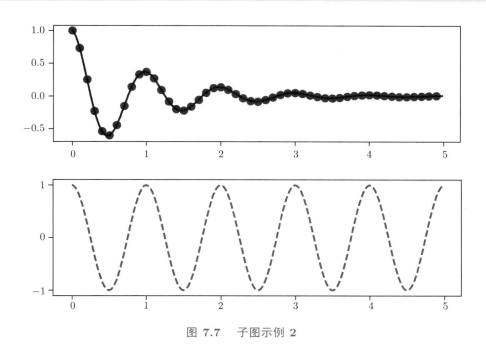

图 7.7 子图示例 2

在上面的脚本程序中，figure(1) 这个指令其实是没有必要的，因为默认会产生 figure(1)。我们也可以用 figure( ) 来产生更多图形。绘制子图的函数 subplot() 指定行数、列数以及子图的序号。类似地，默认产生 subplot(111)。很显然，子图的序号应该小于等于行数与列数的乘积。只要行数乘以列数小于 10，subplot(211) 就会等价于 subplot(2,1,1)。我们来看看下面这段程序脚本产生的图形效果的差异。

```
plt.figure(1)
plt.subplot(211)
plt.plot([1, 2, 3])
plt.subplot(212)
plt.plot([4, 5, 6])
plt.figure(2)
plt.plot([4, 5, 6])
plt.figure(3)
plt.subplot(211)
plt.show() # 见图 7.8
```

如果希望产生一个坐标系，可以使用命令 axes([left,bottom,width,height])，所有取值都在 0 和 1 之间。这个函数与 subplot( ) 差不多。但利用 axes( ) 产生的这些子图形的位置和大小可以自主设置，不一定像 subplot( ) 一样会产生一个长方形的子图形。另外，我们要特别小心区分如下两个函数：plt.axis([xmin,xmax,ymin,ymax]) 与 plt.axes([left,bottom, width,height])。我们可以对比一下下面这个脚本程序画图效果的差异，并通过这些差异来领会命令行的意思。

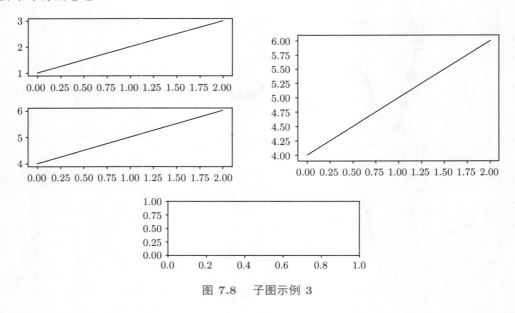

图 7.8   子图示例 3

```
plt.axes([0.2, 0.4, 0.3, 0.4])
plt.axes([0.6, 0.4, 0.3, 0.4])
plt.show() # 见图 7.9
```

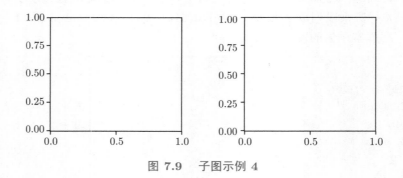

图 7.9   子图示例 4

可以利用 clf( ) 来清除当前的图形，也可以利用 cla( ) 来清除当前的坐标系。如果产生了许多图形，除非使用 close( ) 来完全关闭这个图形，否则这个图形所占用的内存不会被完全释放。

在上面的例子中，我们主要采用 matplotlib 的默认配置。这些默认配置在大多数情况下已经做得足够好，一般情况下我们无须更改这些默认配置。但是，这些默认配置大多数允许更改，包括图形大小和分辨率（dpi）、线条的宽度、颜色、风格、坐标轴以及网格的属性、文字与字体属性等。比如，对于线条的配置，可以做如表 7.6 所示的更改。

表 7.6　　线条配置参数

参数名称	解释	取值
lines.linewidth	线条宽度	取 0～10 之间的数值，默认为 1.5
lines.linestyle	线条样式	可取 "-"，"–"，"-." 和 ":" 四种，默认为 "-"
lines.marker	线条上点的形状	取 "o"，"D" 和 "H" 等 20 多种，默认为 None
lines.markersize	点的大小	取 0～10 之间的数值，默认为 1

其中，线条样式 "-" 代表实线，"–" 代表长虚线，"-." 代表点线，":" 代表短虚线。关于线条上的点，有如表 7.7 所示的形状。

表 7.7　　点形状参数

取值	意义	取值	意义	取值	意义	取值	意义
o	圆圈	.	点	D	菱形	s	正方形
h	六边形 1	*	星号	H	六边形 2	d	小菱形
-	水平线	v	角朝下的三角形	8	八边形	<	角朝左的三角形
p	五边形	>	角朝右的三角形	,	像素	^	角朝上的三角形
+	加号			竖线	None	无	x	X

下面来看一些例子。首先我们可以看看如何指定线条的类型与颜色。使用的方式与 MATLAB 是一样的。默认的是命令是蓝色实线 "b-"。

```
plt.plot(np.arange(2, 12, 2), np.arange(2, 20, 4))
plt.axis([0, 14, 0, 22])
plt.show() # 见图 7.10
```

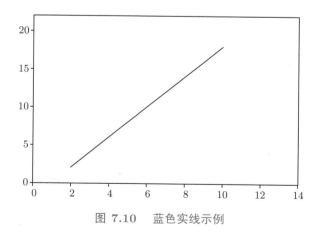

图 7.10　蓝色实线示例

在图 7.10 中，我们使用了 axis 来控制横轴以及纵轴的取值范围，axis 函数分别要求输入横轴极小值、横轴极大值、纵轴极小值、纵轴极大值。注意，plot 函数默认输入是一个蓝色的线条。但是，我们完全可以更改 plot 函数的输出，比如，我们可以要求用红色的方块来显示这些数据。

```
plt.plot(np.arange(2, 12, 2), np.arange(2, 20, 4), 'rs')
plt.axis([0, 14, 0, 22])
plt.show() # 见图 7.11
```

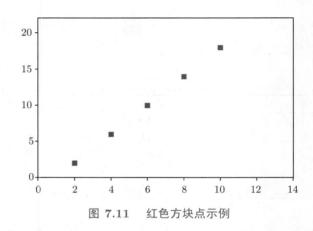

图 7.11　红色方块点示例

我们可以尝试不同的点的形状，通过 markersize 来控制点的大小。

```
plt.plot(np.arange(2, 12, 2), np.arange(2, 20, 4), 'gv', markersize = 20)
plt.axis([0, 14, 0, 22])
plt.show() # 见图 7.12
```

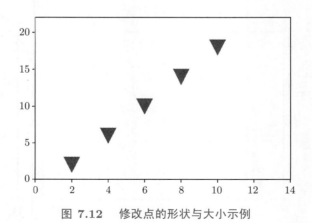

图 7.12　修改点的形状与大小示例

下面我们可以要求用绿色（或黄色、红色、蓝色等）虚线来表达。我们可以通过 linewidth 来控制线条的宽度，通过 linestyle 来控制线条的形状。

```
plt.plot(np.arange(2, 12, 2), np.arange(2, 20, 4), 'g.--', linewidth = 2)
plt.axis([0, 14, 0, 22])
plt.show() # 见图 7.13
```

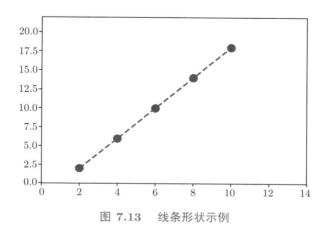

图 7.13　线条形状示例

我们可以在一个图形中绘制多种不同的线条。关于这一点，在前面的例子中已经展示了。我们可以再看一个例子。

```
t = np.arange(0, 2, 0.1)
plt.plot(t, t, 'r--', linewidth = 5)
plt.plot(t, t**2.0, 'bs')
plt.plot(t, t**0.5, 'g^')
plt.show() # 见图 7.14
```

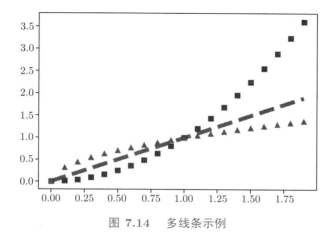

图 7.14　多线条示例

对于上面的程序脚本，可以使用一行命令实现不同的画图风格。

```
t = np.arange(0, 2, 0.1)
plt.plot(t, t, 'r--',
        t, t**2.0, 'bs',
        t, t**0.5, 'g^', linewidth = 5, markersize = 5)
plt.show() # 见图 7.15
```

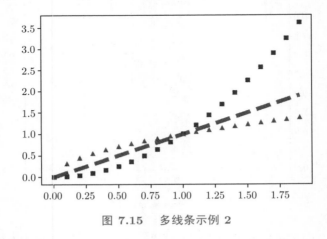

图 7.15　多线条示例 2

我们可以通过一些关键词来控制线条的宽度、类型等。

```
t = np.arange(0, 5, 0.2)
plt.plot(t, t**2, color = 'g', linestyle='-.', linewidth = 4.0)
plt.plot(t, t**3, color = 'r', linestyle='--', linewidth = 4.0)
plt.show() # 见图 7.16
```

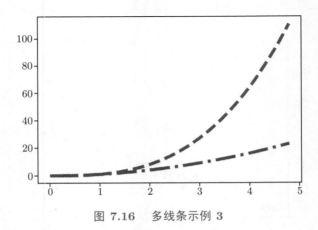

图 7.16　多线条示例 3

我们也可以通过 setp( ) 这个命令来获取这些线条的性质。由于命令行的输出结果过长，这里就不再列出。

```
lines = plt.plot([1, 2, 3])
plt.setp(lines)
```

开普勒定律是典型的基于数据的方法来开展科学研究的案例。开普勒定律是德国天文学家开普勒发现的关于行星运动的规律特征。1609 年，《新天文学》发表了开普勒关于行星运动的前两条定律；1618 年，开普勒提出了第三条定律。这三大定律又分别称为椭圆定律、面积定律和调和定律。

（1）椭圆定律：所有行星绕太阳的轨道都是椭圆形的，太阳位于椭圆形的其中一个焦点上。

（2）面积定律：行星和太阳的连线在相等的时间间隔内扫过相等的面积。

（3）调和定律：所有行星绕太阳一周的恒星时间的平方与其轨道长半轴的立方成比例.

开普勒的三大定律是根据一位名为第谷的天文学家留给他的观察数据总结出来的。丹麦著名的天文学家第谷·布拉赫花费了 20 多年时间，观察与收集了大量非常精确的天文资料。大约于 1605 年，根据第谷的行星位置资料，沿用哥白尼的匀速圆周运动理论，通过 4 年的计算，开普勒发现第谷观测到的数据与计算有 8′ 的误差，开普勒坚信第谷观测到的数据是正确的，从而他对"完美"匀速圆周运动发起质疑。经过近 6 年的大量计算，开普勒提出了第一定律和第二定律，又经过 10 年的大量计算，得出了第三定律。开普勒定律对亚里士多德派与托勒密派构成了极大的挑战。开普勒主张地球是不断移动的；行星轨道不是圆周形而是椭圆形的；行星公转的速度并不恒定。这些论点动摇了当时的天文学与物理学的基础。经过了几乎一个世纪披星戴月、废寝忘食的研究，物理学家终于能够用物理理论解释其中的道理。牛顿利用他的第二定律和万有引力定律，在数学上严格地证明了开普勒定律，也让人们了解了其中的物理意义。

下面我们给出的观测数据是行星绕太阳一周所需的时间（以年为单位）和行星离太阳的平均距离（以地球与太阳的平均距离为单位）。

```
a = ['水星','金星','地球','火星','木星','土星','天王星','海王星']
b = [0.241,0.615,1.00,1.88,11.8,29.5,84.0,165]
c = [0.39,0.72,1.00,1.52,5.20,9.54,19.18,30.06]
table = pd.DataFrame({'行星': a, '周期（年）': b, '平均距离': c},
columns = ['行星','周期（年）','平均距离'])
table['周期平方/距离立方'] = table['周期（年）']**2/table['平均距离']**3
table  # 见表 7.8
```

从这组数据可以看出，行星绕太阳运行的周期的平方和行星离太阳的平均距离的立方成正比，这就是开普勒第三定律。

```
plt.figure(1, figsize = (9,4))
plt.subplot(121)
plt.plot(table['周期（年）'], table['平均距离'])
```

```
plt.subplot(122)
plt.plot(table['周期（年）']**2, table['平均距离']**3)
plt.show() # 见图 7.17
```

表 7.8　行星观测数据

	行星	周期（年）	平均距离	周期平方/距离立方
0	水星	0.241	0.39	0.979130
1	金星	0.615	0.72	1.013334
2	地球	1.000	1.00	1.000000
3	火星	1.880	1.52	1.006433
4	木星	11.800	5.20	0.990271
5	土星	29.500	9.54	1.002303
6	天王星	84.000	19.18	1.000029
7	海王星	165.000	30.06	1.002307

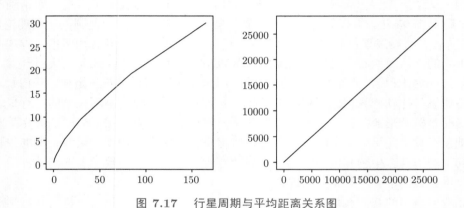

图 7.17　行星周期与平均距离关系图

　　我们再来看一个稍微复杂一点的例子。一般的图形的大小为 4×3 点，但是，可以通过 figsize=(8,6) 将图形的大小更改为 8×6 点。如果我们希望生成一个比较长的图形，就可以设置 figsize=(12,6) 来增加宽度。同时，可以通过 dpi $=$ 80 来控制图形的分辨率为 80。

```
plt.figure( figsize =(8,6), dpi=80, facecolor='g')
plt.subplot(2,2,1)
X = np.linspace(−np.pi, np.pi, 256, endpoint=True)
C,S = np.cos(X), np.sin(X)
plt.plot(X, C, color= "blue", linewidth=3.0, linestyle="-")
plt.plot(X, S, color="green", linewidth=3.0, linestyle="-")
plt.xlim(−4.0, 4.0)
plt.ylim(−1.2,1.2)

plt.xticks(np.linspace(−np.pi, np.pi, 5, endpoint=True))
plt.yticks(np.linspace(−1, 1, 3, endpoint=True))
```

```
plt.savefig("SinCos.png", dpi=72)
# plt.legend(['cos', 'sin '], loc='best')
plt.legend(['cos', 'sin'], loc='lower center', frameon=False)
plt.show() # 见图 7.18
```

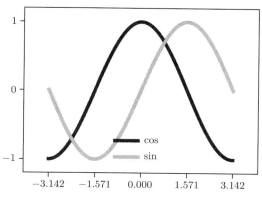

图 7.18　正弦和余弦图 1

添加图例的时候，我们可以在 plot 中增加一个参数 legend。如果忘记了 legend 函数中 loc 的可选参数，可以随便给定一个值。这样，程序运行的时候可能会报错，但同时会提示可选的取值。一般我们可以取 loc = best。

另外，图 7.18 中，横轴 xticks 给出的标签不是非常理想，而且不够精确。我们可以使用 LaTeX 命令来设置标签。

```
plt.plot(X, C, color="blue", linewidth=2.5, linestyle="-", label="cos")
plt.plot(X, S, color="red", linewidth=2.5, linestyle="-", label="sin")
plt.legend(loc='upper left')
plt.xticks([−np.pi, −np.pi/2, 0, np.pi/2, np.pi],
        [r'$-\pi$', r'$-\pi/2$', r'0', r'$+\pi/2$', r'$+\pi$'])
plt.yticks([−1, 0, +1],
        [r'-1', r'0', r'+1'])
plt.show() # 见图 7.19
```

在所有图形中，坐标轴线和上面的记号记录了数据区域的范围，连在一起就形成了spines。它们可以放在任意位置，不过至今为止，我们都把它放在图的四周。实际上每幅图有四条 spines（上、下、左、右），为了将 spines 放在图的中间，我们必须将其中的两条（上和右）设置为无色，然后将剩下的两条调整到合适的位置——数据空间的 0 点。

```
ax = plt.gca()
ax.spines['right'].set_color('none')
ax.spines['top'].set_color('none')
```

```
ax.xaxis.set_ticks_position('bottom')
ax.spines['bottom'].set_position(('data', 0))
ax.yaxis.set_ticks_position('left')
ax.spines['left'].set_position(('data', 0))

plt.show() # 见图 7.20
```

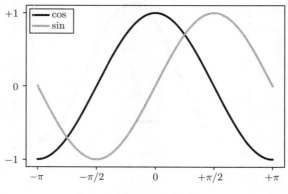

图 7.19　正弦和余弦图 2

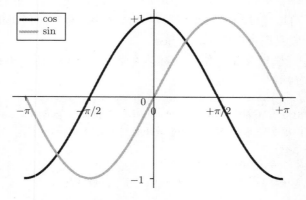

图 7.20　正弦和余弦图 3

　　利用 text( ) 这个命令可以在任意位置产生一些文本，xlabel( )，ylabel( ) 以及 title( ) 可以分别在不同的位置产生文本。

```
mu, sigma = 100, 15
x = mu + sigma * np.random.randn(10000)
n,bins,patches = plt.hist(x, 50, density = 1, facecolor = 'g', alpha = 0.75)
plt.xlabel('Smarts')
plt.ylabel('Probability')
plt.title('Histogram of IQ')
plt.text(60, 0.025, r'$\mu = 100, \ \sigma = 15$')
```

```
plt.axis([40, 160, 0, 0.03])
plt.grid(True)
plt.show() # 见图 7.21
```

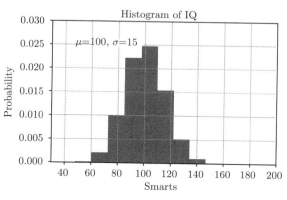

图 7.21 IQ 直方图

由于默认的 pyplot 字体并不支持中文字符的显示，因此需要通过设置 font.sans-serif 参数来改变绘图时的字体，使得图形可以正常显示中文。同时，由于更改字体会导致坐标轴中的部分字符无法显示，因此需要同时更改 axes.unicode_minus 参数。下面看一个例子。

```
plt.rcParams['font.sans-serif']='SimHei'
plt.rcParams['axes.unicode_minus']=False
plt.plot(X, S, color="red", linewidth=2.5, linestyle="-", label="sin")
plt.title('sin曲线')
plt.show() # 见图 7.22
```

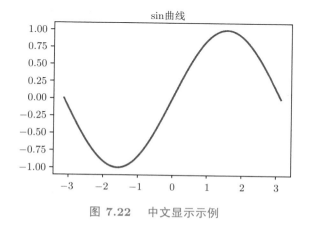

图 7.22 中文显示示例

我们也可以使用 setp( ) 来做一些个性化设置。另外，我们可以根据关键词来做一些个性化设置。

```
t = plt.xlabel('my data', fontsize = 14, color = 'red')
plt.show() # 见图 7.23
```

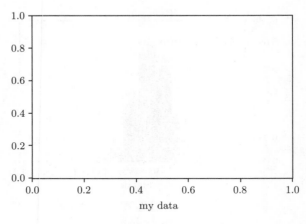

图 7.23　个性化设置示例

　　在 text( ) 中可以接收 Tex 格式的表达式，只需要把这些表达式放在 $ 符号里即可。另外，字符串前面的"r"也是非常重要的，"r"表明后面的"\"不是表达空格的意思，而是用在 Tex 表达式中。我们可以看看下面的例子。

```
plt.title (r'$\sigma_i = 15, \ \mu^2 = 0$')
plt.show() # 见图 7.24
```

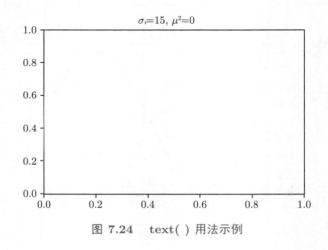

图 7.24　text( ) 用法示例

　　使用 annotate( ) 命令可以在坐标系的任何一个位置放置文本。文本常用于对图形添加一些说明。使用 annotate( ) 函数有两方面需要注意：通过 xy 来指定需要进行注释的图形位置；用 xytext 来指定注释文本的位置。xy 和 xytext 都使用 (x,y) 元组数据。请看下面的例子。

```
ax = plt.subplot(111)
t = np.arange(0.0,5.0,0.01)
s = np.cos(2*np.pi*t)
line = plt.plot(t,s,lw = 2)
plt.annotate('local max', xy = (2,1), xytext = (3,1.5),
             arrowprops = dict(facecolor = 'black',shrink = 0.05))
plt.ylim(−2,2)
plt.show() # 见图 7.25
```

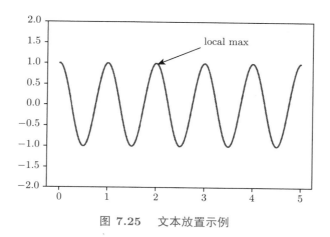

图 7.25　文本放置示例

在这个很简单的例子中，xy( ) 以及 xytext( ) 都是使用坐标系的绝对位置，不是相对位置。另外，annotate 函数中的 shrink 参数表示箭头总长度"缩水"的比例。我们再来看一个比较复杂的例子。我们希望在某个给定的位置加上一个注释。首先，我们在对应的函数图像位置上画一个点；然后，向横轴引一条垂线，以虚线标记；最后，写上标签。

```
X = np.linspace(−np.pi, np.pi, 256,endpoint=True)
C,S = np.cos(X), np.sin(X)

plt.plot(X, C, color="blue", linewidth=2.5, linestyle="-",
         label="cos")
plt.plot(X, S, color="red", linewidth=2.5, linestyle="-",
         label="sin")
plt.legend(loc='upper left')
plt.xticks([−np.pi, −np.pi/2, 0, np.pi/2, np.pi],
         [r'$-\pi$', r'$-\pi/2$', r'$0$', r'$+\pi/2$',
          r'$+\pi$'])
plt.yticks([−1, 0, +1],
         [r'$-1$', r'$0$', r'$+1$'])
```

```
ax = plt.gca()
ax.spines['right'].set_color('none')
ax.spines['top'].set_color('none')
ax.xaxis.set_ticks_position('bottom')
ax.spines['bottom'].set_position(('data',0))
ax.yaxis.set_ticks_position('left')
ax.spines['left'].set_position(('data',0))
# 上面的程序保持不动，下面的程序控制spines

t = 2*np.pi/3
plt.plot([t,t],[0, np.cos(t)], color ='blue', linewidth=2.5,
         linestyle ="--")
plt.scatter([t,],[ np.cos(t),], 50, color ='blue')

plt.annotate(r'$\sin\left(\frac{2\pi}{3}\right)=\frac{\sqrt{3}}{2}$',
         xy=(t, np.sin(t)), xytext=(1.7, 1.2), fontsize=16,
         arrowprops=dict(arrowstyle="->",
                       connectionstyle="arc3,rad=0.2"))

plt.plot([t,t],[0, np.sin(t)], color ='red', linewidth=2.5,
         linestyle ="--")
plt.scatter([t,],[ np.sin(t),], 50, color ='red')

plt.annotate(r'$\cos\left(\frac{2\pi}{3}\right)=-\frac{1}{2}$',
         xy=(t, np.cos(t)), xytext=(0.2, -1), fontsize=16,
         arrowprops=dict(arrowstyle="->",
                       connectionstyle="arc3,rad=.2"))
plt.show() # 见图 7.26
```

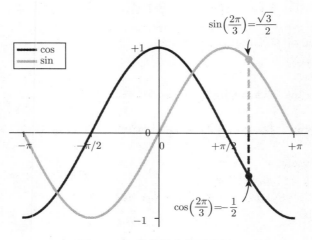

图 7.26　非线性坐标系示例 1

matplotlib.pyplot 不仅可以使用线性坐标系，还支持对数以及 logit 刻度。当数据的跨度非常大时，这种非线性坐标系就非常有用了。使用这种非线性坐标系是很容易的。我们可以简单地按如下方法使用这些非线性刻度。

```
ax = plt.subplot(111)
t = np.arange(0.0,5.0,0.01)
s = np.cos(2*np.pi*t)
line = plt.plot(t,s,lw = 2)
plt.annotate('local max', xy = (2,1), xytext = (3,1.5),
            arrowprops = dict(facecolor = 'black', shrink = 0.05))
plt.ylim(-2,2)
plt.xscale('log')
plt.show() # 见图 7.27
```

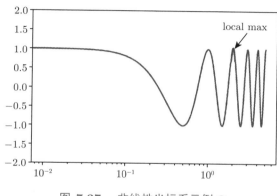

图 **7.27**　非线性坐标系示例 **2**

 7.2.3　习题

请用 matplotlib 大致画出图 7.28。

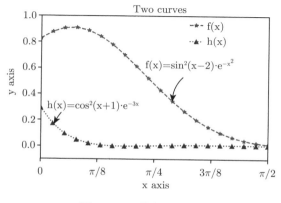

图 **7.28**　作业绘制图

7.3 柱状图、饼图、箱线图和概率图

本节主要介绍如何在 Python 中绘制柱状图、饼图、箱线图和概率图。这些图形主要用于刻画数据分布和分散状态。柱状图主要查看各分组数据的数量分布，以及各个分组数据之间的数量比较。对于不是分组数据的情形，比如数据的可能取值是连续的，一般使用直方图。饼图倾向于查看各分组数据在总数据中的占比。箱线图主要展示连续型数据的分布情况。

7.3.1 柱状图

柱状图是用一系列高度不等的条纹或线段表示数据的分布状态，横轴一般表示类型，纵轴表示数量或占比。在 pyplot 中，绘制柱状图的函数为 bar 和 barh，其常用的参数及其说明如表 7.9 所示。

表 7.9　柱状图函数常用参数

参数名称	说明
left	数组 (array)，表示横轴数据
height	数组 (array)，表示横轴所代表数据的数量
width	0 到 1 之间的浮点数，指定柱状图的宽度
color	特定字符串 (string) 或者颜色字符串的数组 (array)，表示柱状图的颜色

分类变量的例子有许多，比如个体是冰淇淋，分类变量可以是冰淇淋的口味；有时我们还使用数值 0，1，2 等来表示这些分类变量。

柱状图分为水平柱状图和垂直柱状图。我们先来看看水平柱状图。

```
import pandas as pd
icecream = pd.DataFrame({'Flavor': ['Chocolate', 'Strawberry', 'Vanilla'],
                'Number of Cartons': [16, 5, 9]})
icecream # 见表 7.10
```

表 7.10　冰淇淋数据

	Flavor	Number of Cartons
0	Chocolate	16
1	Strawberry	5
2	Vanilla	9

```
plt.barh(icecream['Flavor'], icecream['Number of Cartons'])
plt.show() # 见图 7.29
```

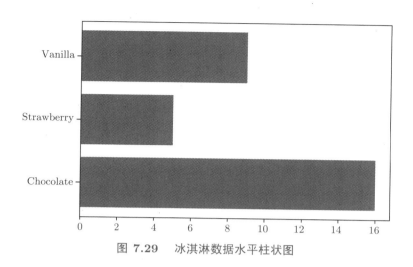

图 7.29 冰淇淋数据水平柱状图

柱状图与之前我们介绍的散点图和折线图除了视觉上的差别之外，还有一个区别在于，柱状图的一个数轴是分类变量，另一个数轴是频数；散点图和折线图的两个轴都是数值型数据。柱状图的宽度以及各个柱子之间的间隙都可以自己定义，只要保证各个柱子的宽度一样，而且各个柱子之间的间隙也一样就可以。当只有三个类别的时候，用柱状图和用表格展示数据没有什么区别。但是，当类别特别多时，用柱状图和表格展示数据的区别就非常大了。

```
studios = np.array(['Warner Bros','Buena Vista (Disney)','Fox', 'Paramount',
'Universal','Disney','Columbia','MGM','UA','Sony','New Line',
'Paramount/Dreamworks','RKO','Lionsgate','Dreamworks','Tris','Sum',
'Waner Bros. (New Line)', 'Selz','Orion','NM','MPC','IFC','AVCO'])
counts = np.array   ([29,29,26,25,22,11,10,7,6,6,5,4,3,3,3,2,2,1,1,1,1,1,1,1])

movies_and_studios = pd.DataFrame({'Studio': studios, 'Count': counts})
movies_and_studios.sort_index(axis = 1, ascending = False, inplace = True)
movies_and_studios.sort_values(by = 'Count', inplace = True, ascending = False)
movies_and_studios.head(3)
```

导入数据以后，我们查看一下前 3 行（见表 7.11）。

表 7.11　电影公司数据

	Studio	Count
0	Warner Bros	29
1	Buena Vista (Disney)	29
2	Fox	26

我们按照原始数据的顺序来画一下水平柱状图。

```
barplot = plt.barh(movies_and_studios['Studio'], movies_and_studios['Count'])
```

```
plt.show() # 见图 7.30
```

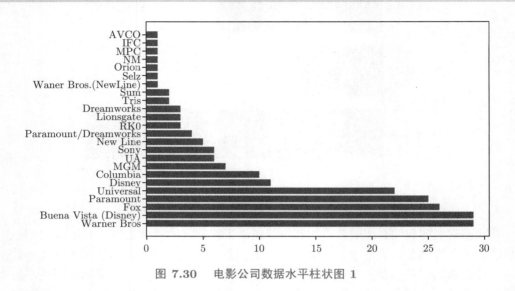

图 7.30　电影公司数据水平柱状图 1

如果我们希望按照从小到大的顺序来展示数据，就可以利用如下代码。

```
plt.figure( figsize =(9, 6))
x_pos = np.arange(len(movies_and_studios.index), 0, −1)
barplot = plt.barh(x_pos,movies_and_studios['Count'],
height = 0.8, left =0, color= 'y', edgecolor = 'r', linewidth = 2.0)
plt.yticks(x_pos, movies_and_studios['Studio'])
plt.xlabel('Count')
plt.grid(True)
plt.show() # 见图 7.31
```

接下来，我们来看垂直柱状图。绘制垂直柱形图的函数形式为 bar(left, height, width, bottom, color, align, yerr)。水平柱状图四个顶角的位置分别为 left, left+width, bottom 以及 bottom + height。其中，left 为柱状图左边沿 x 轴的位置序列，一般采用 arange 函数产生一个序列；height 为柱状图沿 y 轴的高度数值序列，也就是柱状图的高度，一般就是我们需要展示的数据；width 是第三个参数，表示柱状图柱子的宽度，一般设置为 1 即可，默认为 0.8，这样可使柱子之间有适当空隙，显得美观一点，width 也可以是一个 array 数组；bottom 为柱状图底边的 y 坐标；color 为柱状图填充的颜色，也可以是一个 array 数组；edgecolor 是柱子边线的颜色，也可以是一个 array 数组；linewidth 为柱状图边线的宽度，也可以是一个 array 数组；xerr 和 yerr 表示 x 轴或者 y 轴柱子上的 errorbar，ecolor 表示这些 errorbar 的颜色，capsize 决定这些 errorbar 的长度；align 设置 plt.xticks( ) 函数中的标签的位置，有两个可选项 {'edge', 'center'}；orientation 表示这些柱子的方向，也有两个选项 {'vertical', 'horizontal'}；log 设定布尔值，默认是 False，如果是 True，则把坐标轴取对数。

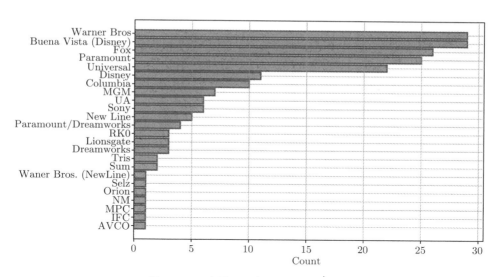

图 7.31　电影公司数据水平柱状图 2

我们还可以使用其他一些辅助命令。比如，可以使用 plt.title 为图形添加标题，使用 plt.xticks 设置横轴的标签值，使用 plt.legend 添加图例。注意，这个命令的参数必须为元组，例如：legend((line1, line2, line3), ('label1', 'label2', 'label3'))。我们也可以使用 plt.xlim(a,b) 函数设置横轴的范围，使用 plt.ylim(a,b) 函数设置纵轴的范围。下面我们看一下具体的例子。

```
plt.figure(1, figsize =(9, 6))
n = 8
X = np.arange(n)+1
Y1 = np.random.uniform(0.5, 1.0, n)
Y2 = np.random.uniform(0.5, 1.0, n)
plt.bar(X, Y1, width = 0.35, facecolor = 'lightskyblue', edgecolor = 'white')
plt.bar(X+0.35, Y2, width = 0.35, facecolor = 'yellowgreen', edgecolor = 'white')
plt.bar(X+0.35, -Y2, width= 0.35, facecolor='#ff9999', edgecolor='white')
plt.figure(1)
for x,y in zip(X,Y1):
    plt.text(x, y+0.05, '%.2f' % y, ha='center', va= 'bottom')
for x,y in zip(X,Y2):
    plt.text(x+0.4, y+0.05, '%.2f' % y, ha='center', va= 'bottom')
for x,y in zip(X,Y2):
    plt.text(x+0.4, -y-0.15, '%.2f' % -y, ha='center', va= 'bottom')
plt.ylim(-1.2,1.2)
plt.show() # 见图 7.32
```

注意：水平柱状图 plt.barh 属性中的宽度 width 变成了高度 height。另外，facecolor 表示柱状图里填充的颜色，edgecolor 表示边框的颜色。如果想把一组数据显示在下边，只需要在数据前使用负号即可。比如，plt.bar(X, −Y2, width=width, facecolor='#ff9999', edgecolor='white')。

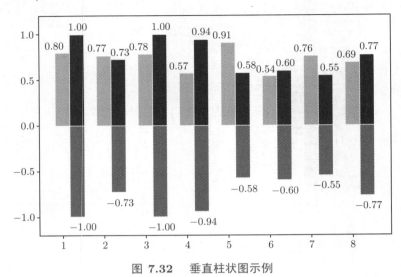

图 7.32　垂直柱状图示例

从下面这个例子可以看到 bottom 的用法。

```
plt.rc('font', family='SimHei', size=13)

num = np.array([13325, 9403, 9227, 8651])
ratio = np.array([0.75, 0.76, 0.72, 0.75])
men = num * ratio
women = num * (1−ratio)
x = ['聊天','支付','团购\n优惠券','在线视频']

width = 0.5
idx = np.arange(len(x))
plt.bar(idx, men, width, color='red', label='男性用户')
plt.bar(idx, women, width, bottom=men, color='green', label='女性用户')
plt.xlabel('应用类别')
plt.ylabel('男女分布')
plt.xticks(idx+width/2, x, rotation=40)
plt.legend() # 见图 7.33
```

从下面这个例子可以看到 errorbar 的用法，也可以看到 bottom 的作用。

```
N = 5
menMeans = (20, 35, 30, 35, 27)
womenMeans = (25, 32, 34, 20, 25)
menStd = (2, 3, 4, 1, 2)
womenStd = (3, 5, 2, 3, 3)
ind = np.arange(N)     # 每组在横轴的位置
```

```
width = 0.35        # 柱的宽度，也可以设置为序列 x 的长度

p1 = plt.bar(ind, menMeans, width, color='#d62728', yerr=menStd)
p2 = plt.bar(ind, womenMeans, width, bottom=menMeans, yerr=womenStd)

plt.ylabel('Scores')
plt.title('Scores by group and gender')
plt.xticks(ind, ('G1', 'G2', 'G3', 'G4', 'G5'))
plt.yticks(np.arange(0, 81, 10))
plt.legend((p1[0], p2[0]), ('Men', 'Women'))

plt.show() # 见图 7.34
```

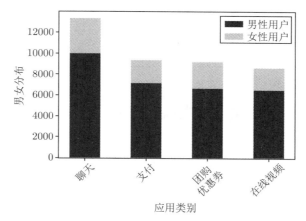

图 7.33　bottom 用法示例

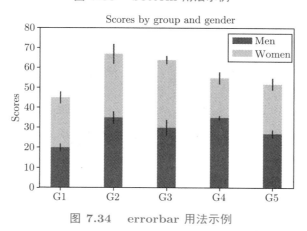

图 7.34　errorbar 用法示例

7.3.2　饼图

饼图是将各项的大小与总和的比例显示在一张"饼"中，以"饼"被划分的大小来显示每一项的占比。饼图可以比较清楚地反映出部分与部分、部分与整体之间的比例关系，易

于显示每组数据相对于总数的大小，显示方式直观。绘制饼图的函数为 pie，其常用的参数及说明如表 7.12 所示。

表 7.12　饼图函数常用参数

参数名称	说明
x	数组 (array)，表示用于绘制饼图的数据
explode	数组 (array)，表示每个饼块相对于饼圆半径的距离，默认值为 None
labels	数组 (array)，指定每一项的名称
color	特定字符串 (string) 或包含颜色字符串的数组 (array)，表示饼图颜色
autopct	特定字符串 (string)，指定数值的显示方式
pctdistance	浮点数 (float)，指定每一项的比例到圆心的距离
labeldistance	浮点数 (float)，指定每一项的名称到圆心的距离
radius	浮点数 (float)，表示饼图的半径

下面再来看一个绘制饼图的例子。

```
df_phone_prop = [0.8482, 0.0428, 0.1089]
fig = plt.figure()
plt.pie(df_phone_prop,labels=['yidong', 'dianxin', 'liantong'],autopct='%1.2f%%')
plt.title("phone operator")
plt.show() # 见图 7.35
```

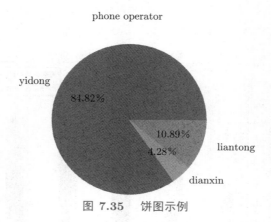

图 7.35　饼图示例

7.3.3　箱线图和概率图

箱线图也称盒子图，用来刻画数据的分布情况，最早是由约翰·W.图基（John W.Tukey）在 1969 年提出的。箱线图有两个组成部分：一个是"箱"，另一个是"线"。在 pyplot 中，绘制箱线图的函数为 boxplot，其常用参数及说明如表 7.13 所示。

表 7.13 箱线图常用参数

参数名称	说明
x	数组 (array)，表示用于绘制箱线图的数据
notch	布尔值 (boolean)，表示中间箱体是否有缺口
sym	特定字符串 (string)，指定异常点形状
vert	布尔值 (boolean)，表示图形是纵向或者横向
positions	数组 (array)，表示图形位置
widths	数值或者数组 (array)，表示每个箱体的宽度
labels	数组 (array)，指定每一个箱线图的标签
meanline	布尔值 (boolean)，表示是否显示均值线

我们来看下面的例子。先来产生一组容量为 10 000 的男性学生身高。

```
from numpy.random import normal
heights = [ ]
N = 10000
for i in range(N):
    while True:
        height = normal(172, 6)
        if 0 < height: break
    heights.append(height)
```

```
plt.boxplot([heights], labels=['Heights'])
plt.title('Heights Of Male Students')
plt.show() # 见图 7.36
```

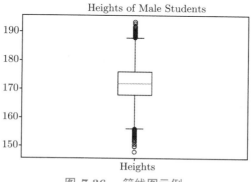

图 7.36 箱线图示例

概率图用来判断随机样本是否来自某一特定总体（默认是正态总体）。我们看看用 Python 绘制概率图的例子。

```
from statsmodels.graphics.gofplots import qqplot

#样本1，来自正态分布，均值为2，标准差为1
data1 = np.random.normal(loc = 2, scale = 1.0, size = 100)

#默认和标准正态分布比较
qqplot(data1, line = '45', dist = 'norm')
plt.show() # 见图 7.37
```

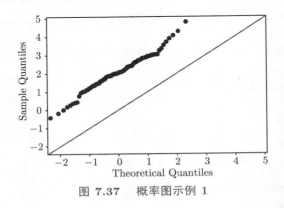

图 7.37　概率图示例 1

```
#样本2，来自正态分布，均值为0，标准差为1
data2 = np.random.normal(loc = 0, scale = 1.0, size = 100)
qqplot(data2, line = '45', dist = 'norm')
plt.show() # 见图 7.38
```

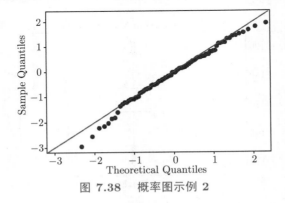

图 7.38　概率图示例 2

7.3.4　习题

1. 利用表 7.8行星观测数据，画出周期（年）关于不同行星的水平和垂直柱状图。

2. 利用表 7.11电影公司数据，画出相应的（比例）饼图。

第八章 概率、条件概率及贝叶斯公式

C HAPTER 8

有时，对数据集进行简单的可视化处理（比如散点图、直方图）或做一些简单的代数计算（比如求平均值）就能让我们大致了解数据中所含的信息。但在大多数情况下，我们希望更进一步地从数据中挖掘出更一般性、更为深刻的结论。比如，我们希望探索数据是如何生成的，或根据以往数据对未来的结果做出预测，又或是从对数据总体的多个猜测中找出最合理的一个。这些正是统计推断所关注的内容。统计推断的基础是随机性（randomness）。随机性是偶然性的一种形式，但两者有细微区别。随机性用来描述某事件集合中的各个事件是否发生的不确定性，例如某次试验得到的观察值的不确定性。但是，这种结果还是有规律可循的。比如，抛一枚硬币可能会出现正面朝上或者反面朝上两种结果。至于出现哪种结果是随机的，但是，试验结果一定是这两种中的某一种结果；如果硬币是均匀的，则正面朝上或者反面朝上两种结果的频率会大体差不多。至于偶然性，更多的是描述完全预料之外的结果。比如，抛一枚硬币，但这枚硬币抛到空中后没有掉下来，完全找不到了。这就是预料之外的结果。对随机性的度量，我们用概率（probability）来定义，以反映某事件发生的可能性。在概率的基础上，我们将其延伸到条件概率（conditional probability）的定义，即若事件 A 已经发生，则事件 B 发生的概率。本章中，我们将引入概率、条件概率以及与它们密切相关的概率分布、随机变量等的定义，详细介绍计算条件概率的贝叶斯公式（Bayes rule），并通过若干案例展现它们在实际中的应用。

8.1 概　　率

8.1.1 概率的定义

概率是对一个事件发生可能性的度量，记作 P 或者 Pr。比如，"如果今年我在北京地区参加高考，我能够考上中国人民大学"就是一个随机事件。因为这个事件是不一定发生的，是带有随机性的，考得上与考不上均有可能发生。我们可以用符号 A 来表示该随机事件：

$$A = \{如果今年我在北京地区参加高考，我能够考上中国人民大学\}$$

但是我们可以讨论这个随机事件发生的概率。随机事件 A 发生的概率为 $\Pr(A)$，表示"我能够考上中国人民大学"的概率。比如，大家可以认为

$$\Pr(如果今年我在北京地区参加高考，我能够考上中国人民大学) = 0.5$$

概率可以是一个主观感受。上面就是一个主观概率的例子。概率的取值总在 0 和 1 之间，概率的取值越大，表明该随机事件发生的可能性越大。发生概率为 0 的事件，一般称为 0

概率事件。但是，0 概率事件不是不可能发生的事件，0 概率事件是可能发生的。同样地，概率为 1 的事件不一定是必然发生的事件。但在这个章节中，我们可以忽略这个 0 概率事件和不可能事件 (类似地，1 概率事件与必然事件) 之间的区别。

概率可以是一个客观计算的结果。举一个掷骰子的例子，由于正常的骰子是中心对称的正方体，那么随机抛掷出现每个面 {1,2,3,4,5,6} 朝上的可能性均等，且一定不可能出现其他数字。因此，出现 {1,2,3,4,5,6} 中任一点数的概率为 1/6，可以记作 Pr(出现点数 k) $= 1/6$, 其中 $k = 1,2,3,4,5,6$。

在数学上，可以证明无限循环小数 0.999 9$\cdots$ 和 1 是相等的，即 0.999 9$\cdots = 1$。但是，如果不是无限循环而是只有有限位，比如 0.999 9，就和 1 很不一样了。辛普森案件就是一个例子，其中就提到了 $0.999\ 9 \neq 1$。

8.1.2 案例：辛普森案件

1994 年，前美式橄榄球运动员辛普森 (O.J. Simpson) 杀妻一案成为当时美国最为轰动的事件。此案当时的审理一波三折，辛普森在用刀杀前妻及餐馆的侍应生郎・高曼两项一级谋杀罪的指控中，由于警方的几个重大失误导致有力的证据失效，最终以无罪获释，仅被民事判定为对两人的死亡负有责任。本案也成为美国历史上疑罪从无的最大案件。辛普森既是美国橄榄球明星，也是演员，在美国是家喻户晓的人物，这个案件是要判定他是否杀了前妻和前妻男友，被称为"世纪审判"。在审判的过程中，陪审团成员确定为 9 个黑人、2 个白人、1 个拉美人，即有四分之三都是黑人。1995 年 1 月正式开始法庭辩论，检方的证据主要是：有作案动机；曾经虐待前妻；不满意前妻及其男友；经过 DNA 检验，血手套 DNA 相似的概率为 0.999 9。在法庭辩论中，辛普森的律师指出了以下几点：

- 血手套是几年前前妻买给辛普森的，但是辛普森戴不进去，最后很困难地戴进去了；
- 警察抽了辛普森 7 毫升血，最后只剩 5.5 毫升，有 1.5 毫升不知去向；
- 没有直接目击者，也一直没有找到凶器；
- 辛普森两个月前买过一把猎刀，但是上面没有找到任何血迹。

最后辛普森的律师认为发现血手套的警察仇视黑人，少的 1.5 毫升血液可能是被这个警察为了栽赃辛普森故意滴到血手套上了。同时从作案时间到飞机起飞仅有半个小时，杀人后洗清血迹，然后再登机，时间并不很充裕。美国法律中有一条著名的证据规则："面条里面只能有一条臭虫。"（Only a bowl of noodles with a worm，意思是碗里只要找到一条臭虫就不能吃了，再去找第二条臭虫在法律上是没有意义的）。这个案子，检方开始是很顺利的，他们又提出了许多多余的证据，结果反倒弄巧成拙。除了检方证据出现的漏洞外，当时处于黑人受到压制的年代，考虑到陪审团大多是黑人，辛普森的律师团队大打同情牌，这让陪审团的支持更加向辛普森倾斜。最终在 1995 年 10 月 3 日，12 位陪审团成员一致认为辛普森无罪，因为已有的证据不足以认定有罪，只能做无罪推定。所有黑人欢呼雀跃，但白人大多非常失望，并开始质疑陪审团制度和 DNA 检测。刑事审判结束之后，在 1997 年，法庭认定辛普森对虐待前妻以及其他一些行为要负民事责任，2 月 10 日，判定辛普森赔偿 3 350 万美元给他的前妻及前妻的男友。

这个案例并没有直接运用统计方法，只是我们可以注意几个细节，辛普森的律师曾经问 DNA 检验专家，0.999 9 的概率是否就意味着辛普森一定是有罪的，专家只能说"No"。

法庭哗然。这表明，概率在法庭上只是一个可能性，只要不是 100%，就不能仅依此一项证据定罪。这个案件既没有直接的证人，也没有直接的凶器，缺少最重要的证据，无法排除所有可能的合理嫌疑，因此只能做无罪推定。

8.1.3 概率的性质

全事件指所有可能出现结果的全体，常用 Ω 表示，因此全事件发生的概率一定是 1，即 $\Pr(\Omega) = 1$。空事件指没有任何结果出现的事件，这通常是不可能发生的，所以 $\Pr(\varnothing) = 0$。对于 N 个互不相交的事件 $A_1, A_2, \cdots, A_N$，概率具有可加性，即

$$\Pr(A_1 \bigcup A_2 \bigcup \cdots \bigcup A_N) = \sum_{i=1}^{N} \Pr(A_i)$$

这个可加性质对于无穷可数的互不相交的事件仍然成立。根据概率的可加性，一个简单的推论是：对于两个不相交的事件 A 和 B，我们有 $\Pr(A \bigcup B) = \Pr(A) + \Pr(B)$。对于掷骰子的例子，

- $\Pr($ 出现点数 100$) = 0$；
- $\Pr($ 出现点数小于 7 大于 0$) = 1$；
- $\Pr($ 出现点数为 2 或者 3$) = \Pr($ 出现点数 2$) + \Pr($ 出现点数 3$) = 1/3$。

8.2 条 件 概 率

8.2.1 条件概率的定义

条件概率指的是，对于两个事件 A 和 B，若事件 B 已经发生，事件 A 发生的概率大小。我们将这样的条件概率记作 $\Pr(A \mid B)$。在数学上，条件概率的定义依赖于概率，其公式为

$$\Pr(A \mid B) = \frac{\Pr(A \bigcap B)}{\Pr(B)} \tag{8.1}$$

其中，$A \mid B$ 表示在事件 B 发生的情况下的事件 A，$A \bigcap B$（也可以写成 AB）表示事件 A 和 B 的交，也就是事件 A 和 B 同时发生，$\Pr(A \bigcap B)$ 也被称为联合概率。因此，这个公式描述了，在事件 B 发生的情况下事件 A 发生的概率等于事件 A 和 B 同时发生的概率除以事件 B 发生的概率。

在掷骰子的例子中，我们令事件 A 为"出现点数为 $\{3,4,5\}$ 中的一个"，事件 B 为"出现点数为 $\{2,3,4\}$ 中的一个"。那么已知事件 B 发生，事件 A 发生的概率是多少呢？我们可以计算：

- $\Pr(A \bigcap B) = \Pr(\{$ 出现点数为 3 或者 4$\}) = 1/3$；
- $\Pr(B) = \Pr($ 出现点数为 $\{2,3,4\}$ 的一个 $) = 1/2$。

因此我们有 $\Pr(A \mid B) = 2/3$，即在已知出现点数为 $\{2,3,4\}$ 中的一个的情况下，发生点数其实是 $\{3,4,5\}$ 中的一个的概率为 $2/3$。

根据韦恩 (Venn) 图，可以理解条件概率 $\Pr(A \mid B)$ 为在圆 B 的范围内发生事件 A 的可能性，即 AB 的面积除以 B 的面积。

```
import matplotlib.pyplot as plt
#下面的matplotlib_venn包需要在anaconda prompt中通过
#命令行pip install matplotlib-venn进行安装
from matplotlib_venn import venn2
v = venn2(subsets=(2,3,1), set_labels=('', ''))
#参数subsets中三个元素分别代表韦恩图中A\B,B\A,AB的面积
v.get_label_by_id('10').set_text('A')
v.get_label_by_id('11').set_text('AB')
v.get_label_by_id('01').set_text('B') # 见图 8.1
```

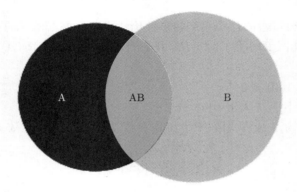

图 8.1　韦恩图

下面介绍两个关于条件概率的例子，这两个例子都介绍了一个著名的悖论——辛普森悖论。（注意，这里的辛普森并不是之前介绍的橄榄球运动员。）

8.2.2　辛普森悖论

英国统计学家辛普森（E.H. Simpson）于 1951 年发表的一篇论文中指出，在某些情况下，在分组比较中占优势的一方可能在合并后的总评中成为失势的一方。这个现象后来被称为辛普森悖论。

我们来看几个例子。

治愈率悖论：假设有一个人生病了，他打算从两家医院中选择一家进行治疗。这两家医院的情况是：医院 A 的治愈率为 90%，医院 B 的治愈率为 80%。那么应该选择哪一家呢？表面上看起来，我们肯定选择医院 A，因为其治愈率高。但如果我们进一步看这两家医院的统计数据 (见表 8.1 和表 8.2)，我们的决定会改变吗？

表 8.1　医院 A 的治愈率

医院 A	治愈数	总数	治愈率
严重	30	100	30%
不严重	870	900	96.7%
合计	900	1 000	90%

表 8.2 医院 B 的治愈率

医院 B	治愈数	总数	治愈率
严重	210	400	52.5%
不严重	590	600	98.3%
合计	800	1 000	80%

注意到,

$$\Pr(\text{医院 A 能治愈} \mid \text{严重}) = 0.3 < \Pr(\text{医院 B 能治愈} \mid \text{严重}) = 0.525$$
$$\Pr(\text{医院 A 能治愈} \mid \text{不严重}) = 0.967 < \Pr(\text{医院 B 能治愈} \mid \text{不严重}) = 0.983$$

可以看到,尽管总体来说医院 A 的治愈率要高,但是在给定病人是否严重的情况下,医院 B 的治愈率却总高于医院 A。这个现象就是辛普森悖论,即对于同一组数据,整体的趋势和分组后的趋势表现出完全不一致的结论。在这个例子中,造成辛普森悖论的一个重要原因是:医院 A 和医院 B 中"严重"病人组与"不严重"病人组的比例相差较大。当两家医院具有相同的"严重"与"不严重"病人组比例时,如果医院 B 在每一组的治愈率都大于医院 A,那么医院 B 的总体治愈率肯定大于医院 A。

准点率悖论:美国航空运输协会每年出版一部《准点率汇总》,调查 30 个入选机场中航班到港的误点百分率。每个航空公司都有其"中心区"或"空中十字路口"——航空网络的枢纽,航线由此出发呈放射状向四面八方分布。西北航空的枢纽是亚利桑那州的菲尼克斯,那里的天空很蓝。过去,30 个大型机场中较小的阿拉斯加航空公司只能飞往其中的 5 个。其位于美国中心地区的航空枢纽是西雅图,位于最西北端,是一个真正的多雾之地。两家航空公司的误点数据见表 8.3。

表 8.3 五个机场误点数据

	阿拉斯加航空		西北航空	
	航班数	误点率 (%)	航班数	误点率 (%)
洛杉矶	559	11.1	811	14.4
菲尼克斯	233	5.2	5 255	7.9
圣迭戈	232	8.6	448	14.5
旧金山	605	16.9	449	28.7
西雅图	2 146	14.2	262	23.3
总计	3 775	13.3	7 225	10.9

从总计看来,阿拉斯加航空的误点率高于西北航空;但是,从五个不同的机场来看,阿拉斯加航空的误点率却是明显低于西北航空的。

录取率悖论:加州大学伯克利分校 1973 年秋季研究生入学数据显示,在总共 12 763 名申请入学的学生中(男生 8 442 名,女生 4 321 名),对男生的录取率是 44%,对女生的录取率是 35%。这看上去对女生似乎不公平,因为其录取率更低。但如果按照不同院系分开来看,其统计结果如下:6 个院系中有 4 个院系女生的录取率大于男生,可以说,加州大学伯克利分校更倾向于录取女生。

表 8.4 加州大学伯克利分校 1973 年秋季 6 个院系研究生入学数据

院系	男生		女生	
	申请人数	录取比例 (%)	申请人数	录取比例 (%)
A	825	62	108	82
B	560	63	25	68
C	325	37	593	34
D	417	33	375	35
E	191	28	393	24
F	373	6	341	7
总计	8 442	44	4 321	35

房价走势:按照我们现行的统计制度,国内某城市在限购令前后商品房的平均价格,2011 年比 2010 年每平方米下降了 250 元,下降了 2%,有关数据见表 8.5。

表 8.5 某市 2010 年和 2011 年商品房成交数据

年份	成交套数 (套)	成交面积 (平方米)	成交均价 (元/平方米)	成交总金额 (亿元)
2010	1 000	100 000	12 500	12.5
2011	800	80 000	12 250	9.8

2010 年商品房销售地区主要是市区,2011 年商品房销售地区主要是郊区(见表 8.6)。

表 8.6 某市 2010 年和 2011 年分市区、郊区商品房成交数据

年份	成交套数 (套)			成交均价 (万元/平方米)			成交总金额 (亿元)
	市区	郊区	合计	市区	郊区	合计	
2010	500	500	1 000	1.5	1	1.25	12.5
2011	200	600	800	1.6	1.1	1.225	9.8

从数学上可以这么来看,即使

$$\frac{b}{a} \geq \frac{f}{e}, \qquad \frac{d}{c} \geq \frac{h}{g}$$

也不能保证

$$\frac{b+d}{a+c} \geq \frac{f+h}{e+g}$$

条件概率是统计学中的一个核心概念,在上面的例子中起着关键的描述作用。需要注意的是,我们不对空事件取条件,因此,在条件概率公式中,分母的取值范围是 $(0,1]$,即不可能取到 0,从而可以看出条件概率 $\Pr(A \mid B)$ 大于或等于联合概率 $\Pr(AB)$。为什么要

除以 $\Pr(B)$？因为在已知事件 B 发生的条件下，我们考虑的可能性空间就缩小到了事件 B 发生的范围内，然后将该范围内 A 发生的可能性除以 B 发生的可能性便得到了条件概率 $\Pr(A \mid B)$。另外，需要强调的是，所有的概率本质上都是条件概率。比如，概率可以看成是给定全事件后的条件概率。不管我们是否留意，在谈到概率时总是存在这样或那样的模型、假设或条件。比如，我们讨论抛硬币正面朝上的概率为 $1/2$，取决于我们对硬币无偏性（材质均匀等）的假设。在理解了概率和条件概率的含义之后，接下来我们讨论贝叶斯公式。

8.3　贝叶斯公式

为了介绍贝叶斯公式，我们首先通过一个"曲奇饼问题"的例子来引入贝叶斯公式中的相关概念。假设有两碗曲奇饼：碗 1 包含 30 个香草曲奇饼和 10 个巧克力曲奇饼，碗 2 有上述两种曲奇饼各 20 个。

```
df = pd.DataFrame({'碗1':{'香草曲奇饼':30,'巧克力曲奇饼':10},
'碗2':{'香草曲奇饼':20,'巧克力曲奇饼':20}})
df
```

	碗 1	碗 2
巧克力曲奇饼	10	20
香草曲奇饼	30	20

现在设想你随机挑一个碗并从中随机拿一块曲奇饼，得到了一块香草曲奇饼。我们的问题是：这个香草曲奇饼来自碗 1 的概率是多少？这就是一个条件概率问题，我们希望计算概率 $\Pr($ 碗 1 $\mid$ 香草 $)$，但怎样计算并非显而易见。注意到，若要求出在碗 1 中取得香草曲奇饼的概率，则简单得多，$\Pr($ 香草 $\mid$ 碗 1 $) = 30/40 = 3/4$。遗憾的是，$\Pr($ 碗 1$\mid$ 香草 $)$ 和 $\Pr($ 香草 $\mid$ 碗 1 $)$ 并不相等，但是贝叶斯公式可以帮助我们通过容易计算的 $\Pr($ 香草 $\mid$ 碗 1$)$ 和 $\Pr($ 香草 $\mid$ 碗 2$)$ 来得到 $\Pr($ 碗 1$\mid$ 香草 $)$。

考虑两个互不相交的事件 A_1 和 A_2，它们的并构成全事件 Ω。比如，在这个例子中，A_1 表示抽到碗 1，A_2 表示抽到碗 2。我们用事件 B 表示我们观察到的事件，即取到香草曲奇饼。那么贝叶斯公式给出了如何计算 $\Pr(A_1 \mid B)$，

$$\Pr(A_1 \mid B) = \frac{\Pr(A_1)\Pr(B \mid A_1)}{\Pr(A_1)\Pr(B \mid A_1) + \Pr(A_2)\Pr(B \mid A_2)}$$

其中，右边的每个概率都能够很轻松地算出。我们可以通过条件概率的定义及全概率公式推导出上式。利用这个公式解决曲奇饼问题：

- $\Pr(A_1)$：这是我们随机选中碗 1 的概率。由于选择碗的过程是公平且随机的，其值为 $1/2$。
- $\Pr(B \mid A_1)$：这是从碗 1 得到一个香草曲奇饼的概率，等于 $3/4$。

- $\Pr(B \mid A_2)$：这是从碗 2 得到一个香草曲奇饼的概率，等于 1/2。

因此根据贝叶斯公式可以算出：

$$\Pr(A_1 \mid B) = \frac{3}{5}$$

说明这块香草曲奇饼来自碗 1 的概率为 0.6，即来自碗 1 比来自碗 2 的可能性更大一点。这里我们讨论了两个互不相交的事件 A_1 和 A_2 组成了全事件 Ω。一般地，若存在 K 个互不相交的事件 $A_1, \cdots, A_K$，且它们可以组成全事件 Ω，那么对于某一事件 B，我们有

$$\Pr(A_1 \mid B) = \frac{\Pr(A_1)\Pr(B \mid A_1)}{\displaystyle\sum_{k=1}^{K} \Pr(A_k)\Pr(B \mid A_k)}$$

这个公式是由英格兰数学家贝叶斯 (Thomas Bayes, 1702—1761) 提出的，因此叫作贝叶斯公式。其中，$\Pr(A_k)$ 叫作先验概率（prior probability），在事件 B 发生后，$\Pr(A_k \mid B)$ 叫作后验概率（posterior probability）。

我们再来考虑一个例子，在人群中，染上某种疾病的概率是 0.1%，如果某个人在医院诊断出了阳性，即诊断认为他患了病。假设这种诊断将真实患者正确诊断为患病的概率是 80%，将健康人错误诊断为患病的概率是 0.05%，请问，呈阳性的结果是否可靠？

我们用事件 A_1 表示随机抽取一个人是真实患者，事件 A_2 表示随机抽取一个人是健康人，所以 $\Pr(A_1) = 0.1\%$，$\Pr(A_2) = 1 - \Pr(A_1)$。假设用事件 B 表示诊断结果呈阳性，那么诊断的功效和错误率可以用条件概率来描述，即 $\Pr(B \mid A_1) = 80\%$，$\Pr(B \mid A_2) = 0.05\%$。紧接着，我们的目标是计算诊断呈阳性但实际并没有患病的概率，即 $\Pr(A_2 \mid B)$。要计算这样的概率，我们需求助于贝叶斯公式：

$$\Pr(A_2 \mid B) = \frac{\Pr(B \mid A_2)\Pr(A_2)}{\Pr(B \mid A_1)\Pr(A_1) + \Pr(B \mid A_2)\Pr(A_2)} \tag{8.2}$$

```
0.0005 * (1 − 0.001) / ( 0.0005*(1−0.001) + 0.8*0.001 )
```

0.3843786071565987

你可以看到，虽然诊断结果是阳性，但是其为健康人的概率却很高，有大约 38%。因此，若某次在校医院体检，对于呈阳性的结果不要慌张，这较大可能是由于错误诊断导致的，你仍然是健康的。

8.3.1 M&M 豆问题

M&M 豆是各种颜色的糖果巧克力豆。制造 M&M 豆的玛氏 (Mars) 公司会不时变更不同颜色的巧克力豆之间的混合比例。

1995 年，它们推出了蓝色的 M&M 豆。在此前一袋普通的 M&M 豆中，颜色的搭配为：30% 褐色，20% 黄色，20% 红色，10% 绿色，10% 橙色，10% 黄褐色。之后变成：24% 蓝色，20% 绿色，16% 橙色，14% 黄色，13% 红色，13% 褐色，即取消了黄褐色 M&M 豆。假设我的朋友有两袋 M&M 豆，他告诉我一袋是 1994 年的，一袋是 1996 年的。但他

没告诉我具体哪个袋子是哪一年的。现在他从每个袋子里各取了一个 M&M 豆给我，一个是黄色的，一个是绿色的，记作事件 B。那么，黄色豆来自 1994 年的袋子的概率是多少？

这个问题类似于曲奇饼问题，只是改变了抽取样品的方式（碗和袋的区别）。第一步是枚举所有假设，取出黄色豆的袋子称为袋 1，另一个称为袋 2，所以假设是

- 假设 1（记作事件 A_1）：袋 1 是 1994 年的，袋 2 是 1996 年的。
- 假设 2（记作事件 A_2）：袋 1 是 1996 年的，袋 2 是 1994 年的。

接着，我们设计一个表格，每一行表示每一个假设，每一列表示贝叶斯公式中的每一项，见表 8.7。

表 8.7

	先验概率 $\Pr(A)$	$\Pr(B \mid A)$	$\Pr(A)\Pr(B \mid A)$	后验概率 $\Pr(A \mid B)$
假设 1	1/2	0.2×0.2	0.02	20/27
假设 2	1/2	0.14×0.1	0.007	7/27

第 1 列表示先验概率，基于问题的声明，两个假设的概率是相等的，即各 1/2。第 2 列表示似然度，表明了问题的背景信息。举例来说，如果假设 1 为真，黄色豆来自 1994 年袋的概率为 20%，而绿色豆来自 1996 年袋的概率为 20%。因为选择是独立的，所以其相乘得到 $\Pr(B \mid A_1)$。第 3 列由前两列相乘得到。为了得到最后一列的后验概率，我们将第 3 列的值归一化后得到第 4 列的值。因此，可以看出，袋 1 是 1994 年的和袋 2 是 1996 年的概率更高。

8.3.2 三门问题

三门 (Monty Hall) 问题曾经是历史上最有争议的概率问题。问题看似简单，但正确答案似乎有悖常理，导致很多人不能接受。Monty Hall 是电视游戏节目 "Let's Make a Deal" 的主持人。三门问题就出自这个节目。游戏规则是这样的：假如你是一名幸运观众，有免费拿走一辆奔驰车的机会。在你面前有三扇门，其中两扇门之后是羚羊，一扇门之后是奔驰车。当你选中了一扇门后，主持人会打开剩下两扇门中是羚羊的一扇门。现在，你面前有两扇关着的门，主持人让你选择是否更换你的选择。那你是"换"还是"不换"呢？

大多数人都有强烈的直觉，认为这两个选择没有区别：剩下两扇门没有打开，车在两扇门后的概率应该是相等的。但是，事实上如果你坚持最初的选择，你的中奖概率只有 1/3，而如果更换你选中的门，你的中奖概率将是 2/3。

下面运用贝叶斯公式来解释这个结论。首先，我们应该对数据进行仔细地描述。在本例中，假设这三扇门分别记作 a、b、c，你选择的是 a 门；发生事件 B 表示主持人打开了门 b，而且没有车在后面。定义三个假设，分别记为 A_k，假设 1(A_1)——车在 a 门后面，假设 2(A_2)——车在 b 门后面，假设 3(A_3)——车在 c 门后面。因此我们有了表 8.8。

表 8.8 三门问题描述

	$\Pr(A_k)$	$\Pr(B \mid A_k)$	$\Pr(A)\Pr(B \mid A_k)$	$\Pr(A_k \mid B)$
车在 a 门后	1/3	1/2	1/6	1/3
车在 b 门后	1/3	0	0	0
车在 c 门后	1/3	1	1/3	2/3

定义先验很容易，下面我们看看似然度的计算过程：

• 考虑假设 1，如果车实际上是在 a 门后面，主持人可以安全地随意打开 b 门或 c 门。他选择 b 门的概率为 1/2。

• 考虑假设 2，如果车实际上是在 b 门后面，主持人不得不打开 c 门，这样他打开 b 门的概率是 0。

• 考虑假设 3，如果车在 c 门后面，主持人打开 b 门的概率是 1，b 门后面无车的概率是 1。

同理，我们可以计算出每个假设在发生事件 B 后的后验概率，所以结论是：最好更换最初的选择。

该问题有许多变形。贝叶斯方法的优势之一就是可以推广到对这些变形问题的处理上。比如，若主持人总是尽可能选择 b 门，且只有迫不得已的时候才选择 c 门，在这种情况下，表 8.8 的数据修改为表 8.9。

表 8.9

	$\Pr(A_k)$	$\Pr(B \mid A_k)$	$\Pr(A_k)\Pr(B \mid A_k)$	$\Pr(A_k \mid B)$
车在 a 门后面	1/3	1	1/3	1/2
车在 b 门后面	1/3	0	0	0
车在 c 门后面	1/3	1	1/3	1/2

唯一的变化是：如果车在 a 门后面，主持人只能打开 b 门。因此，在这种变形问题下，更换最初的选择与否对结果的影响变得无关紧要。

8.3.3 习题

一座别墅在过去 20 年里发生了 2 次盗窃案，别墅的主人有一条狗，没有盗窃时狗平均一周叫 1 次，有盗贼时狗叫的概率是 0.9，请问：晚上狗叫的时候，发生入室盗窃的概率是多少？（假设一年有 365 天。）

8.4 随机变量和概率分布

随机变量 (random variable) 用来描述某个未发生事件的结果。比如，从某大学中选出一位学生，测量其血压，我们可以用随机变量 X 进行表示。由于测量过程受到测量误差的影响，X 总是在未知的、真实的血压附近波动，因此具有随机性，这也是随机变量的"随机"的由来。血压的随机性到底是怎样的随机性？我们用概率分布（probability distribution）来刻画。

一个简单的概率分布的例子是伯努利分布（Bernoulli distribution）：掷一枚硬币，用随机变量 X 表述其结果：$X = 1$ 表示正面朝上，$X = 0$ 表示背面朝上。那么，$\Pr(X = 1)$ 就表达了正面朝上的概率。在我们测量血压的例子中，X 是连续型的，怎么描述它的分布呢？我们先简单介绍经常用到的正态分布 (normal distribution)，下一章将着重介绍它。

正态分布的形态是一个钟形曲线，它表示我们对血压的测量值由于随机误差的影响不会恰好取得真实值（峰值），而是大概率在真实值的附近，也不会偏得太厉害。这样的钟形曲线我们称之为正态分布的概率密度函数 (probability density function, pdf)。在数学上，我们有如下表达式：

$$f(x|\mu,\sigma) = \frac{1}{\sigma\sqrt{2\pi}}e^{\frac{-(x-\mu)^2}{2\sigma^2}}\tag{8.3}$$

式中，μ 和 σ 是正态分布的两个参数。第一个参数 μ 是该分布的均值，其取值范围是任意实数；第二个参数 σ 是标准差，用来衡量分布的离散程度，其取值只能为正。下面我们用 Python 描绘出正态分布 pdf 在各种参数下的取值。

```python
import numpy as np
import pandas as pd
import matplotlib.pyplot as plt
#scipy是用于数学、工程领域的常用库
#其中scipy.stats包含了很多统计学领域用到的函数
from scipy import stats
#seaborn是一个基于matplotlib的可视化Python包
import seaborn as sns

mu_params = [−1,0,1]
sd_params = [0.5,1,1.5]
x = np.linspace(−7,7,100)

#最后两个参数表示所有子图共享同样的 x 轴、y 轴
f,ax = plt.subplots(len(mu_params),len(sd_params),sharex=True,sharey=True)

for i in range(3):
    for j in range(3):
        mu = mu_params[i]
        sd = sd_params[j]
        y = stats.norm(mu,sd).pdf(x)
        ax[i,j].plot(x,y)
        ax[i,j].plot(0,0,label="$\mu$={:3.2f}\n$\sigma$={:3.2f}".format(mu,sd),alpha=0)
        ax[i,j].legend(fontsize=5)

ax[2,1].set_xlabel('$x$',fontsize=16)
ax[1,0].set_ylabel('$pdf(x)$',fontsize=16)

#plt.savefig将图片保存，dpi调整清晰度
plt.savefig('fig_normal_pdf.jpg', dpi = 500)
plt.show() # 见图 8.2
```

我们可以看到，在不同的 μ 和 σ 下，正态钟形曲线具有不同的形态。μ 刻画了正态随机变量的均值，μ 越大，钟形曲线就往右移；同时，σ 刻画了正态随机变量的波动范围，σ 越大，曲线就越矮胖，反之，σ 越小，曲线就越瘦高。通常，如果一个随机变量 X 服从参

数 μ 和 σ 下的正态分布,我们就可以如下表示该变量:

$$X \sim N(\mu, \sigma^2), \tag{8.4}$$

其中,符号"$\sim$"表示服从于某种分布。一般地,随机变量分为连续型变量和离散型变量。连续型随机变量可以在某个区间内取任意值,取值是不可数的,比如正态随机变量;而离散型随机变量只能取某些特定的离散值,取值是有限或可数的,比如伯努利随机变量。我们再介绍一下,对于多个变量,如何描述它们的关系。如果两个随机变量 X 和 Y 对于所有可能的取值都满足 $f(x, y) = f(x)f(y)$,那么称这两个随机变量相互独立(independent)。独立同分布 (independent and identically distributed, iid) 是指对于服从同一分布的多个随机变量进行连续采样,各个变量的采样值之间相互独立。

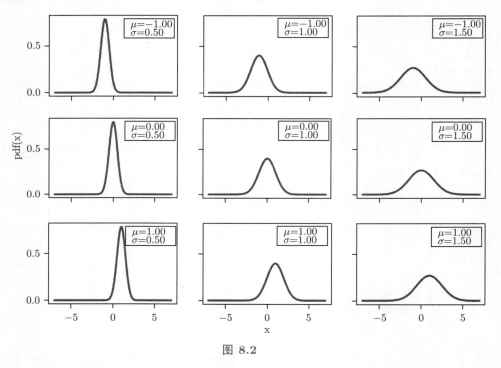

图 8.2

在上面的例子中,我们用到了 Python 中的 scipy 库,scipy 服务于数学、科学、工程等领域的科学计算。在本章中,我们主要使用 scipy 的 stats 子模块中随机性方面的函数。

8.4.1 常用的随机变量的分布及随机数的产生

scipy.stats 中的离散分布有 13 个,连续分布有 94 个,多元分布有 8 个。针对每个分布都可以得到其(连续变量的)概率密度函数(pdf)或者 (离散变量的) 概率质量函数(probability mass function, pmf)、累积分布函数(cumulative distribution function, cdf)、分位数函数(percent point function, ppf,即百分比点函数)、随机数(random variables, rvs)、对数概率密度函数(logpdf)、对数累积分布函数 (logcdf)、生存函数(survival function, sf)、均值 (mean)、方差 (variance)、偏度 (skewness)、峰度 (kurtosis) 和非中心矩等。下面是就标准正态分布对上述一些函数作图的例子。

```
plt.figure(figsize=(10,9))
x=np.arange(-4, 4, 0.01)

#绘出累积分布函数
plt.subplot(2,2,1)
plt.plot(x,stats.norm.cdf(x))
plt.title('cdf of $N(0,1): \Phi(x)$')

#绘出概率密度函数
plt.subplot(2,2,2)
plt.plot(x, stats.norm.pdf(x))
plt.title('pdf of $N(0,1): \phi(x)$')

#绘出生存函数
plt.subplot(2,2,3)
plt.plot(x, stats.norm.sf(x))
plt.title('sf of $N(0,1): 1-\Phi(x)$')

#绘出逆累积分布函数
plt.subplot(2,2,4)
plt.plot(x, stats.norm.ppf(x))
plt.title('ppf of $N(0,1): \Phi^{-1}(x)$')
plt.savefig('figs_normal.jpg', dpi = 500)
plt.show() # 见图 8.3
```

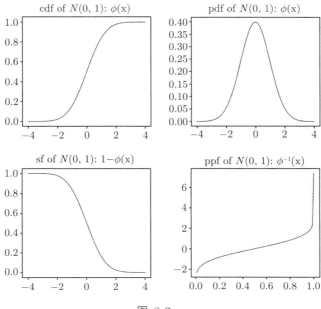

图 8.3

下面来看如何产生 10 个均值为 5、标准差为 2 的正态分布的随机数。

```
#固定随机种子 1 010，以重现结果
np.random.seed(1010)
stats.norm.rvs(size=10, loc=5, scale=2)
```

array([2.6491042 , 4.23370464, 2.05726764, 1.39886295, 5.26020084,
       8.19123725, 6.98632135, 0.27258561, 4.04081547, 1.69923611])

我们也可以在函数 stats.norm.rvs 中设定随机种子。

```
stats.norm.rvs(size=10, random_state=1010, loc=5, scale=2)
```

array([2.6491042 , 4.23370464, 2.05726764, 1.39886295, 5.26020084,
       8.19123725, 6.98632135, 0.27258561, 4.04081547, 1.69923611])

请注意，代码 stats.norm.rvs(10) 会产生一个服从均值为 10、标准差为 1 的随机数，而 stats.norm.rvs(size=10) 会产生 10 个服从标准正态分布的随机数。如果反复使用某个分布，就可以把它赋值给一个对象，然后就不用每次都输入那些涉及分布及参数选项的代码了。

```
fr = stats.norm(loc=5, scale=2)
print(fr.rvs(size=5, random_state=1010))
print(fr.mean(), fr.std(), fr.cdf(5.97), fr.pdf([−0.5,2.96]),
      fr.stats(moments='mvsk'), fr.kwds)
```

[2.6491042 4.23370464 2.05726764 1.39886295 5.26020084]
5.0 2.0 0.6861618272430887 [0.00454678 0.11856598] (array(5.), array(4.), array(0.),
array(0.))
{'loc': 5, 'scale': 2}

注意，这里"mvsk"分别指均值、方差、偏度和峰度，默认值是"mv"。下面的例子是产生一些概率点的标准正态分布右尾临界值表。

```
stats.norm.isf([0.1, 0.05, 0.025, 0.01, 0.001])
```

array([1.28155157, 1.64485363, 1.95996398, 2.32634787, 3.09023231])

```
−stats.norm.ppf([0.1, 0.05, 0.025, 0.01, 0.001])
```

array([1.28155157, 1.64485363, 1.95996398, 2.32634787, 3.09023231])

下面我们通过从正态分布中抽出 10 000 个样本来画出正态分布的概率密度函数。

```
from scipy.stats import norm
fig , ax = plt.subplots(1, 1)

x = np.linspace(norm.ppf(0.01), norm.ppf(0.99), 100)
ax.plot(x, norm.pdf(x),'y-', lw=5, alpha=0.6, label='norm pdf')
r = norm.rvs(size=10000)
ax.hist(r, density=True, histtype='stepfilled', alpha=0.2)
ax.legend(loc='best', frameon=False)
plt.savefig('hist_normal.jpg', dpi = 500)
plt.show() # 见图 8.4
```

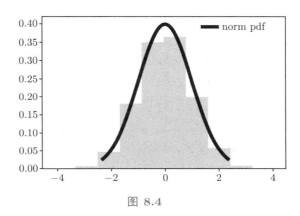

图 8.4

8.4.2 numpy 模块中随机数的产生

除了用 scipy.stats 模块生成很多分布的随机数外，我们也可以利用 numpy 的 random 子模块。比如，np.random.random( ) 用于生成 (0,1) 中的随机浮点数。

```
np.random.random(5)
```

array([0.67882587, 0.99915303, 0.57957621, 0.58361583, 0.56117458])

```
#生成的随机数放置在一个2乘以3的矩阵中
np.random.random([2, 3])
#也可以写成np.random.random((2,3))
```

array([[0.57225548, 0.97102695, 0.89805356],
       [0.27749992, 0.80221771, 0.08758212]])

一般地，np.random.random((d0, d1, $\cdots$, dn)) 可以返回一个 d0 乘以 d1 一直到 dn 的随机样本阵列。随机数是来自 [0,1) 的均匀分布，它和 np.random.rand(d0, d1, $\cdots$, dn) 具有相同的功能。

```
np.random.rand(2,2)
```

```
array([[0.12270552, 0.54859833],
       [0.0103439 , 0.33442629]])
```

np.random.randn(d0, d1, ···, dn) 生成一个 d0 乘以 d1 一直到 dn 的来自标准正态分布的随机样本阵列。其输入通常为整数，但是如果为浮点数，则会自动直接截断转换为整数。

```
np.random.randn(2, 3)
```

```
array([[ 1.44886002, 0.68391819, -0.75206405],
       [-1.58914272, -1.12089084, -0.56034968]])
```

np.random.standard_normal 与 np.random.randn(6) 具有相似的功能，通过下面的例子，你可以看出它们的微妙差别。

```
np.random.standard_normal((2, 5))
```

```
array([[ 2.26298763, -0.0186085 , -0.20468903, -0.81302621, -1.66655772],
       [ 1.23609895, -1.56535411, -0.53312755, -1.41671357, -1.05268034]])
```

np.random.standard_normal( ) 与 np.random.randn( ) 类似，但是 np.random.standard_normal( ) 的输入为元组 (tuple)；np.random.randn( ) 的输入通常为整数，但是如果为浮点数，则会自动直接截断转换为整数。

np.random.randint(low, high=None, size=None, dtype='l')：生成一个整数或 n 维整数数组，取数范围：当 high 不为 None 时，取 [low，high) 之间的随机整数，否则取 [0, low) 之间的随机整数。dtype 选择输出的格式，如 int32、int64、unit8 等（使用 .dtype 函数查看数据类型）。

```
#从3到9中随机抽取整数，排列成一个2乘以5的矩阵
np.random.randint(3,10,size=(2,5))
```

```
array([[6, 5, 5, 6, 4],
       [5, 4, 9, 8, 9]])
```

```
d = np.random.randint(3,10,size=(2,5), dtype='int64')
d.dtype
```

```
dtype('int64')
```

```
numpy.random.choice(a, size=None, replace=True, p=None)
```

从序列中获取元素，若 a 为整数，则元素取值为 np.arange(a) 中的随机数；若 a 为数组，则取值为 a 数组元素中的随机元素。replace 表示是否有放回抽样，True 表示可以抽出重复的元素，False 表示抽出的元素不放回。p 表示每个元素被抽取的概率。

```
np.random.choice(a=5, size=3, replace=False, p=[0.2, 0.1, 0.3, 0.4, 0.0])
```

array([3, 0, 2])

```
np.random.choice(a=['d','e','f','g','h'], size=3, replace=False,
            p=[0.2, 0.1, 0.3, 0.4, 0.0])
```

array(['e', 'd', 'g'], dtype='<U1')

np.random.shuffle(x) 表示对 x 进行重排序，如果 x 为多维数组，则只沿第一条轴洗牌，输出为 None。

```
items = [1, 2, 3, 4, 5, 6]
np.random.shuffle(items)
items
```

[4, 6, 1, 5, 3, 2]

np.random.permutation(x) 与 np.random.shuffle(x) 的功能类似，注意，二者的区别是，permutation(x) 不会改变 x 的顺序。

```
item1 = np.array([1, 2, 3, 4, 5, 6])
item2 = np.random.permutation(item1)
print(item1)
print(item2)
```

[1 2 3 4 5 6]
[5 6 1 3 4 2]

8.4.3 习题

请用文字描述 np.random.permutation 与 np.random.shuffle 的区别，并通过一个例子来说明这种区别。

第九章 经验分布

CHAPTER 9

统计学中，经验分布 (empirical distribution) 是根据所收集的数据对总体分布的一个刻画。当数据散布在一维数轴上时，经验分布函数定义为在 n 个数据点中的每一点上都跳跃 $1/n$ 的阶梯函数。其在任何指定处的函数值为小于或等于该指定值的观察数据的比例。经验分布函数是总体累积分布函数的估计。我们可以想象，在数据量越来越多的情况下，经验分布函数将越来越靠近总体累积分布函数，从而我们可以根据数据来推测出总体的信息。

在大多数实际例子中，我们通常采用绘出观察数据的直方图 (histogram) 而非经验分布函数的可视化方式，因为直方图可以直接告诉我们在某一区域的数据所占的比重，而经验分布函数给出的是某一区域的数据的累积比重。与经验分布函数类似，经验分布直方图可以看成是对总体的概率密度函数或是概率质量函数的估计，且随着样本增大，越来越靠近总体。在这一章，我们将通过一系列例子来详细介绍和探究这些样本所具有的性质。

9.1 总体概率分布的直方图

我们有时候通过掷骰子的方式来决定输赢。骰子是一个正方体，一共六个面，分别是 1，2，3，4，5，6。由于正方体中心对称且每个面面积相同，当我们随机投掷时，每个面朝上的可能性均等。

```python
import numpy as np
import pandas as pd
import matplotlib.pyplot as plt
die = pd.DataFrame({'Face':np.arange(1,7,1)})
die
```

	Face
0	1
1	2
2	3
3	4
4	5
5	6

其中，"Face" 代表骰子每一面的点数。下一步，我们用概率分布来刻画每个面出现的等可能性。掷一次骰子所得到的朝上的面数只可能为 1，2，3，4，5，6 中的一个，且每个

面数出现的可能性均等，为六分之一。现利用直方图对朝上点数的总体分布有一个直观感受。注意，这里的直方图是基于总体的，而非根据样本得到的经验直方图。

```
die_bins = np.arange(0.5, 6.6, 1)
die.hist(bins = die_bins, edgecolor = 'green', facecolor = 'yellow', density = True)
plt.grid(False)
plt.xlabel('Face')
plt.ylabel('Density')
plt.title('Distribution')
plt.show()  # 见图 9.1
```

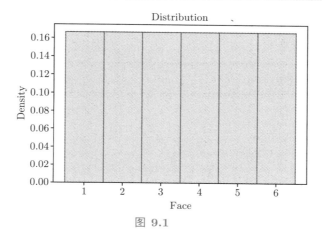

图 9.1

在此直方图中，每一个黄色 (见代码实际运行结果) 长方形对应着掷骰子可能出现的一种结果。长方形的高度代表着对应结果出现的可能性。这些长方形具有相同的高度，因此代表着每一个点数出现的可能性均等。我们称这样的分布为正整数 1~6 上的均匀分布。在画直方图时，如果参数 density 为 True，那么直方图中长方形的面积之和将调整为 1；如果 density 为 False，那么长方形的高度表示的是频数。上面的直方图中我们使用了 die_bins 这个参数，确保每个 bar 的中心都在整数值上面。如果一个变量的取值为一个可数的范围，比如在掷骰子试验中，骰子出现点数的所有可能共有六种（可以数清楚），那么这样的变量称为离散变量。

在掷骰子的试验中，有一点需要注意：骰子向上的点数不会出现 1.4 或者 5.5，试验结果永远都是 1 到 6 的整数。但是我们第一眼看过去，这个直方图的横轴似乎允许试验结果取一些小数。这其实是一种错觉，这个图中横轴的意思是每个条的宽度为 1，而不是说这个范围之内的取值都是可能的试验结果。

9.2 经验分布的直方图

以上的直方图其实反映的是骰子点数的理论概率，并没有基于真实的数据，所以上面的直方图可以称为骰子点数的理论概率分布。经验分布刻画的是我们观察到的数据的分布，我们可以用经验直方图展现出来。但是，我们首先必须搞清楚如何模拟骰子点数试验并得到相应的数据。sample 正是用于这种数据抽样的函数。我们先看看下面的 sample 函数。比较一下下面两个命令的不同之处。

```
die.sample(5)
```

	Face
0	1
2	3
3	4
4	5
1	2

```
die.sample(7, replace = True)
```

	Face
1	2
2	3
2	3
3	4
5	6
4	5
1	2

```
die.sample(6)
```

	Face
1	2
4	5
2	3
0	1
3	4
5	6

```
die.sample(6, replace = True)
```

	Face
2	3
3	4
3	4
1	2
1	2
3	4

从上面的结果可以看出，在 sample 函数中，如果令选项 replace 为 True，那么每抽取一次后，我们会将抽取的点数放回原来抽样的集合，所以会有同样的点数出现多次的情况。然而，如果 replace 为默认值 False，那么抽取的样本将不会放回，从而不会有一个点数多次出现的情形。请试一试下面的命令，看一看它是否会报错。

```
die.sample(10)
```

下面我们定义一个函数，它以抽取样本量为输入对象，输出结果为基于抽取样本的经验直方图。

```
def empirical_hist_die(n):
    die_bins = np.arange(0.5, 6.6, 1)
    die.sample(n, replace = True).hist(bins = die_bins, edgecolor = 'green',
            facecolor = 'yellow', density = True)
    plt.grid(False)
    plt.xlabel('Face')
    plt.ylabel('Density')
    plt.title('')

empirical_hist_die(20) # 见图 9.2
```

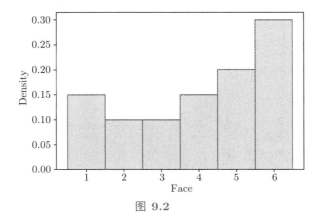

图 9.2

我们可以看到，基于实际数据的直方图和理论概率分布的直方图相差较大，这是样本量较小从而随机波动产生的影响较大造成的。那么增加样本量会怎么样呢？

empirical__hist__die(200)# 见图 9.3

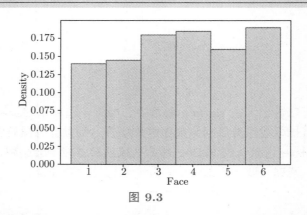

图 9.3

empirical__hist__die(2000)# 见图 9.4

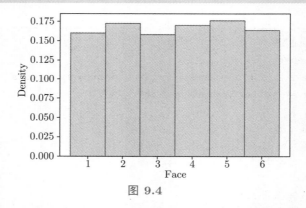

图 9.4

empirical__hist__die(20000)# 见图 9.5

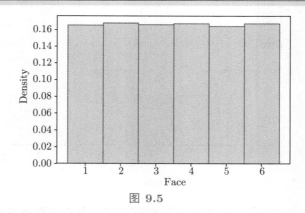

图 9.5

我们可以看到，随着样本量越来越大，实际数据的直方图越来越靠近理论直方图，当样本量到达两万时，每个点数上的可能性都大约为六分之一。这样的性质是由概率论中的大数定律（law of large number）所保证的，该定律是指，在一定条件下，当样本量越来越大时，样本的性质会逐渐靠近总体的理论性质。接下来，我们通过一些例子来介绍大数定律。

9.2.1 习题

从 1 到 50 中有放回地抽出 1 000 个整数，画出对应的经验直方图。

9.3 大 数 定 律

在独立同分布的条件下，如果一个随机试验能够持续进行，那么随着试验次数的增多，某一事件发生的比例应该会越来越接近这个事件发生的理论概率。在上面的例子中，我们可以观测到每个点数出现的概率越来越接近六分之一。

9.3.1 扔豌豆估计 $\pi/4$

假设我们有一个边长为 1 的正方形，正方形内部有一个直径为 1 的圆与之内切。我们向这个正方形内随机扔很多豌豆，之后，我们计算落在圆中的豌豆数量与扔出的总豌豆数量的比值。那么样本量越来越大后，这个比例接近什么数呢？

首先，我们用 Python 定义一个用于计算圆中豌豆数和总豌豆数比值的函数，其中输入参数 n 表示豌豆的总数。

```
def cal_ratio(n):
    #在正方形上均匀撒豌豆
    x = np.random.uniform(-0.5, 0.5, n)
    y = np.random.uniform(-0.5, 0.5, n)
    #计算在圆中的豌豆个数
    result = np.power(x,2) + np.power(y,2) <= np.power(0.5,2)
    return result.sum()/n
```

我们用函数 cal_ratio 做一万次试验，第 n 次试验撒 n 个豌豆，并用变量 r 来记录每次试验的比值。

```
r = []
for n in np.arange(1,10001):
    a = cal_ratio(n)
    r = np.append(r, a)
```

看看第一万次试验，这个比值是多少，并且将它和 $\pi/4$ 进行比较。

```
r[9999]
```

0.7865

```
import math
math.pi / 4
```

0.7853981633974483

我们可以看到撒 1 万个豌豆后，所得比例很靠近 $\pi/4$。原因是：落在圆中的豌豆和总豌豆数的比值可以看成圆的面积和正方形的面积之比（$\pi/4$）的估计，那么根据大数定律，只要样本量足够大，这个估计就会很靠近 $\pi/4$。这种基于大数定律的估计方法也叫作蒙特卡罗方法（Monte Carlo methods）。

另外，因为我们记录了每次试验的比值，故可以绘出一个曲线图，观察随着样本量增加的比值变化情况，其中红色 (见代码实际运行结果) 水平直线表示 $\pi/4$ 的值。

```
x = np.arange(1,10001)
plt.plot(x, r)
plt.xlabel('simulation number')
plt.ylabel('ratio')
plt.plot ([1,10000], [math.pi/4, math.pi/4], color='red')
plt.show()# 见图 9.6
```

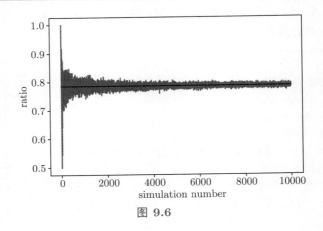

图 9.6

9.3.2 重温三门问题

在三门问题中，我们进行如下游戏：假如你是一名幸运观众，有免费拿走一辆奔驰车的机会。在你面前有三扇门，其中两扇门之后是羚羊，一扇门之后是奔驰车。当你选中了一扇门后，主持人会打开剩余两扇门中是羚羊的门。现在，有两扇关着的门，主持人让你选择是否更换你选中的门。你是"换"还是"不换"？在前面的知识中，我们知道"换"后能拿走奔驰车的理论概率是三分之二。现在我们利用大数定律，不断重复模拟这一过程来近似"换后拿走奔驰车"的概率。也就是说，我们重复 n 次这样的游戏，每次我们都选择"换"，这样来计算成功拿到奔驰车的比例。

```
r = []
door = np.array([1,2,3])

for n in np.arange(1,100001):
    #主持人随机选择在一扇门后面放奔驰车
    car = np.random.randint(low=1,high=4,size=1)
    goat = np.delete(door, car−1) #减 1 是由于第二个变量指的是指标

    #你开始选择一扇门
    your_choice = np.random.randint(low=1,high=4,size=1)
    #剩下的两扇门
    rest_door = np.delete(door, your_choice−1)

    #如果剩下的两扇门后面都是羚羊，那么这次"拿回奔驰车"失败
    if sum(rest_door == goat)==2:
        r = np.append(r, 0)
    else: #如果剩下的一扇门后面是羚羊，一扇门后面是奔驰车，那么这次"拿回奔驰车"成功
        r = np.append(r, 1)

r.mean()
```

0.66934

```
2/3
```

0.6666666666666666

可以看到，这样的模拟非常接近真实概率。

9.3.3　习题

利用扔豌豆的方法估计非负函数 $f(x) = (1.5 + \sin(x)) \cdot (x + x^2)$ 在 $x = 1$ 到 $x = 10$ 之间的面积。其真实函数图像如图 9.7 所示。

```
x = np.arange(1, 10, 0.01)
y = (1.5 + np.sin(x))*(x + np.power(x,2))

#f(x)
plt.plot(x, y)
plt.xlim(1,10)
plt.ylim(0,200)
plt.fill_between(x, y, where=(x>1)&(x<10), facecolor='brown')
plt.show()
```

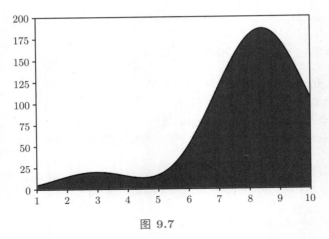

图 9.7

用数学语言来说，即计算 $\int_{1}^{10}(1.5+\sin(x))\cdot(x+x^2)\mathrm{d}x$ 的近似值。

9.4 总　体

有时，我们可以知道总体的信息，比如总体为某大学所有学生的身高和年龄的时候。总体的定义依赖于我们的研究问题和目标。当我们想了解北京市所有学生的身高和年龄时，将该大学的学生作为总体就不合适了。当随机样本来自一个总体的时候，大数定律依然成立。我们可以看看当年高尔顿 (Galton) 收集的家庭身高数据，并将这个数据作为我们的总体。

```python
import numpy as np
import pandas as pd
import matplotlib.pyplot as plt
galton = pd.read_csv('GaltonFamilies.csv')
galton.head(5)
```

	family	father	mother	midparentHeight	children	childNum	gender	childHeight
0	1	78.5	67	75.43	4	1	male	73.2
1	1	78.5	67	75.43	4	2	female	69.2
2	1	78.5	67	75.43	4	3	female	69
3	1	78.5	67	75.43	4	4	female	69
4	2	75.5	66.5	73.66	4	1	male	73.5

总体通常含有很多数据，因此我们用 head 函数展现高尔顿数据集的前 5 行，可以看到数据集中每一列都代表不同的含义。family 代表家庭指标，father 和 mother 分别代表父亲和母亲的身高，children 代表家庭的孩子数量，gender 表示每个孩子的性别，midparentHeight 指父亲身高和 1.08 倍母亲身高的平均值，childHeight 指的是孩子的身高。由于

这里的身高单位是英寸，因此我们需要将英寸转化为更熟悉的厘米。根据转换关系，1 英寸等于 2.54 厘米，将孩子的身高 "childHeight" 变为以厘米为单位，并将其命名为 "height"，放置在数据表格中的最后一列。

```
galton['height'] = galton['childHeight'] * 2.54
galton.head(5)
```

	family	father	mother	midparentHeight	children	childNum	gender	childHeight	height
0	1	78.5	67	75.43	4	1	male	73.2	185.928
1	1	78.5	67	75.43	4	2	female	69.2	175.768
2	1	78.5	67	75.43	4	3	female	69	175.260
3	1	78.5	67	75.43	4	4	female	69	175.260
4	2	75.5	66.5	73.66	4	1	male	73.5	186.690

通过这样的方式，我们可以考察孩子身高数据 (单位：厘米) 的总体信息。比如，孩子身高在总体中的最低值、最高值、中位数、平均值、直方图等。

```
galton['height'].min() #最低身高
```

142.24

```
galton['height'].max() #最高身高
```

200.66

```
galton['height'].median() #身高中位数
```

168.91

```
galton['height'].quantile(q=0.4) #计算百分之四十分位数
```

166.37

四分位距 (interquartile range, IQR) 是指数据的百分之二十五分位数和百分之七十五分位数所构成的区间。从数学上来说，若我们有 100 个数据 $x_1, x_2, \cdots, x_{100}$，先将其从小到大排列为 $x_{(1)}, x_{(2)}, \cdots, x_{(100)}$，那么百分之二十五分位数为 $x_{(25)}$，也就是数据从小到大排列的第 25 个。一般地，若数据量为 n，则取从小到大的第 $25\% * n$ 个。

```
[galton['height'].quantile(q=0.25), galton['height'].quantile(q=0.75)]
#四分位距 Interquartile range (IQR)
```

[162.56, 177.038]

```
#画出孩子身高在140~201厘米之间的直方图
bins = np.arange(140, 201, 10)
n, bins, patches = plt.hist(galton['height'], bins, edgecolor='green', facecolor='yellow', density
        = True)
plt.grid(True)
plt.show()# 见图 9.8
```

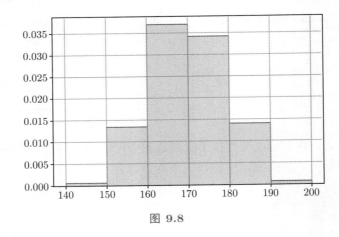

图 9.8

其中，我们用 bins 来确定直方图中每个长方形在 x 轴上所占的区间；plt.grid 为真，表示我们在直方图中描出网格。在 plt.hist 的三个返回值中，n 代表直方图中每个长方形的高度，bins 表示长方形在 x 轴上的区间，patches 记录着每个长方形更为细节的信息。

```
print(patches[0])
```

Rectangle(xy=(140, 0), width=10, height=0.000643087, angle=0)

```
print(patches[1])
```

Rectangle(xy=(150, 0), width=10, height=0.0133976, angle=0)

根据直方图返回变量包含的信息，我们可以计算一下总体中身高在 160~170 厘米之间的孩子的比例。

```
num = 2
#直方图返回的比例
n[num]*10
```

0.3697749196141479

这里为什么要乘以 10？这是由于当参数 density 为真时，160~170 厘米间长方形的面积而非长方形的高度才代表比例！

```
#我们也可以直接计算身高在160~170厘米之间的孩子的比例
len(galton[(galton['height'] >= bins[num]) & (galton['height'] < bins[num+1])])/len(galton)
```

0.3693790149892934

9.5 从总体中抽样及样本的经验分布

与掷骰子试验类似，我们同样可以从高尔顿身高数据总体中随机有放回地抽取一部分样本来得到经验分布，以探讨样本性质和总体性质的关系。

为了让代码简单易懂，我们定义能够画出样本直方图的 Python 函数。

```
def empirical_hist_height(n):
    galton['height'].sample(n, replace = True).hist(bins = bins, edgecolor='green',
                        facecolor = 'yellow',density = True)
    plt.grid(True)
    plt.xlabel('height')
    plt.ylabel('density')
    plt.title ('Children height histogram')
```

```
empirical_hist_height(10) #抽取10个样本, 见图 9.9
```

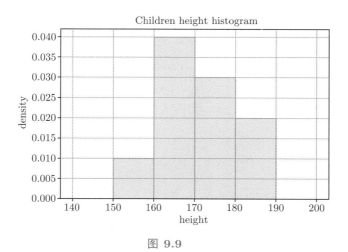

图 9.9

```
empirical_hist_height(100) #抽取100个样本, 见图 9.10
```

```
empirical_hist_height(1 000) #抽取1 000个样本, 见图 9.11
```

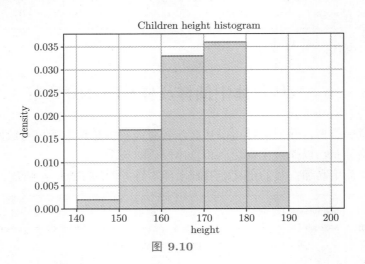

图 9.10

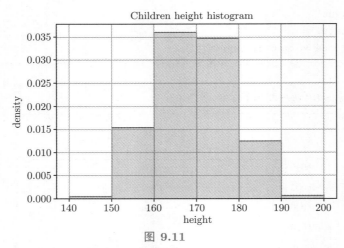

图 9.11

我们再看看总体的身高分布直方图。

```
#总体的样本
galton['height'].hist(bins = bins, edgecolor='green',
                  facecolor = 'yellow', density = True)
plt.grid(True)
plt.xlabel('height')
plt.ylabel('density')
plt.title('Population children height histogram')
plt.show() # 见图 9.12
```

将这些经验直方图与上面的总体直方图进行比较。我们可以观察到，随着样本量的增加，样本的经验直方图越来越接近于总体直方图。当样本量为 100 的时候，经验直方图和总体直方图开始相似；当样本量为 1 000 的时候，经验直方图和总体直方图最相似。

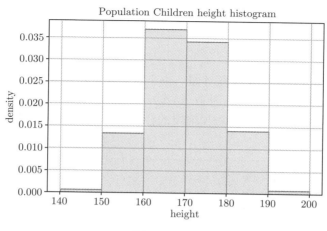

图 9.12

我们观察到的现象可以总结如下：对于越来越多的随机样本，样本的经验直方图会逐渐靠近总体直方图。这表明，在统计推断中需要大量的随机样本是合理的。背后的理由是，由于大量随机样本可能类似于抽样的总体，因此根据大量样本计算出的样本性质（比如均值、方差、中位数等）可能接近于总体中相应的性质。

9.5.1 习题

1. 分别生成 10、100、1 000、10 000 个服从标准正态分布的随机变量，并对每组随机变量画出对应的经验直方图，比较和真实标准正态分布的相似程度。

2. 分别生成 10、100、1 000、10 000 个服从 Beta(2,3) 分布的随机变量，并对每组随机变量画出对应的经验直方图，比较和真实标准正态分布的相似程度。

9.6 参 数

我们经常对总体相关的参数感兴趣。比如，在班干部的选举中，有多大比例的人会投票给候选人 A？在微博用户的总体中，用户拥有的微博好友数最多是多少？从北京大兴机场起飞的飞机中，起飞延误时间的中位数是多少？与总体相关的数量被称为参数。对于高尔顿收集的数据总体，我们可以知道参数"小孩身高的均值"的值。

```
#总体的均值
np.mean(galton['height'])
```

169.53466595289095

但是在实际生活中，总体通常很大，不可能完全调查清楚。因此，我们会从总体中抽取若干样本，通过样本对总体参数进行估计。

```
#依赖于随机抽取的10个样本的均值
np.mean(galton['height'].sample(10, replace = True))
```

167.6908

我们称这种依赖于样本的量为统计量。由于统计量依赖于我们所观察到的样本，因此，当样本不同的时候，统计量也可能不同。这里的样本均值是一种统计量，另外还有样本中位数、样本方差等。我们可以继续增加抽取的样本数，每次与总体参数值都不一样，但每次都很接近。

```
#依赖于随机抽取的100个样本的均值
np.mean(galton['height'].sample(100, replace = True))
```

168.96334

```
#依赖于随机抽取的200个样本的均值
np.mean(galton['height'].sample(200, replace = True))
```

169.04080999999994

```
#依赖于随机抽取的500个样本的均值
np.mean(galton['height'].sample(500, replace = True))
```

169.34281599999994

```
#依赖于随机抽取的700个样本的均值
np.mean(galton['height'].sample(700,replace = True))
```

169.56713428571422

9.7 模拟统计量

对于某一统计量，从总体中两次抽取相同大小的样本，记作样本 1 和样本 2。由于抽样的随机性，样本 1 和样本 2 大概率不完全相同，从而计算出的统计量也不相等。那么，统计量到底有怎样的概率分布呢？我们可以用 Python 进行数值上的操作：多次重复抽样并保证样本大小一致，记录下这些统计量的值，并绘出直方图。

我们以样本平均数作为统计量为例，将使用以下步骤来模拟统计量。注意，你可以用任何其他样本量来替换 100 的样本量，并将样本平均数替换为其他统计量。

第一步：生成一个统计量。抽取一定大小（比如 100）的随机样本，并计算此样本的平均数。记录该平均数的值。

第二步：生成更多统计量。重复第一步若干次（比如 5 000）。注意，每次需要重新抽样。

第三步：结果可视化。在第二步结束时，你将会记录许多样本平均数，每个平均数来自不同的样本。你可以在表格中显示所有平均数，也可以使用直方图来显示，即统计量的经验直方图。

我们现在执行这个步骤，正如在所有模拟中，首先创建一个空数组，用于收集每一次抽样所得到的统计量结果。

```
#设置第一步中抽取的随机样本数量
sampleSize = 100

#创建空数组，用于记录
means = []
```

接着，我们利用 for 循环不断生成更多统计量：重复第一步 5 000 次。

```
for i in np.arange(5000):
    new_mean = np.mean(galton['height'].sample(sampleSize,replace = True))
    means = np.append(means, new_mean)
```

该命令可能需要一定的时间来运行。这是因为它需要执行 5 000 次的反复抽样过程，每一次抽样过程需抽取大小为 100 的样本，并计算其平均数。这实际上是很多次抽样和重复。最后，我们需要显示收集到的均值表格，并在后面的单元格中调用 hist。

```
mean_set = pd.DataFrame({'Sample Mean':means})
mean_set.head(5)
```

	Sample Mean
0	167.93972
1	169.48658
2	169.25798
3	169.33418
4	169.89298

```
plt.hist(mean_set['Sample Mean'], bins = 10, edgecolor='green',
        facecolor = 'yellow',density = True)
plt.grid(True)
plt.xlabel('height')
plt.ylabel('density')
plt.title('')
plt.show() # 见图 9.13
```

注意，这个直方图是 5 000 个平均数统计量所形成的经验直方图，而不是身高样本的直方图，所以形状完全不一样。

```
#总体平均数
np.mean(galton['height'])
```

169.53466595289095

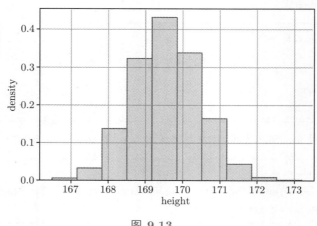

图 9.13

直方图展现了样本平均数这一统计量的概率分布。在概率论上，可以证明样本平均数是总体平均数的一个无偏估计，因此我们也可以看到 5 000 个平均数统计量总是集中在总体平均数附近。在这个例子中，我们通过重复抽样的方式得到了样本平均值这个统计量的分布，并说明了当样本和总体相似时，样本平均数是总体平均数的一个很好的估计量。

9.7.1 习题

1. 生成 500 个服从正态分布 $\mathcal{N}(50,10^2)$ 的随机变量，从中每次抽取 100 个值计算样本平均数，重复抽样 1 000 次，并画出样本平均数的经验直方图。

2. 生成 500 个服从 Beta(3,5) 分布的随机变量，从中每次抽取 100 个值计算样本的众数，重复抽样 1 000 次，并画出样本众数的经验直方图。

9.8　案例 1：NBA 周明星球员的年龄

NBA(美国职业篮球联赛) 每周都会选出这一周表现最出色的球员。现在我们有一个从 1985 年到 2017 年 NBA 最佳球员的信息名单。我们感兴趣的是周明星球员的年龄具有什么分布。

```
nba = pd.read_csv('NBA_player_of_the_week.csv')
nba.head(10)
```

	Age	Date	Player	Position	Season	Team	Weight
0	29	14-Apr-85	Micheal Ray Richardson	PG	1984-1985	New Jersey Nets	189
1	23	7-Apr-85	Derek Smith	SG	1984-1985	Los Angeles Clippers	205
2	28	1-Apr-85	Calvin Natt	F	1984-1985	Denver Nuggets	220
3	37	24-Mar-85	Kareem Abdul-Jabbar	C	1984-1985	Los Angeles Lakers	225
4	28	17-Mar-85	Larry Bird	SF	1984-1985	Boston Celtics	220
5	26	10-Mar-85	Darrell Griffith	SG	1984-1985	Utah Jazz	190
6	24	3-Mar-85	Sleepy Floyd	PG	1984-1985	Golden State Warriors	170
7	25	24-Feb-85	Mark Aguirre	SF	1984-1985	Dallas Mavericks	232
8	25	17-Feb-85	Magic Johnson	PG	1984-1985	Los Angeles Lakers	255
9	25	3-Feb-85	Dominique Wilkins	SF	1984-1985	Atlanta Hawks	200

```
nba = pd.read_csv('NBA_player_of_the_week.csv')
nba.tail(10)
```

	Age	Date	Player	Position	Season	Team	Weight
1135	28	20-Nov-17	DeMar DeRozan	GF	2017-2018	Toronto Raptors	100kg
1136	22	20-Nov-17	Karl-Anthony Towns	C	2017-2018	Minnesota Timberwolves	111kg
1137	25	13-Nov-17	Tobias Harris	F	2017-2018	Detroit Pistons	107kg
1138	23	13-Nov-17	Nikola Jokic	C	2017-2018	Denver Nuggets	113kg
1139	22	6-Nov-17	Kristaps Porzingis	FC	2017-2018	New York Knicks	109kg
1140	28	6-Nov-17	James Harden	SG	2017-2018	Houston Rockets	100kg
1141	25	30-Oct-17	Victor Oladipo	G	2017-2018	Indiana Pacers	95kg
1142	27	30-Oct-17	DeMarcus Cousins	C	2017-2018	New Orleans Pelicans	122kg
1143	23	23-Oct-17	Giannis Antetokounmpo	F	2017-2018	Milwaukee Bucks	101kg
1144	28	23-Oct-17	James Harden	SG	2017-2018	Houston Rockets	100kg

```
#总体年龄均值
nba['Age'].mean()
```

26.77292576419214

可以看到总体的年龄均值约是 26.77 岁。我们现在从总体中抽取部分（比如 100）样本，并利用"样本年龄均值"来估计"总体年龄均值"。

```
#样本年龄均值
nba['Age'].sample(100, replace = True).mean()
```

27.22

样本年龄均值与总体年龄均值非常接近，说明样本年龄均值是总体年龄均值的一个很好的估计。另外，抽样后，我们同样可以得到样本的经验直方图，并通过不断增加样本来比较样本年龄直方图和总体年龄直方图的关系。

```
bins = np.arange(16, 45, 2)
def empirical_hist_nba(n):
    nba['Age'].sample(n, replace = True).hist(bins = bins, edgecolor='green',facecolor='yellow',
        density = True)
    plt.grid(True)
    plt.xlabel('Age')
    plt.ylabel('density')
```

```
plt.title('NBA weekly best player\'s age histogram')
```

```
#100个样本, 见图 9.14
empirical__hist__nba(100)
```

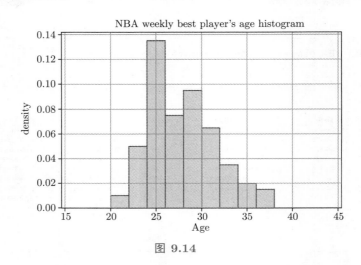

图 9.14

```
#200个样本, 见图 9.15
empirical__hist__nba(200)
```

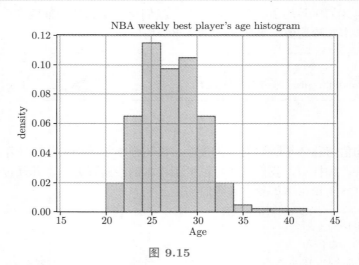

图 9.15

```
#800个样本, 见图 9.16
empirical__hist__nba(800)
```

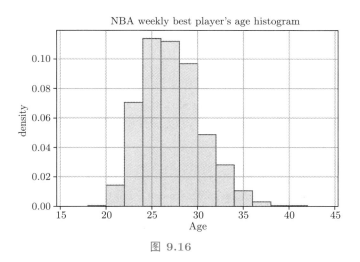

图 9.16

```
#总体年龄直方图
nba['Age'].hist(bins=bins, edgecolor='green', facecolor = 'yellow',density = True)
plt.grid(True)
plt.xlabel('height')
plt.ylabel('density')
plt.title('NBA weekly best player\'s age histogram')
plt.show() # 见图 9.17
```

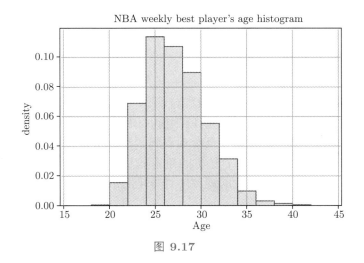

图 9.17

9.9 案例 2：估计敌军飞机的数量

在第二次世界大战中，为盟军工作的数据分析师希望能够合理估算德国战机的数量，数据分析师手头的数据仅仅是盟军观察到的德国飞机的序列号。但是，正是这些序列号为数据分析师提供了重要线索。为了估算战机总数，数据分析人员对序列号数据做出了一些合理的假设，从而能够大大简化计算。这里有两个假设：假设 1——战机有 N 架（N 未知），编号为 $1, 2, \cdots, N$；假设 2——观察到的飞机从 N 架飞机中均匀、随机、有放回地抽取。目标是估计数字 N，这是未知的参数。假设实际上有 $N = 300$ 架这样的飞机，而且你观察到其中的 30 架。我们可以构造一个名为 serialno 的表，其中包含序列号 1 到 N。然后，根据假设 2，我们可以有放回地抽样 30 次，以获得我们的序列号样本。

```
N = 300
#构建serialno = serial number 序列号的英文名
serialno = pd.DataFrame({'serial Number':np.arange(1, N+1)})
serialno.head(5)
```

	serial Number
0	1
1	2
2	3
3	4
4	5

假设你观察并记下了一些飞机的序列号，那么你如何利用这些数据来猜测 N 的值？一个自然和简单的估计量就是观察到的序列号的最大值。

```
#从序列号数据中抽取了30个样本，并利用最大值进行估计
serialno['serial Number'].sample(30, replace=True).max()
```

290

与所有涉及随机抽样的代码一样，运行该代码若干次，查看统计量的概率分布。你将会发现，最大的序列号通常在 250～300 的范围内。如果你不幸看到了 30 次 1 号机，最大的序列号可以如 1 那样小；但是如果你至少观察到了 1 次 300 号机，最大的序列号会增大到 300。但通常情况下，出现 30 次 1 号机的概率非常小，而观察到 300 号机的概率会随着样本量的增大而增大。因此，最大的观测序列号是对敌军飞机总数 N 的一个合理估计。

9.9.1 统计模拟

下面我们进行模拟统计，探索"观察到的最大序列号"能否很好地估计飞机总数。模拟的步骤是：第一步，从 1 到 300 有放回地随机抽样 30 次，并记录观察到的最大飞机序列号，即统计量；第二步，重复第一步若干次（比如 1 000 次），每次重新取样。你可以用任何其他比较大的数代替 1 000；第三步，创建一个表格来显示统计量的 1 000 个观察值，并使用这些值绘制该统计量的经验直方图。

```
sample_size = 30 #抽取的样本量
```

```
repetitions = 1000 #重复第一步的数量
maxes = [] #用来记录最大序列号的数组

for i in np.arange(repetitions): #进行for循环
    sampled_numbers = serialno['serial Number'].sample(30, replace = True)
    maxes = np.append(maxes, sampled_numbers.max())

maxnum = pd.DataFrame({'Max Serial Number':maxes})
maxnum.head(10)
```

	Max Serial Number
0	286
1	289
2	296
3	279
4	295
5	281
6	286
7	279
8	300
9	289

```
#设置直方图中的bins
every_ten = np.arange(1, N+100, 10)
maxnum['Max Serial Number'].hist(bins = every_ten, density = True)
plt.show() # 见图 9.18
```

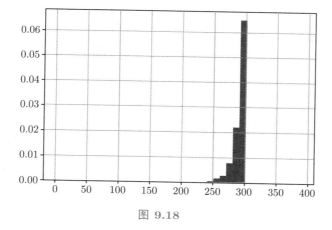

图 9.18

```
maxnum['Max Serial Number'].max()
```

300.0

这是 1 000 个估计值的直方图，每个估计值是统计量"观察到的最大序列号"的观测值。正如你所看到的，尽管在理论上它们可能会小得多，但估计都接近 300。直方图表明，作为飞机总数的估计，"观察到的最大序列号"位于 275~300 的可能性很大；而飞机的真实数量低于 250 是不太可能的。

9.9.2 参数的不同估计

到目前为止，我们利用"观察到的最大序列号"作为飞机总数的估计。但还有其他可能的估计，这个估计的基本思想是：观察到的序列号的平均值一定在 $1 \sim N$ 之间，因此，如果 A 是平均值，那么 A 应该约等于 $N/2$，或者说 $N = 2A$。所以可以使用一个新的统计量来估计飞机总数，即取观察到的平均序列号并加倍。我们的问题是：与"观察到的最大序列号"估计量相比，这种"均值加倍"估计量如何？在数学上，计算新统计量的概率分布并不容易。但是，我们可以利用模拟的办法来得到其近似概率分布，这会变得非常方便。为了与之前进行比较，我们选择模拟与之前相同的重复次数，即 1 000。

```
maxes = []
twice_ave = []

for i in np.arange(repetitions):
    # "观察到的最大序列号"
    sampled_numbers = serialno['serial Number'].sample(30,replace = True)
    maxes = np.append(maxes, sampled_numbers.max())
    # "均值加倍"
    new_twice_ave = 2 * np.mean(sampled_numbers)
    twice_ave = np.append(twice_ave, new_twice_ave)

results = pd.DataFrame(
    {'Repetition': np.arange(1, repetitions+1),
    'Max': maxes,
    '2*Average': twice_ave},columns = ['Repetition','Max','2*Average'])

results .head(10)
```

	Repetition	Max	2*Average
0	1	290	361.666667
1	2	295	335.266667
2	3	300	288.6
3	4	298	310.333333

4	5	289	271.6
5	6	282	285.8
6	7	278	310.2
7	8	294	330.666667
8	9	283	318.066667
9	10	300	333.4

注意，新的估计值（"均值加倍"）与"观察到的最大序列号"不同，它可能会高估飞机的数量，当观察到的序列号的平均值大于 $N/2$ 时，就会发生这种情况。下面的直方图 9.19 显示了两个估计的经验分布。

```
plt.figure(1, figsize = (5,5))
plt.hist(results['Max'],bins = every_ten)
plt.hist(results['2*Average'],bins = every_ten)
plt.legend(['Max','2*Average'],loc = 'best')
plt.show() # 见图 9.19
```

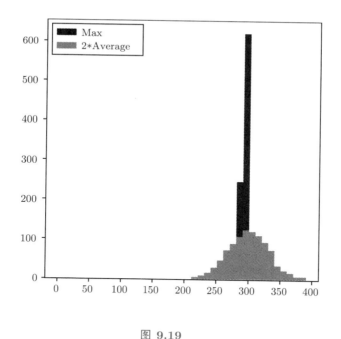

图 9.19

你可以看到，原有方法几乎总是低估（即总小于或等于真实飞机数量），统计上，我们称它是有偏差的。但它的变异性很小，很可能接近真实的飞机总数。新方法高估了真实飞机数量，且高估和低估的可能性大致相当，因此，平均而言大致没有偏差。但是，它比旧估计变化程度更大，从而容易出现较大的绝对误差。

这是一个偏差–变异性权衡的例子，在竞争性估计中并不罕见。你决定使用哪种估计取决于对你而言最重要的误差种类。就这个例子而言，低估总数可能会造成严重的后果，比如敌方来了很多飞机，但是准备的火力不够。在这种情况下，你可能会选择使用更加可变的方法，因为它有一半的概率都是高估的。另外，如果高估导致了因防范不存在的飞机而造成不必要的巨额成本，那么你可能会对低估的方法感到满意。

最后请注意，"均值加倍"估计不是无偏的，而是高估了 1。例如，如果 N 等于 3，那么来自 1，2，3 的抽取结果的均值是 2，$2 \times 2 = 4$，它比 3 多了 1。"两倍均值"减 1 才是 N 的无偏估计量。

第十章 假设检验

C HAPTER 10

数据科学家常常会被人问到一些"是"或者"不是"的问题。比如：多吃巧克力会不会增加体重？有死刑判决能不能降低犯罪率？两个学校的学生在某次统考中的平均分数有差别吗？回答这些问题需要我们去寻找数据中的证据，根据证据是否充分来判断能否推翻我们做出的原始假设，这样的过程叫作假设检验。我们首先看一个例子。

10.1 案例 1：第十二届全国人民代表大会少数民族人大代表比例问题

中国人民代表大会是中华人民共和国国家权力机关，人民代表大会制度是我国的根本政治制度。人大代表代表人民的利益和意志，依照宪法和法律规定的各项职权，参加行使国家权力，协助宪法和法律的实施，与人民群众保持密切联系，听取和反映人民群众的意见和要求，努力为人民服务，对人民负责，并接受人民监督。因此，合理地选举全国人大代表显得尤为重要。少数民族作为我国重要的人群，他们的权益神圣不可侵犯。以第十二届全国人民代表大会为例，为了研究各个少数民族作为人大代表的比例是否合理，我们收集了各少数民族人口比例与少数民族人大代表人数比例的统计数据，其中各少数民族人口比例来自 2010 年第六次全国人口普查。第六次全国人口普查显示，少数民族总共约有 10 643 万人，而第十二届选举产生的少数民族人大代表有 320 名。下面表格记录了这些数据。对于各少数民族而言，第一个值是第六次全国人口普查中的人口比例，第二个值是 2013 年选举出的第十二届少数民族人大代表的比例。本例中直接采用了少数民族人口比例来研究各少数民族人大代表比例的合理性。事实上，当选为人大代表需要符合一定的条件，比如是年满 18 岁的中国公民，所以，也可以收集各个少数民族中符合全国人大代表条件的人口比例作为衡量标准。

```python
import numpy as np
import pandas as pd
import matplotlib.pyplot as plt
```

```python
RDmin = pd.DataFrame({'民族':['壮族', '回族', '满族', '维吾尔族', '苗族',
                              '彝族', '土家族', '其他'],
                      'Minority':['Zhuang', 'Hui', 'Man', 'Wwuer', 'Miao', 'Yi',
                                  'Tjia', 'Others'],
```

```
            'PeopleProp':[0.14238168, 0.08904826, 0.08738164, 0.08470153,
                 0.07928988, 0.07330391, 0.07027161, 0.3736215],
            'RenddProp':[0.1375, 0.115625, 0.0625, 0.06875, 0.065625,
                 0.0625, 0.046875, 0.440625]},
            columns=['民族', 'Minority', 'PeopleProp', 'RenddProp'])
RDmin
```

	民族	Minority	PeopleProp	RenddProp
0	壮族	Zhuang	0.142382	0.137500
1	回族	Hui	0.089048	0.115625
2	满族	Man	0.087382	0.062500
3	维吾尔族	Wwuer	0.084702	0.068750
4	苗族	Miao	0.079290	0.065625
5	彝族	Yi	0.073304	0.062500
6	土家族	Tjia	0.070272	0.046875
7	其他	Others	0.373621	0.440625

我们可以看到，壮族全国人大代表的比例较高。通过垂直柱状图，我们可以直观地观察到这种差异。

```
x = np.arange(len(RDmin['Minority'])) + 1
width = 0.35

#第一选项为'PeopleProp'的中心设定
plt.bar(x − 0.5 * width, RDmin['PeopleProp'],
        width = width, facecolor = 'blue', edgecolor = 'white', alpha = 0.5)
#第二选项为'RenddProp'的中心设定
plt.bar(x + 0.5 * width, RDmin['RenddProp'],
        width = width, facecolor = 'green', edgecolor = 'white', alpha = 0.5)
plt.xticks(x, RDmin['Minority']) #设置每一组的名称
plt.legend(['People Proportion', 'NPC Proportion'])
plt.show() # 见图 10.1
```

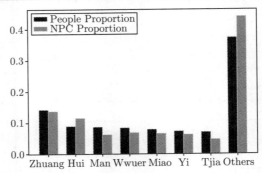

图 10.1

10.1.1 刻画两个分布的距离

上述图形使我们能够快速看出两个分布之间的相似性和差异性。为了更准确地刻画这些差异，我们必须首先量化两个分布之间的"距离"。这种量化能够使我们的分析结论比仅通过眼睛观察所得到的结论准确。为了测量两个分布之间的差异，我们将计算它们之间的总差异距离（total variation distance，TVD）。为了计算总差异距离，我们首先计算每个类别中两个比例之差及其绝对值。

```
RDmin['Difference'] = RDmin['PeopleProp'] − RDmin['RenddProp']
RDmin['Abs. Difference'] = np.abs(RDmin['Difference']) # 计算差的绝对值
RDmin
```

	民族	Minority	PeopleProp	RenddProp	Difference	Abs.Difference
0	壮族	Zhuang	0.142382	0.137500	0.004882	0.004882
1	回族	Hui	0.089048	0.115625	-0.026577	0.026577
2	满族	Man	0.087382	0.062500	0.024882	0.024882
3	维吾尔族	Wwuer	0.084702	0.068750	0.015952	0.015952
4	苗族	Miao	0.079290	0.065625	0.013665	0.013665
5	彝族	Yi	0.073304	0.062500	0.010804	0.010804
6	土家族	Tjia	0.070272	0.046875	0.023397	0.023397
7	其他	Others	0.373621	0.440625	-0.067003	0.067003

我们将绝对差（absolute difference）求和，并除以 2，所得数值即这两个分布的总差异距离。

```
RDmin['Abs. Difference'].sum() / 2
```

0.09358024499999998

可以看到，所得结果 0.093 580 244 999 999 98 恰恰也是"Difference"中正值相加的结果。我们利用"绝对差之和除以 2"是为了避免判断每个数是否为正。

在选举人大代表的过程中，"实际人大代表人数比例"与"少数民族人口比例"要完全一致是不现实的。那么，我们求得的两个分布的总距离差异 0.093 580 244 999 999 98 有什么含义？它能否说明"实际人大代表人数比例"与"少数民族人口比例"的分布一定有明显差别？这就是假设检验需要回答的问题了。

为方便起见,现在定义可以计算两个分布的总差异距离的函数 total_variation_distance。以后在构造假设检验的过程中，这个函数会被经常使用。

```
def total_variation_distance(distribution_1, distribution_2):
    return np.abs(distribution_1 − distribution_2).sum() / 2
```

我们继续定义函数 table_tvd 来计算表中两列分布之间的总差异距离。

```
def table_tvd(table, label1, label2):
    return total_variation_distance(table[label1], table[label2])
```

10.1.2　检验差异是否显著

现在我们将目光锁定到"实际人大代表人数比例"与"少数民族人口比例"这两个分布之间的距离上。如何解释 0.093 580 244 999 999 98 这个数值？要回答这个问题，试想一下，人大代表是随机组成的，因此，将 0.093 580 244 999 999 98 与"少数民族人口比例"的分布和"随机抽取人大代表的人数比例"的分布之间的总差异距离进行比较会很有启发意义。我们可以通过计算机模拟实现上述操作。由于总共有 320 名"实际人大代表人数比例"，所以在每一次抽样中，我们需要从各少数民族的人群总体中随机抽取大小为 320 的样本。

随机样本将进行不放回抽取，因为在一次人大代表会上，不可能出现两个完全一样的人大代表。但是，如果样本数量相对于总体数量很小，那么无放回抽样与有放回取样相差不大。我国少数民族人数的总体超过一亿。与此相比，320 人的样本量相当小。因此，为简单起见，我们将有放回地抽样。

从各少数民族人口总体中随机抽样，可以使用 np.random.choice 从数组元素中随机抽样，并使用 sample 对表的行进行抽样，但是现在我们必须从一个分布中抽样。为此，我们定义函数 proportions_from_distribution。它有三个参数：表名，包含比例的列标签，样本大小。该函数执行有放回地随机抽样，并返回一个新表。抽样的目标数目是 320 人，我们将这个数字赋给变量 size，然后调用。

```
import random
def randomPick(some_list, probabilities):
    # 以指定的概率probabilities从列表some_list中随机获取元素
    x = random.uniform(0,1)
    cumulativeProbability = 0.0
    # zip用来链接两个变量的循环范围
    for item, iterProbability in zip(some_list, probabilities):
        cumulativeProbability += iterProbability
        if x < cumulativeProbability:
            break
    return item
```

接下来我们设置函数，从 table[element_label] 中以 table[probability_label] 的概率有放回地抽取数量为 size 的样本。

```
def proportions_from_distribution(table, element_label, probability_label, size):
    n = 0
    randomSample = []
    while n < size:
```

```
    randomSample.append(randomPick(table[element_label],table[probability_label]))
    n += 1
return randomSample
```

```
np.random.seed(202010)
size = 320
#从 Minority 列中以 PeopleProp 的分布进行随机抽样，抽样大小为size
randomSample = proportions_from_distribution(RDmin, 'Minority', 'PeopleProp', size)
# 利用np.unique对randomSample进行总结
# 返回值中，第一个值value表示抽取的样本的名称集合
# 第二个值表示对应名称出现的频数
value, sampleProportion = np.unique(randomSample, return_counts = True)
value, np.divide(sampleProportion, size) # 后者等价于 sampleProportion/size
```

```
(array(['Hui', 'Man', 'Miao', 'Others', 'Tjia', 'Wwuer', 'Yi', 'Zhuang'], dtype='<U6'),
array([0.103125, 0.075, 0.08125, 0.36875, 0.065625, 0.096875, 0.059375, 0.15]))
```

在上面的代码中，我们利用 np.unique 对 randomSample 进行总结，其返回值中的第一个值 value 表示抽取的样本的各个少数民族名称集合，第二个值表示对应少数民族出现的频数。最后我们用少数民族出现的频数除以抽样总数得到各个少数民族出现的频率。

```
np.divide(sampleProportion,size).sum() # 频率之和为 1
```

1.0

```
# 对RDmin进行排序
RDmin.sort_values(by = 'Minority', axis=0, ascending = True, inplace=True)
RDmin
```

	民族	Minority	PeopleProp	RenddProp	Difference	Abs.Difference
1	回族	Hui	0.089048	0.115625	-0.026577	0.026577
2	满族	Man	0.087382	0.062500	0.024882	0.024882
4	苗族	Miao	0.079290	0.065625	0.013665	0.013665
7	其他	Others	0.373621	0.440625	-0.067003	0.067003
6	土家族	Tjia	0.070272	0.046875	0.023397	0.023397
3	维吾尔族	Wwuer	0.084702	0.068750	0.015952	0.015952
5	彝族	Yi	0.073304	0.062500	0.010804	0.010804
0	壮族	Zhuang	0.142382	0.137500	0.004882	0.004882

对 Minority 排序，其中以升序排列，以便与 sampleProportion 中的序号保持一致。

```
# 增加一列
```

```
RDmin['Random Sample'] = np.divide(sampleProportion, size)
# 删除RDmin中的两列，axis表示列
RDmin.drop(RDmin[['Difference', 'Abs. Difference']], axis=1, inplace = True)
RDmin
```

	民族	Minority	PeopleProp	RenddProp	Random Sample
1	回族	Hui	0.089048	0.115625	0.103125
2	满族	Man	0.087382	0.062500	0.075000
4	苗族	Miao	0.079290	0.065625	0.081250
7	其他	Others	0.373621	0.440625	0.368750
6	土家族	Tjia	0.070272	0.046875	0.065625
3	维吾尔族	Wwuer	0.084702	0.068750	0.096875
5	彝族	Yi	0.073304	0.062500	0.059375
0	壮族	Zhuang	0.142382	0.137500	0.150000

接下来，我们画出"少数民族人口比例"（PeopleProp）、"实际人大代表人数比例"（RenddProp）各少数民族组成以及"随机抽取人大代表人数比例"（Random Sample）各少数民族组成的条形图。通过可视化能够让我们直观感受到这三个分布之间的差异。

```
x = np.arange(len(RDmin['Minority'])) + 1
width = 0.25
plt.bar(x − 1 * width, RDmin['PeopleProp'], width = width,
        facecolor = 'lightskyblue', edgecolor = 'white', alpha = 0.5)
plt.bar(x + 0 * width, RDmin['RenddProp'], width = width,
        facecolor = 'yellowgreen', edgecolor = 'white', alpha = 0.5)
plt.bar(x + 1 * width, RDmin['Random Sample'], width = width,
        facecolor = 'yellow', edgecolor = 'white', alpha = 0.5)
plt.xticks(x, RDmin['Minority'])
plt.legend(['PeopleProp', 'RenddProp', 'Random Sample'])
plt.show() # 见图 10.2
```

从条形图可以看到，"随机抽取人大代表人数比例"的各少数民族分布与"少数民族人口比例"分布非常接近，而这两者均与"实际人大代表人数比例"的分布相差较远。

为了进行量化的比较，需要计算出"随机抽取人大代表人数比例"的分布与"各少数民族人口比例"分布的总差异距离。

```
np.sum(np.abs(RDmin['Random Sample'] − RDmin['PeopleProp']))/2
```

0.03582865499999998

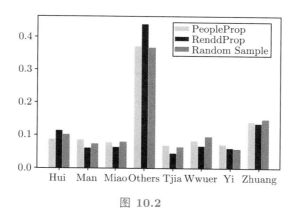

图 10.2

为了和观察到的 0.093 580 244 999 999 98 总差异距离进行比较，可以重复随机抽取样本若干次（比如 500）。对于每次抽取的样本，我们可以得到"随机抽取人大代表人数比例"的分布与"少数民族人口比例"分布的总差异距离。这样我们将得到 500 个总差异距离，然后将这 500 个总差异距离与实际观察到的 0.093 580 244 999 999 98 比较：如果 0.093 580 244 999 999 98 远远偏离这 500 个总差异距离的分布，那么我们有证据说明"少数民族人大代表人数"分布与随机抽取有差异。

```
size = 320 # 每次抽取的样本量
tvds = [] # 记录总差异距离
repetitions = 500 # 抽样重复次数
for i in np.arange(repetitions):
    randomSample = proportions_from_distribution(RDmin, 'Minority',
                                        'PeopleProp', size)
    value, sampleProportion= np.unique(randomSample,
                            return_counts = True)
    tvds = np.append(tvds, np.sum(np.abs(np.divide(sampleProportion, size) −
        RDmin['PeopleProp']))/2)
```

```
tvds[0:10]
```

array([0.06719702, 0.05934131, 0.03837203, 0.04704849, 0.05000546,
    0.03099143, 0.04900862, 0.02622521, 0.03951789, 0.07009482])

可以计算"随机抽取人大代表人数比例"的分布与"少数民族人口比例"的分布的总差异距离的 0.95 分位数。

```
np.quantile(tvds, q=0.95)
```

0.08479679949999995

通过直方图将数据可视化。

```
plt.hist(tvds, bins = np.arange(0, 0.2, 0.005))
plt.show() # 见图 10.3
```

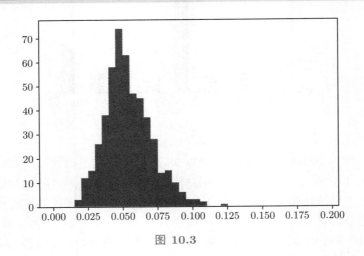

图 10.3

直方图显示，从"少数民族人口比例"的分布中随机抽取 320 个样本的结果是，偏离"少数民族人口比例"的分布的总差异距离大部分小于 0.075。而我们计算的"少数民族人口比例"的分布与"实际人大代表人数比例"的分布的总差异距离为 0.093 580 244 999 999 98，可见"实际人大代表人数比例"的选择机制并不是完全随机的。值得注意的是，假设我们一开始使用"具有人大代表资格的各少数民族人口比例"的分布，结果可能是随机的，大家可以从这个角度作一些尝试。在这里，我们通过分析可以得到各少数民族人大代表选举机制不完全基于各少数民族人口比例的分布。

10.1.3 数据问题

我们刚才介绍了一种强大的数据分析技术，以帮助判断一组数据是否像一个分布的随机样本。但是数据科学不仅仅是技术，数据科学还需要仔细研究如何收集数据。正如文中提到的，"少数民族人口比例"不能等同于"具有人大代表资格的各少数民族人口比例"。首先，不是每个人都有选举为人大代表的资格。《中华人民共和国宪法》第三十四条和《选举法》第三条都明确规定：中华人民共和国年满十八周岁的公民，不分民族、种族、性别、职业、家庭出身、宗教信仰、教育程度、财产状况、居住期限，都有选举权和被选举权；但是依照法律被剥夺政治权利的人除外。人口普查中，"少数民族人口比例"没有体现上述信息。不同的数据研究的问题自然不同。利用"少数民族人口比例"的统计数据，我们所能研究的问题是，各个少数民族人大代表的产生是否依赖于"少数民族人口比例"的分布？但是由于选举人大代表有一定的标准与限制，关于各个少数民族人大代表的选举是否基于"各少数民族具备选举为人大代表资格的人口比例"的分布的问题，更加具有现实意义。因此，若想检验这样一个问题，我们必须以其他方式获得"各少数民族具备选举为人大代表资格"的人口统计资料。

10.1.4 习题

1. 2020 年, 美国公民自由联盟 (ACLU) 为了研究阿拉米达县陪审团不同族裔的构成, 收集了 2009 年和 2010 年在阿拉米达县进行的 11 次重罪审判中陪审团不同族裔 "实际出席陪审团" 的数据, 共有 1 453 人。ACLU 收集了该县所有人口的统计数据, 并将这些数据与该县所有 "具备陪审团资格" 的人口数进行比较。数据如下所示:

```
jury = pd.DataFrame({'Ethnicity':['Asian', 'Black', 'Latino', 'White',
                                  'Other'],
                    'Eligible':[0.15, 0.18, 0.12, 0.54, 0.01],
                    'Panels':[0.26, 0.08, 0.08, 0.54, 0.04]},
             columns=['Ethnicity', 'Eligible', 'Panels'])
jury
```

	Ethnicity	Eligible	Panels
0	Asian	0.15	0.26
1	Black	0.18	0.08
2	Latino	0.12	0.08
3	White	0.54	0.54
4	Other	0.01	0.04

请根据收集到的数据集, 应用本节所学知识, 分析 "实际出席陪审团" 的选择机制是否完全随机。

2. 假设某巧克力豆具有五种不一样的颜色, 食品包装袋上显示这五种颜色的巧克力豆的比例为 1:4:2:1:2, 而在实际样本中, 我们观察到了 100 个巧克力豆, 它们的颜色比例为 1.2:3.8:2:0.9:2.1, 请探究该巧克力豆的理论比例与实际观察的比例是否存在差异。请写出此假设检验中的零假设、备择假设, 确定检验统计量, 并用 Python 计算检验统计量的观察值以及画出在零假设下检验统计量的分布。根据检验统计量的观察值和直方图信息, 确定是否拒绝零假设。

10.2 案例 2: 孟德尔的豌豆花

孟德尔 (1822—1884) 是奥地利的神父, 被誉为现代遗传学的奠基人。孟德尔为提出遗传学基本定律实施了许多精心设计的大规模试验。他的大多数试验都基于豌豆的多样性。他对每一种多样性做出了一系列假设, 这些假设一般称为模型。他通过种植豌豆、收集数据来检验模型的有效性。

现在, 我们通过一组数据来看看孟德尔的模型是否有效。对于一种豌豆种类, 它的植株要么开出紫色花, 要么开出白色花。一个植株开出的花的颜色并不受其他植株的影响。孟德尔假设这些豌豆植株的花的颜色是随机的, 并且比例为 3:1。孟德尔的模型能够被梳理成我们可以检验的假设。这个模型对应着零假设: 对于每一个豌豆植株, 它有 75% 的可能性开出紫色花，有 25% 的可能性开出白色花。如果这个模型不对，则对应着备择假设：孟德尔的模型无效。

下面的 flowers 表包含了模型的预测值，以及孟德尔种植的豌豆数据。

```
flowers = pd.DataFrame({'Color':['Purple','White'],
                        'Model Proportion':[0.75, 0.25],
                        'Plants':[705, 224]})
flowers
```

	Color	Model Proportion	Plants
0	Purple	0.75	705
1	White	0.25	224

```
total_plants = flowers['Plants'].sum()
print(total_plants)
```

929

我们可以看出，一共有 929 个豌豆植株。注意，这 929 个豌豆植株只是样本，总体是所有豌豆植株。与之前的例子一样，我们可以通过模型预测的分布与实际观察的分布计算这两者的总差异距离（TVD），即我们的检验统计量。

```
observed_statistic = (flowers['Plants'] / total_plants -
                      flowers['Model Proportion']).abs().sum() / 2
observed_statistic
```

0.008880516684607098

接下来，我们需要在零假设成立的条件下，重复抽取样本来计算检验统计量的经验分布。

```
panel_size = 929; repetitions = 2000
tvds = []
for i in np.arange(repetitions):
    randomSample = proportions_from_distribution(flowers, 'Color',
                                     'Model Proportion', panel_size)
    value, sampleProportion = np.unique(randomSample,return_counts=True)
    tvds = np.append(tvds, (sampleProportion / panel_size -
                     flowers['Model Proportion']).abs().sum() / 2)
```

在零假设成立的条件下，经过 2 000 次随机抽样之后，输出检验统计量的经验分布直方图。

```
plt.hist(tvds, bins = np.arange(0, 0.06, 0.005))
plt.show() # 见图 10.4
```

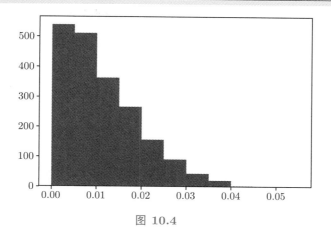

图 10.4

基于孟德尔的数据，检验统计量的取值是 0.008 88，稍小于 0.01，它正处于零假设成立时，检验统计量经验分布的"心脏地带"。一眼就可以看出，p-值是远远大于 0.05 的，因此，我们可以认为，孟德尔的数据支持了零假设。

```
plt.hist(tvds, bins = np.arange(0, 0.06, 0.005))
plt.plot([observed_statistic, observed_statistic], [0, 550], color="red")
plt.show() # 见图 10.5
```

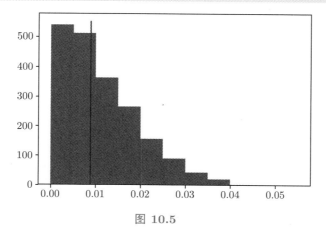

图 10.5

在孟德尔豌豆试验中，我们可以计算 p-值为：

```
(tvds >= observed_statistic).sum() / repetitions
```

0.5425

关于 p-值，有时，人们会采用如下具有一般性但不具有强制性的规则：

(1) 如果 p-值小于 0.05，我们称结果具有"统计显著性"。

(2) 如果 p-值小于 0.01，我们称结果具有"非常高的统计显著性"。

当发生上述某一种情况时，可以认为，我们有充分证据拒绝零假设，因此支持备择假设。

10.2.1　习题

上网查阅资料，请谈谈你对 p-值的看法。

10.3　案例 3：某附属中学学生的平均分数

在一个课堂上，某附属中学的 350 个学生被分为 10 个讨论组。在期中考试后，第 10 组学生发现他们这一组的平均分数低于其余所有学生的平均水平。因此，这一组学生怀疑教学有问题。否则，为什么会出现他们的成绩比其他的都差的情况呢？但是，更熟悉随机性的老师们有不同的观点，认为发生这种现象更多地是由于随机性的影响。老师们的观点有一个很清楚的概率模型。我们来检验它是否合理。老师们的零假设：第 10 组学生的平均分数和随机抽取的学生的平均分数类似；备择假设：不，第 10 组学生的平均分数太低了。

```
import numpy as np
import pandas as pd
import matplotlib.pyplot as plt
scores = pd.read_csv('scores_by_section.csv')
scores.head(5)
```

	Section	Score
0	10	8
1	8	7
2	8	7
3	3	7
4	2	8

其中，Section 表示每个学生所属的组号，Score 表示对应学生所得的分数，在 0~10 分之间。我们计算各组的平均分数，发现确实第 10 组的平均分数比其他组的都低。

```
scores.groupby('Section')['Score'].mean()
```

Section

1　5.961538

2　6.228571

3　5.780488

```
4    6.558824
5    6.279070
6    6.131579
7    5.666667
8    6.882353
9    6.548387
10   5.184211
Name: Score, dtype: float64
```

可以计算每组的人数。

```
scores.groupby('Section')['Section'].count()
```

```
Section
1    26
2    35
3    41
4    34
5    43
6    38
7    30
8    34
9    31
10   38
Name: Section, dtype: int64
```

在零假设下，我们从学生总体中随机抽取 38 个学生构成一组，估计检验统计量（即第 10 组的平均分数）的概率分布。

```
scores['prob'] = np.ones(350) / 350
scores.head(5)
```

	Section	Score	prob
0	10	8	0.002857
1	8	7	0.002857
2	8	7	0.002857
3	3	7	0.002857
4	2	8	0.002857

```
size = 38 # 每次抽取的样本量
```

```
score_mean = [] # 记录score_mean
repetitions = 1000 # 抽样重复次数
for i in np.arange(repetitions):
    randomSample = proportions_from_distribution(scores,'Score','prob',size)
    score_mean = np.append(score_mean,
                           np.array(randomSample).mean())
plt.hist(score_mean)
mean_by_section = scores.groupby('Section')['Score'].mean()
observed_statistic = np.array(mean_by_section)[9]
plt.plot([observed_statistic, observed_statistic], [0, 250], color = "red")
plt.show() # 见图 10.6
```

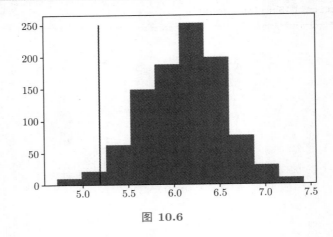

图 10.6

从而我们可以计算 p-值为

```
pvalue = (score_mean <= observed_statistic).mean()
print(pvalue)
```

0.026

遗憾的是，p-值小于显著性水平 0.05，数据并不支持零假设。这意味着，第 10 组学生的平均分数和随机抽取的学生的平均分数确实存在差别。

10.3.1　习题

请找一个类似的数据集，遵循本节对数据集做分析。

10.4　错误概率

即便零假设为真，如果我们重复很多次试验，由于随机性的影响，我们也有可能会错误地拒绝零假设。如何去刻画这样的错误概率呢？

10.4.1 p-值的定义

一般情况下，p-值可以理解为在零假设成立时，观察到基于样本计算得到的检验统计量作为极端事件（沿备择假设的方向）的概率。在之前的例子中，我们利用零假设下的经验分布去近似（很难得到的）理论分布。比较推荐的做法是，提供检验统计量的观察值和p-值。这样，其他人就可以通过 p-值来做出他们自己的判断。

10.4.2 做出错误结论的可能性

我们用该节开始部分的某附属中学的例子来说明这个问题。下面，我们先画出在零假设下检验统计量的经验分布。其中，检验统计量的值 5.34 对应着 p-值域值 0.05，即检验统计量小于 5.34 的概率为 0.05。

```
plt.hist(score_mean)
plt.plot([4.2, 5.34], [0, 0], color = "red", linewidth=5)
plt.xlim([4.2, 7.6])
plt.show() # 见图 10.7
```

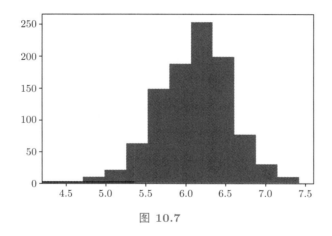

图 10.7

我们可以看到 (见实际代码操作结果)，红色线标注的是拒绝域，即检验统计量的观察值处于红色区域时，我们拒绝零假设。但是，在红色拒绝域上，仍然出现了蓝色区域，而这个蓝色区域是来自零假设下的概率分布。因此，即便零假设为真，依据 0.05 的 p-值的阈值来做决定时，仍有 0.05 的可能性拒绝零假设（这完全是由随机性造成的）。我们称这样的错误为第一类错误。我们从上面也可以得到，p-值的阈值即是犯第一类型错误的概率。因此，如果我们使用 0.01 的 p-值的阈值，我们仅有 0.01 的可能性犯第一类错误，因此 0.01 的阈值比 0.05 的阈值更为保守。

10.4.3 需要注意的地方

当一个研究人员说他们发现了一个药对某种疾病有治疗作用的时候，我们需要提高警惕，并询问他们重复了多少次试验。

(1) 如果他们做了 100 次试验，只有 5 次试验显著，然后用 5 次显著的试验中的一个拿来报告，那么显然这并不靠谱，因为这 5 次显著仅仅只是因为随机性造成的。

(2) 如果他们做了 10 次试验，有 8 次试验是显著的，那么排除随机性后，这种药确实对疾病有效。

我们刚才说了第一类错误，那么是否还存在其他种类的错误？当然，比如说，备择假设是正确的，但是我们却支持了零假设。这样的错误称为第二类错误。除非增加样本量，否则很难同时控制第一类错误和第二类错误。一般情况下，在降低第一类错误的时候，会增加犯第二类错误的风险。

10.4.4 如何决定拒绝域

我们可以利用 percentile 这个函数来决定当 p-值的阈值为 0.05 时检验统计量在零假设为真的情况下所对应的阈值。

```
np.percentile(score_mean, q = 5) # 5表示我们计算百分之五分位数
```

5.342105263157895

如果该分布的尾部向右（即备择假设方向），那么此时应该用 $q = 95$。

10.5　简单的假设检验

```
import scipy.stats as stats
import numpy as np
```

10.5.1 单样本和双样本均值的 t 检验

单样本均值的 t 检验是基于来自同一正态分布总体 $N(\mu, \sigma^2)$ 的独立观测值 $X_1, \cdots, X_n$，检验总体均值是否为某个预想值。具体检验为：

$$H_0 : \mu = \mu_0 \Leftrightarrow H_1 : \mu \neq \mu_0$$

检验统计量为

$$t = n^{1/2}(\overline{X} - \mu_0)/s$$

这里，$\overline{X}$ 为样本均值，s 为样本标准差（自由度为 $n-1$），该统计量在零假设成立时，服从自由度为 $n-1$ 的 t 分布。这是双边检验，对于备择假设为 $H_1 : \mu > \mu_0$(只有在样本均值 $\overline{X} > \mu_0$ 时有意义) 或 $H_1 : \mu < \mu_0$(只有在样本均值 $\overline{X} < \mu_0$ 时有意义) 的单边检验，其 p-值取双边检验 p-值的一半。

两独立样本均值的 t 检验是基于分别来自两个正态分布总体 $N(\mu_1, \sigma_1^2)$ 和 $N(\mu_2, \sigma_2^2)$ 的独立观测值（用 $X_1, \cdots, X_{n_1}$ 和 $Y_1, \cdots, Y_{n_2}$ 表示相应的样本实现）来检验两个总体均值

是否相等，检验为：

$$H_0 : \mu_1 = \mu_2 \Leftrightarrow H_1 : \mu_1 \neq \mu_2$$

检验统计量（这里不假定两个总体方差相等）为

$$t = (\overline{X} - \overline{Y}) \big/ (s_1^2/n_1 + s_2^2/n_2)^{1/2}$$

其中，s_1 和 s_2 分别为两个样本的标准差（自由度分别为 $n_1 - 1$ 和 $n_2 - 1$），该统计量在零假设成立时服从自由度为 v 的 t 分布，自由度

$$v = (s_1^2/n_1 + s_2^2/n_2)^2 \big/ \{(s_1^2/n_1)^2/(n_1 - 1) + (s_2^2/n_2)^2/(n_2 - 1)\}$$

这里的检验是双边检验。类似于单样本检验，对于备择假设为 $H_1 : \mu_1 > \mu_2$(只有在样本均值 $\overline{X} > \mu_0$ 时有意义) 或者 $H_1 : \mu_1 < \mu_2$(只有在样本均值 $\overline{X} < \mu_0$ 时有意义) 的单边检验，其 p-值取双边检验 p-值的一半。

下面随机产生两个正态分布数列（分别用 X 和 Y 表示），并进行单样本 (对 X) 和双样本（对 X 和 Y）检验。这里的单样本检验为

$$H_0 : \mu = 3.1 \Leftrightarrow H_1 : \mu \neq 3.1$$

而双样本检验为

$$H_0 : \mu_1 = \mu_2 \Leftrightarrow H_1 : \mu_1 \neq \mu_2$$

```
np.random.seed(1010)
x=np.random.normal(3,1,500)
y=np.random.normal(3.2,1,500)
stat,p_value=stats.ttest_1samp(x,3.1)
stat2,p_value2=stats.ttest_ind(x,y,equal_var=False) # 不假定方差相等
print('One sample t-test:stat={},p-value={}'.format(stat,p_value))
print('Two sample t-test:stat={},p-value={}'.format(stat2,p_value2))
```

One sample t-test:stat=-2.3275531593729157,p-value=0.020334872402761852
Two sample t-test:stat=-3.481101739488144,p-value=0.0005209812786136006

10.5.2 关于总体比例的检验

伯努利试验（Bernoulli experiment）是在同样的条件下重复地、相互独立地进行的一种随机试验，其特点是，该随机试验只有两种可能结果：发生或者不发生。我们假设该项试验独立重复地进行了 n 次，那么称这一系列重复独立的随机试验为 n 重伯努利试验，或称为伯努利概型。单个伯努利试验是没有多大意义的，然而，当我们反复进行伯努利试验去观察这些试验有多少是成功的、有多少是失败的时，事情就变得有意义了，这些累计记录包含了很多潜在的非常有用的信息。

伯努利试验中，假定每次"成功"的概率为 p(失败的概率为 $1-p$)。在实践中 n 次伯努利试验的"成功"次数为 x，因此观测的"成功"比例为 x/n。这里需要检验的是成功的概率 p 是否等于预想的 p_0。也就是说，要检验

$$H_0 : p = p_0 \Leftrightarrow H_1 : p \neq p_0$$

下面的代码检验在 $n = 1\,000$，$x = 45$ 时能不能说 $p = 0.06$(这里 $p_0 = 0.06$)。由于样本比例 $\hat{p} = x/n = 0.045 < p_0$，我们可以做单边检验。

$$H_0 : p = p_0 \Leftrightarrow H_1 : p < p_0$$

```
stats.binom_test(x = 45, n = 1000, p = 0.06, alternative='less')
```

0.023206423480015746

得到 p-值为 0.023。"alternative"可以设置为"less"、"greater"和"two-sided"，直接用分布函数也可以得到同样的 p-值。

```
stats.binom.cdf(45, 1000, 0.06)
```

0.023206423480015746

10.5.3　单样本及双样本关于中位数的非参数检验

这里的检验是基于秩（rank）的。秩是把一系列数字按照大小升序排列起来时每个数字的位置。比如，对于 $1, 4, 2, 8, 5, 7$ 这 6 个数字，按序排列和求秩可用下面的代码：

```
x = np.array([1, 4, 2, 8, 5, 7])
print('sort of x = ', np.sort(x))
print('rank of x = ', stats.rankdata(x))
```

sort of x = [1 2 4 5 7 8]
rank of x = [1. 3. 2. 6. 4. 5.]

关于均值的 t 检验需要对总体和样本做较强的分布假定，比如要求样本来自正态分布。这里介绍的非参数检验仅需要很少的假定，比如仅仅要求分布是对称的就可以了。下面介绍如何对单样本和双样本的总体中位数做检验。这里关于单样本的检验为

$$H_0 : M = M_0 \Leftrightarrow H_1 : M \neq M_0$$

式中，M 代表总体中位数，我们采用 Wilcoxon 符号秩检验。假定样本为 $X_1, \cdots, X_n$，首先要对那些 $|X_i - M_0|$ 排序，得到 $|X_i - M_0|$ 的秩，然后把 $X_i - M_0$ 的符号加到相应的秩上。于是，既可以得到带有正号的秩，又可以得到带有负号的秩。对带负号的秩的绝对值求和，即对满足 $X_i - M_0 < 0$ 的 $|X_i - M_0|$ 的秩求和，并用 W^- 表示。类似的，对带正号

的秩的绝对值求和，即对满足 $X_i - M_0 > 0$ 的 $|X_i - M_0|$ 的秩求和，并用 W^+ 表示。如果 M_0 的确是中位数，那么 W^- 和 W^+ 应该大体上差不多。如果 W^- 或者 W^+ 过大或过小，则怀疑中位数 $M = M_0$ 的零假设。令 $W = \min(W^-, W^+)$。当 W 太小时，应该拒绝零假设。这个 W 就是 Wilcoxon 符号秩检验统计量。

下面用前面单样本的数据做 Wilcoxon 符号秩检验：

$$H_0 : M = 3.1 \Leftrightarrow H_1 : M \neq 3.1$$

代码为

```
np.random.seed(1010)
x = np.random.normal(3, 1, 500)
stats.wilcoxon(x − 3.1, correction = True)
```

WilcoxonResult(statistic=55478.0, pvalue=0.027039583924864934)

结果显示了检验统计量的值及 p-值，这是双边检验的 p-值。对于单边检验（如 $H_1 : M < 3.1$），应该把这里的双边检验的 p-值除以 2。关于双样本的检验，我们使用 Wilcoxon (Mann-Whitney) 秩和检验。它的原理很简单：假定第一个样本有 m 个观测值，第二个样本有 n 个观测值，把两个样本混合之后将 $m+n$ 个观测值按照大小次序排列，记下每个观测值在混合排序中的秩；之后分别把两个样本所得到的秩相加。记第一个样本观测值的秩的和为 W_X，而第二个样本观测值的秩的和为 W_Y。这两个值可以互相推算，称为 Wilcoxon 秩和统计量。该统计量的分布和两个总体分布无关。由此分布可以得到 p-值。直观上看，如果 W_X 与 W_Y 之中有一个显著大（或显著小），则可以选择拒绝零假设。这个检验就称为 Wilcoxon 秩和检验，也称为 Mann-Whitney 检验。之所以有两个名称，是因为有两个等价的检验统计量，分别由 Wilcoxon 和 Mann-Whitney 导出。虽然这两个统计量不同，但检验结果完全相同。该检验需要的唯一假定就是两个总体的分布有类似的形状（可以不对称）。

下面对前面 t 检验使用过的数据做 Wilcoxon(Mann-Whitney) 秩和检验（这里分别用 M_1 和 M_2 表示两个样本的中位数）：

$$H_0 : M_1 = M_2 \Leftrightarrow H_1 : M_1 < M_2$$

所用的的两个等价代码（第一个只有双边检验结果，第二个可以为单边检验，p-值为前者的一半）为

```
np.random.seed(1010)
x = np.random.normal(3, 1, 500)
y = np.random.normal(3.2, 1, 500)
print(stats.ranksums(x, y)) # 等价代码之一
print('p-value of one sided ranksum test=', stats.ranksums(x, y)[1]/2)
print(stats.mannwhitneyu(x, y, alternative = 'less')) # 等价代码之二
```

RanksumsResult(statistic=-3.2759342262849316, pvalue=0.0010531308405010203)
p-value of one sided ranksum test= 0.0005265654202505102
MannwhitneyuResult(statistic=110040.0, pvalue=0.0005267695906172814)

10.5.4 拟合优度 χ^2 检验

19 世纪,伟大的生物学家孟德尔按颜色与形状把豌豆分为四类:黄而圆的,青而圆的,黄而有角的,青而有角的。孟德尔根据遗传学的理论指出,这四类豌豆个数之比为 9 : 3 : 3 : 1。他在 $n = 556$ 个豌豆中,观察到这四类豌豆的个数分别为:315,108,101,32。在实际观察中,由于有随机性,观察数不会恰呈 9 : 3 : 3 : 1 的比例,因此,就需要根据这些观察数据,对孟德尔的理论进行统计检验。χ^2 检验正是为了这种需要而产生的。上述这种分类数据的检验问题的一般提法如下:根据某项指标,总体被分成了 r 类:$A_1, \cdots, A_r$。对此,我们最关心的是其比例问题,即属于各类的个体数在总体所占的比例。通常我们可以从理论上和经验上提出一个如下假设:

$$H_0: A_i \text{ 类所占的比例为 } p_i(i = 1, \cdots, r)$$

由于分类是完全的,因此有

$$\sum_{i=1}^{r} p_i = 1$$

从该总体中随机抽取 n 个个体进行观察,则第 i 类个体的观察数为 n_i,显然

$$\sum_{i=1}^{r} n_i = n$$

K.Pearson 于 1900 年提出了 Pearson 统计量,它是衡量实际频数与理论频数的偏差的综合指标。其具体表达式可以写成:

$$\chi^2 = \sum_{i=1}^{r} \frac{(n_i - np_i)^2}{np_i}$$

定理 1: 当 H_0 为真时,$\chi^2 \xrightarrow{\mathcal{F}} \chi^2(r-1)$。

拟合优度(goodness of fit)检验是检验一组样本观测值是不是来自一个已知分布的总体。拟合优度的 χ^2 检验的原理为:根据假设的(连续或者离散)分布可以在一些任意划分的 k 个范围计算出期望值 $E_1, \cdots, E_k$,而根据在这些区域所得到的观测值 $n_1, \cdots, n_k$ 可以得到检验统计量

$$\chi^2 = \sum_{i=1}^{k} (n_i - E_i)^2 / E_i$$

其渐近服从 χ^2 分布。

作为拟合优度 χ^2 检验的例子,下面先随机产生 5 000 个参数为 10 的泊松分布随机数,计算 20 段的直方图中随机点的数目作为 $n_i(i = 1, \cdots, 20)$,再根据参数为 10 的泊松分布

变量在这些格子中的概率计算出在各个格子中的期望值 $E_i(i = 1, \cdots, 20)$，然后做上述 χ^2 检验。

```
size = 5000
x = stats.poisson.rvs(10, size = size, random_state = 1010)
fig = plt.figure( figsize =(12, 5))
H = plt.hist(x, 20, color = 'red', edgecolor = 'black', hatch = '/')
E=np.diff(stats.poisson.cdf(H[1],10))*size
n_1 = H[0]
chisq, p = stats.chisquare(f_obs = n_1, f_exp = E)
print('chisq={}, p-value={}'.format(chisq, p)) # 见图 10.8
```

chisq = 11.37452118903212，　p−value = 0.9105966619328724

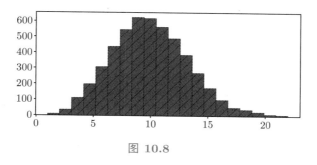

图 10.8

10.5.5　列联表的 χ^2 独立性检验

假设有 n 个随机试验的结果按照两个变量 A 和 B 分类，A 取值为 $A_1, \cdots, A_r$，B 取值为 $B_1, \cdots, B_s$。将变量 A 和 B 的各种情况的组合用一张 $r \times s$ 列联表表示，称为 $r \times s$ 二维列联表，其中 n_{ij} 表示 A 取 A_i 及 B 取 B_j 的频数，

$$\sum_{i=1}^{r} \sum_{j=1}^{s} n_{ij} = n, \text{其中，} \ n_{i.} = \sum_{j=1}^{s} n_{ij}, i = 1, \cdots, r \text{和} n_{.j} = \sum_{i=1}^{r} n_{ij}, j = 1, \cdots, s$$

令 $p_{ij} = P(A = A_i, B = B_j), i = 1, \cdots, r; j = 1, \cdots, s$。$p_{i.}$ 和 $p_{.j}$ 分别表示 A 和 B 的边缘概率。于是分类变量独立性问题可以描述为以下假设检验问题：

$$H_0': \ p_{ij} = p_{i.} p_{.j}, \quad 1 \leqslant i \leqslant r; 1 \leqslant j \leqslant s$$

定义

$$m_{ij} = n_{i.} n_{.j}/n, \ \text{以及} \ \chi^2_{sr} = \sum_{i=1}^{r} \sum_{j=1}^{s} (n_{ij} - m_{ij})^2/m_{ij}$$

定理 2：在 H_0' 为真时，$\chi^2_{sr} \xrightarrow{\mathcal{F}} \chi^2(s-1)(r-1)$。

考虑 $r \times c$ 二维列联表。代表二维列联表行和列的两个变量的独立性检验通常用 Pearson χ^2 检验和精确的 Fisher 检验。Pearson χ^2 检验统计量为

$$\chi^2 = \sum_{i=1}^{r} \sum_{j=1}^{c} (n_{ij} - E_{ij})^2 / E_{ij}$$

式中，n_{ij} 为第 ij 个格子的观测值，而 E_{ij} 为第 ij 个格子根据独立性零假设计算出来的期望值：

$$E_{ij} = n_{i.}n_{.j}/n$$

式中，$n_{i.}$ 为第 i 行的总频数，$n_{.j}$ 为第 j 列的总频数，n 为样本总量。

下面看一个例子。为了研究血型与肝病之间的关系，对 295 名肝病患者及 638 名非肝病患者（对照组）调查不同血型的得病情况，如下所示。问血型与肝病之间是否存在关联？

```
import pandas as pd
x = pd.DataFrame({"血型":['O', 'A', 'B', 'AB', '合计'],
                  "肝炎":[98, 67, 13, 18, 196],
                  "肝硬化":[38, 41, 8, 12, 99],
                  "对照":[289, 262, 57, 30, 638],
                  "合计":[425, 370, 78, 60, 933]})
x
```

	合计	对照	肝炎	肝硬化	血型
0	425	289	98	38	O
1	370	262	67	41	A
2	78	57	13	8	B
3	60	30	18	12	AB
4	933	638	196	99	合计

本例中行和列都是分类变量，使用 Pearson χ^2 检验代码如下。

```
x1 = x.set_index('血型')
chi2, p, df, exp = stats.chi2_contingency(x1)
print('Pearson Chi2: \n p-value={}, df={}'.format(p,df))
```

Pearson Chi2:
p-value=0.23744608474070047, df=12

10.5.6 χ^2 齐性检验

在之前的例子中，行和列都是无序的，因而分析结果与各行或各列的顺序无关。我们现在关心另一类问题：行表示不同的区组，列表示我们感兴趣的问题。我们希望回答列变量的比例分布在各个行之间是否一致，这类检验问题称为齐性检验。下面来看一个例子。

简·奥斯汀（1775—1817）是英国著名女作家，在其短暂的一生中为世界文坛奉献出了经久不衰的作品，如《理智与情感》（1811 年）、《傲慢与偏见》（1813 年）、《曼斯菲尔德庄园》（1814 年）、《爱玛》（1815 年）等。在其身故后，奥斯汀的哥哥亨利主持了遗作《劝导》和《诺桑觉寺》两部作品的出版，很多热爱简·奥斯汀的文学爱好者研究后发现，后面两部作品与简·奥斯汀本人的语言风格不太一致。下面收集了她的代表作《理智与情感》、《爱玛》以及遗作《劝导》前两章（分别以 I、II 标记）中常用代表词的出现频数，希望研究不同作品之间在选择常用词汇的比例上是否存在差异，并借此为作品真迹鉴别提供证据。

```
x = pd.DataFrame({
    "单词":['a', 'an', 'this', 'that', 'with', 'without'],
    "理智与情感":[147, 25, 32, 94, 59, 18],
    "爱玛":[186, 26, 39, 105, 74, 10],
    "劝导I":[101, 11, 15, 37, 28, 10],
    "劝导II":[83, 29, 15, 22, 43, 4]})
x
```

	劝导 I	劝导 II	单词	爱玛	理智与情感
0	101	83	a	186	147
1	11	29	an	26	25
2	15	15	this	39	32
3	37	22	that	105	94
4	28	43	with	74	59
5	10	4	without	10	18

齐性检验问题的一般表述为

$$\forall i = 1, \cdots, r, H_0': p_{i1} = \cdots = p_{ic} = p_{i.} \Leftrightarrow H_1 : \text{等式不全成立}$$

本例中，p_{ij} 是第 i 个词在第 j 部著作中出现的概率，由节选章节出现该词条的频数估计。在零假设成立时，这些概率应视为与不同著作无关，因此 n_{ij} 的期望值为 $E_{ij} = n_{.j}p_{i.}$，$p_{i.}$ 用零假设下的估计值 $\hat{p}_{i.} = n_{i.}/n$ 代替。这时的观测值为 n_{ij}，而期望值为 $E_{ij} = n_{i.}n_{.j}/n$，于是构造 χ^2 检验统计量反映观测数和期望数的差异为

$$\chi^2 = \sum_{i=1}^{r}\sum_{j=1}^{c}(n_{ij} - E_{ij})^2/E_{ij}$$

注意到，齐性检验的统计量与独立性检验的统计量是相同的，原因在于独立性检验中考察的是

$$p_{ij} = p_{i.}p_{.j}, \quad E_{ij}/n = n_{i.}n_{.j}/n^2$$

而齐性检验中考察的是

$$p_{ij} = p_{i.}, \quad E_{ij}/n_{.j} = n_{i.}/n$$

因此，齐性检验方法和独立性检验相同。

```
x2 = x.set_index('单词')
chi2, p, df, exp = stats.chi2_contingency(x2)
print('Pearson Chi2: \n p-value={}, df={}'.format(p,df))
```

Pearson Chi2:
p-value=6.204954682028027e-05, df=15

该例子的检验统计量的 p-值为 6.20×10^{-5}，于是拒绝零假设，认为后两部作品未必全部为简. 奥斯汀的真迹。

10.5.7 Fisher 精确性检验

Pearson χ^2 为了得到一个比较稳定、可靠的分析结果，一般要求二维列联表中不超过 20% 的格子的期望数小于 5，对于 2×2 列联表，如果有一个格子的期望数小于 5，则违背此要求。因此，需要考虑应用 Fisher 精确性检验方法。下面我们仅以 2×2 列联表为例，介绍 Fisher 精确性检验。如果固定行和与列和，那么在零假设条件下出现在四格表中的各数值分别定义为 n_{11}、n_{12}、n_{21} 和 n_{22}，假设边缘频数 $n_{1.}$、$n_{2.}$、$n_{.1}$ 和 $n_{.2}$ 都是固定的，则在两种情形独立或齐性的零假设下，对任意的 i 和 j，n_{ij} 服从超几何分布。

超几何分布是统计学上的一种离散概率分布。产品抽样检查中经常遇到一类实际问题：假定在 N 件产品中有 M 件不合格品。在产品中随机抽 n 件做检查，发现 k 件不合格品的概率服从超几何分布：

$$\Pr(X = k) = \binom{M}{k}\binom{N-M}{n-k} \bigg/ \binom{N}{n}$$

下面看一个关于 Fisher 精确性检验的例子。为了了解某种药物的治疗效果，采集药物 A 与 B 的疗效数据整理成二维列联表。

```
x = pd.DataFrame({"药物":['A', 'B'],
                "有效":[8, 7],
                "无效":[2, 23]})
x
```

	无效	有效	药物
0	2	8	A
1	23	7	B

```
x3 = x.set_index('药物')
oddsratio, pvalue = stats.fisher_exact(x3)
print('Fisher: \n odds ratio={},p-value={}'.format(oddsratio,pvalue))
```

```
chi2, p, df, exp = stats.chi2_contingency(x3)
print('Pearson Chi2: \n p-value={}, df={}'.format(p,df))
```

Fisher:

odds ratio=0.07608695652173914,p-value=0.002428599577306265

Pearson Chi2:

p-value=0.004677734981047276, df=1

Fisher 检验当然也可以用 $r \times s$ 列联表，原理类似。但是，各交叉处数值的联合分布服从多元超几何分布，由于计算十分复杂，这里就不介绍了，目前 Python 代码只支持 2×2 列联表的 Fisher 检验。

 10.5.8　习题

对 479 个不同年龄段的人调查他们对不同类型的电视节目的喜爱情况，要求每人只能选出他们最喜欢观看的电视节目类型，结果如下：

年龄段（岁）	体育类	综艺类	影视剧类
< 30	83	70	45
$30 \sim 50$	91	86	15
> 50	41	38	10

不同年龄段的观众对三类节目的关注率是否一样？（请使用介绍过的列联表齐性检验方法。）

C HAPTER 11
第十一章 参数估计

在本章中，我们将讨论如何估计总体中的未知参数，比如总体的平均值（有时称数学期望）、中位数、方差等。如果我们有整个总体的相关数据，计算出参数易如反掌。但是，在通常情况下，总体规模往往过于巨大，收集总体数据成本昂贵，甚至不太可能全部汇总。因此，我们需要从总体中随机抽出样本来估计参数。比如要估计我国所有 40~50 岁男性的平均体重，但是由于这样的对象总量很大，收集整个总体的体重数据会过于昂贵和耗时。在这种情况下，数据科学家可以从 40~50 岁男性群体中随机抽样，基于抽到的样本测量体重。当有了数据样本后，我们便需要回答：如何根据样本中的数据对未知参数做出正确的估计或推断？我们已经学过，基于随机样本的某些统计量可能是总体中未知参数的合理估计。比如，你可能希望使用样本的体重平均数来估计总体的平均体重。

我们知道统计量的值取决于样本，而样本是从总体中随机抽取的，因而具有随机性。所以，当数据科学家得到了一个基于随机样本的估计时，他们都面临一个问题："如果样本是不同的，这个统计量会有多大的不同？"

本章将回答这个问题并提供一些方法来估计总体参数，并且量化估计值的波动情况。我们将首先介绍百分位数，因为它在参数估计方法中起着重要的作用。百分位数中最常见的是中位数。

11.1 百分位数

本节主要介绍百分位数的定义，以及在 Python 中相应函数的用法。

数值型数据可以按照升序或降序排列。因此，数值型数据集的值具有等级顺序，而百分位数是特定等级的值。例如，如果你的考试成绩在第 95 百分位，一个常见的解释是只有 5% 的同学的成绩高于你的成绩。中位数是第 50 百分位；通常假定数据集中 50% 的值高于中位数。但是，在给予百分位一个精确的定义前需要注意一些事项。我们可以考虑一个极端的例子，一个班级的所有学生在考试中得分均为 75 分。那么 75 是中位数的自然候选，但是 50% 的分数高于 75 并不是真的。另外，75 同样是第 95 或第 25 百分位数，或任何其他百分位数的自然候选。因此，在定义百分位数时，必须将结点（ties）——也就是相同的数值——考虑在内。当相关的索引不明确时，必须注意列表到底有多长。例如，10 个数值的集合的第 87 百分位数是多少？是有序集合的第 8 个值，还是第 9 个，还是其中的某个位置？

下面看一个例子。在给出所有百分位数的一般定义之前，我们将根据数据集的个数，将整个数轴分为若干段，然后定义百分位数。例如，我们考虑非洲、南极洲、亚洲、北美洲和南美洲五大洲的大小，四舍五入到最接近的百万平方英里。

```
import numpy as np
sizes = np.array([12, 17, 6, 9, 7])
sizes
```

array([12, 17, 6, 9, 7])

这里有 5 个数。我们先把这些数从小到大排列。

```
np.sort(sizes)
```

array([6, 7, 9, 12, 17])

排序以后，可以看到，这些数把区间 $[6, 17]$ 分为 4 段。因此，我们可以分别定义这 5 个数为 0%、25%、50%、75% 以及 100% 分位数。

11.1.1 percentile 函数

在 numpy 模块中，np.percentile 函数接受两个参数：一个数组和一个 0~100 之间的等级。它返回数组相应的百分位数。其中，sizes 有 5 个数，把区间 $[6, 17]$ 分为 4 段，因此 6，7，9，12，17 分别对应着 0%、25%、50%、75% 以及 100% 分位数。中间的分位数利用线性插值（linear interpolation）方法进行计算。

```
np.percentile(sizes, 0, interpolation = 'linear') # 0% 分位数
```

6.0

```
np.percentile(sizes, 10, interpolation = 'linear') # 10% 分位数
```

6.4

```
np.percentile(sizes, 10, interpolation = 'lower')
```

6

```
np.percentile(sizes, 10, interpolation = 'higher')
```

7

```
np.percentile(sizes, 10, interpolation = 'midpoint')
```

6.5

```
np.percentile(sizes, 10, interpolation = 'nearest')
```

6

在 np.percentile 函数中，插值的默认计算方法是"linear"。另外，还有其他计算方式，比如"lower""higher""nearest""midpoint"。在我们的教学中，都采用默认的"linear"插值方式。

```
plt.xlabel('percentiles')
plt.ylabel('value')
plt.title('Percentile plot using linear interpolation')
plt.ylim(0,18)
plt.plot([0, 0.25, 0.5, 0.75, 1], [6, 7, 9, 12, 17], color = 'blue', marker='o')
plt.show() # 见图 11.1
```

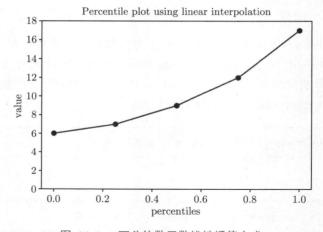

图 11.1   百分位数函数线性插值方式

```
np.percentile(sizes, 20, interpolation = 'linear') # 20% 分位数
```

6.800000000000001

```
np.percentile(sizes, 25, interpolation = 'linear') # 25% 分位数
```

7.0

```
np.percentile(sizes, 50, interpolation = 'linear') # 50% 分位数
```

9.0

当数据中存在结点时，该怎么办？我们可以考虑以下例子。

```
sizes = np.array([0,5,5,7,10])
np.percentile(sizes, 25) # 25% 分位数
```

5.0

猜一猜，50% 分位数等于多少？40%、75% 分位数呢？

```
np.percentile(sizes, 50) # 50% 分位数
```

5.0

```
np.percentile(sizes, 40) # 40% 分位数
```

5.0

```
np.percentile(sizes, 75) # 75% 分位数
```

7.0

因此，当数据中存在结点时，结点会被重复考虑，并占据之后相应的若干百分位数，如图 10.2 所示。

```
import matplotlib.pyplot as plt
plt.xlabel('percentile')
plt.ylabel('value')
plt.title('Percentile plot for data with ties using linear interpolation')
plt.ylim(-1,11)
plt.plot([0, 0.25, 0.5, 0.75, 1], [0, 5, 5, 7, 10], color = 'blue', marker='o')
plt.show()
```

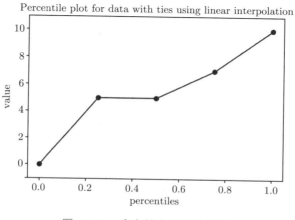

图 11.2　含有结点的百分位数

百分位数的一般定义为：令 p 为 0~100 之间的数字。对于任意的 p，我们可以计算第 p 百分位数。假设集合中有 n 个元素，要找到第 p 百分位数，可以分为如下三步：

(1) 第一步，对集合进行升序排列。数据存在结点时，同样进行排序。

(2) 第二步，这 n 个元素把数据从最小值到最大值这个区间分为 $n-1$ 段，把这 n 个元素分别定义为第 $0/(n-1) \times 100$，$1/(n-1) \times 100$，$2/(n-1) \times 100$，$\cdots$，$(n-1)/(n-1) \times 100$ 百分位数。当数据中存在结点时，结点会被重复考虑，并占据之后相应的若干百分位数。

(3) 第三步，计算 p 落在哪个段之内，利用线性插值的方法来计算第 p 百分位数。我们再来看看高尔顿收集的数据，考察孩子身高的百分位数（单位：厘米）。

```
import pandas as pd

galton = pd.read_csv('GaltonFamilies.csv')
galton['height'] = galton['childHeight'] * 2.54
galton.head(5) # 见表 11.1
```

表 11.1 孩子身高数据

	family	father	mother	midparentHeight	children	childNum	gender	childHeight	height
0	1	78.5	67	75.43	4	1	male	73.2	185.928
1	1	78.5	67	75.43	4	2	female	69.2	175.768
2	1	78.5	67	75.43	4	3	female	69	175.260
3	1	78.5	67	75.43	4	4	female	69	175.260
4	2	75.5	66.5	73.66	4	1	male	73.5	186.690

我们想知道小孩身高的第 85 百分位数是多少。使用 percentile 函数，可以轻松找到第 85 百分位数：

```
np.percentile(galton['height'], 85)
```

179.578

如果我们利用百分位数的定义来进行计算呢？

```
heights = np.array(galton['height'])
heights = np.sort(heights)
heights[0:10]
```

array([142.24, 144.78, 144.78, 146.05, 147.32, 149.86, 152.4 , 152.4 ,
    152.4 , 152.4])

大致估计一下第 85 百分位数应该在什么位置。

```
n = len(heights)
0.85 * n
```

793.9

因此，其位于排序好的集合中，第 $793/(n-1) \times 100$ 百分位数和第 $794/(n-1) \times 100$ 百分位数之间。

```
793/(n−1)*100,794/(n−1)*100
```

(84.994640943194, 85.10182207931404)

```
#第 793/(n−1) 百分位数，第 794/(n−1) 百分位数
heights[793], heights[794]
```

(179.578, 179.578)

由于两者一样，因此第 85 百分位数也是 179.578。

11.1.2　四分位数

数值集合的第一个四分位数是第 25 百分位数。第二个四分位数是中位数，第三个四分位数是第 75 百分位数。对于我们的孩子身高数据，这些值是：

```
np.percentile(galton['height'], 25) # 第一个四分位数
```

162.56

```
np.percentile(galton['height'], 50) # 第二个四分位数
```

168.91

```
np.percentile(galton['height'], 75) # 第三个四分位数
```

177.038

孩子身高的分布有时归纳为"中等 50%"区间（即四分位距，interquartile range, IQR），即在第一个和第三个四分位数之间。我们介绍的这些四分位数在之前提到的箱线图中均有用到。

11.1.3　习题

1. 生成 1 000 个 [0,1] 上均匀分布的随机数并计算其中第 20、50、80 百分位数。
2. 生成 1 000 个标准正态分布的随机数并计算第 5 和第 95 百分位数。

11.2 自 助 法

本节主要介绍自助法（bootstrap），以及在 Python 中如何实现自助法。

一个数据科学家正在使用随机抽取的样本来估计总体的未知参数。也就是说，她使用样本来计算统计量并估计总体参数。一旦她计算出了统计量的观察值，就可以把它作为参数的估计值，然后顺其自然地不用管这个数据了。但她是一名数据科学家，她知道她的随机样本只是众多可能的随机样本之一，因此她的估计只是众多合理估算中的一个。她的估计的变化有多大？为了回答这个问题，她似乎需要从总体中另外抽取一个样本，并根据新的样本计算出一个新的估计值。但是她现在并没有能力和资源回到总体中再进行抽样。这个数据科学家看起来好像遇到障碍了。幸运的是，一个称为自助法的绝妙主意可以帮助她。由于从总体中生成新样本是不可行的（可能因为成本过于昂贵），自助法通过重采样（resampling）的方式从观察到的原始样本中生成新的样本。在本节中，我们将看到自助法怎样起作用以及为什么有效。我们将使用自助法在一些例子中进行推理。我们继续使用高尔顿收集的孩子和父母身高的数据集。作为例子，我们仅仅使用孩子的身高数据（以厘米为单位），总共有 934 个孩子，这些孩子的身高的中位数为 168.91 厘米，最低身高为 142.24 厘米，最高身高为 200.66 厘米。

```
galton['height'].min()
```

142.24

```
galton['height'].median()
```

168.91

```
galton['height'].max()
```

200.66

11.2.1 总体和参数

为了更好地说明自助法的用法，我们将这 934 个孩子的身高作为总体。下面给出这个总体的直方图。

```
fullData = galton['height']
fullMedian = fullData.median()
plt.hist(fullData, density = True,facecolor = 'yellow',edgecolor = 'black')
plt.show() # 见图 11.3
```

```
fullMedian # 总体中位数
```

168.91

孩子总体的身高中位数是 168.91 厘米。就这个总体而言，孩子总体的身高中位数是已知的，我们没有必要估计这个参数。但是，现在假装不知道这个值，看看我们如何利用随机样本来估计它。

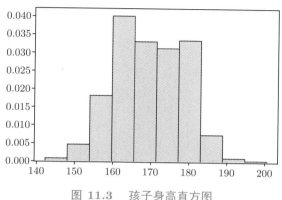

图 11.3 孩子身高直方图

11.2.2 随机样本和估计

我们可以从孩子身高总体中有放回地随机抽取 10 个孩子的身高，并计算这 10 个孩子身高的中位数，即我们感兴趣的总体中位数的估计量。经过多次尝试，尽管每次抽取的样本量都不大，且每次计算结果都不太一样，但离总体的中位数都不太远。

```
sampleSize = 10
# 从总体中抽取样本
randomSample = fullData.sample(n = sampleSize, replace = True)
sampleMedian = randomSample.median() # 从样本中计算样本中位数
sampleMedian
```

163.82999999999998

我们将以上从总体中抽取样本并计算中位数的过程重复 1 000 次。每次重复，样本不一样，给出的估计值也可能不一样。下面画出 1 000 个估计值的直方图。我们希望通过这个方式量化估计值在不同样本之间的差异，这个差异将有助于我们衡量参数估计的准确性。

```
medians = []
repetition = 1000
sampleSize = 10
for i in np.arange(repetition):
    randomSample = fullData.sample(n = sampleSize, replace = True)
    sampleMedian = randomSample.median()
    medians = np.append(medians,sampleMedian)
plt.hist(medians,density = True, facecolor = 'yellow',edgecolor = 'black')
plt.title("sample size = 10; repetition = 1000")
plt.xlim([155, 185])
```

```
plt.show() # 见图 11.4
```

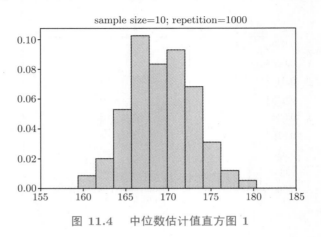

图 11.4　中位数估计值直方图 1

```
medians = []
repetition = 1000
sampleSize = 50
for i in np.arange(repetition):
    randomSample = fullData.sample(n = sampleSize, replace = True)
    sampleMedian = randomSample.median()
    medians = np.append(medians, sampleMedian)

plt.hist(medians, density = True, facecolor = 'yellow', edgecolor = 'black')
plt.title("sample size = 50; repetition = 1000")
plt.xlim([155, 185])
plt.show() # 见图 11.5
```

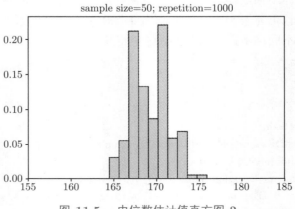

图 11.5　中位数估计值直方图 2

```
medians = []
repetition = 1000
sampleSize = 100
for i in np.arange(repetition):
    randomSample = fullData.sample(n = sampleSize, replace = True)
    sampleMedian = randomSample.median()
    medians = np.append(medians, sampleMedian)

plt.hist(medians, density = True, facecolor = 'yellow', edgecolor = 'black')
plt.title("sample size = 100; repetition = 1000")
plt.xlim([155, 185])
plt.show() # 见图 11.6
```

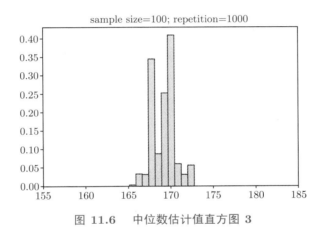

图 11.6　中位数估计值直方图 3

　　我们分别看看样本量为 10，50 和 100 时估计值的差异。显而易见的是，样本量越大，得到的估计值的差异似乎越小。这与我们的直觉也是吻合的。以上过程描述了通过不断从总体中抽样来得到估计量的分布，从而可以观察到估计量的差异变化，这将有助于我们衡量估计量的准确性。但是，在现实生活中，我们不会拥有总体的全部数据，我们必须使用某种方式从样本中抽样，而不是从总体中抽样。

11.2.3　自助法：从样本中重抽样

　　自助法是从样本中随机有放回地抽样。由于样本量大的数据可能类似于总体，那么从样本中重抽样将近似于从总体中抽样，因此数据科学家可以通过自助法来评估估计量的准确性。以下是自助法的步骤：

　　第一步，将观察到的原始样本看成总体。从样本中随机有放回地抽取样本，并保持与原始样本量相同。

　　第二步，通过所得的重抽样样本计算估计量，记录下来。重复第一步。

　　注意：

● 使重抽样的样本量与原始样本量相同很重要。原因是估计量的变化也取决于样本的大小。换句话说，如果重抽样的样本量与原始样本量不同，那么估计量所表现的差异可能是由于样本量不同引起的。

● 我们重抽样时是有放回地抽取。当重抽样的样本量和原始样本量一样多的时候，如果我们不放回，那么每次重抽样的结果和原始样本将会一模一样。因此，有放回地重抽样能够制造出与原始样本不同的数据集。

● 为什么自助法是一个好方法？按照大数定律，当原始样本的样本量足够大时，原始样本的分布可能与总体分布相似，所以重抽样样本的分布可能与原始样本相似，从而估计量的分布也将近似其真实的分布。

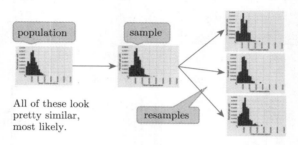

图 11.7 自助法示意图

注：该图来自加州大学伯克利分校教材《数据科学基础》（*Foundation of Data Science*）。

11.2.4 从高尔顿数据集总体中抽取样本

首先，我们从孩子身高总体中随机选出 100 个样本作为样本。

```
sampleSize = 100 # 样本量
# 从总体中随机抽取
randomSample = fullData.sample(n = sampleSize, replace = True)
```

利用此样本我们通过样本中位数和样本平均值分别估算总体中位数和总体平均值。

```
randomSampleMedian = randomSample.median() # 计算此抽样的样本的中位数
print(randomSampleMedian)
randomSampleMean = randomSample.mean() # 计算此抽样的样本的平均值
print(randomSampleMean)
```

169.799
169.53230000000002

11.2.5 样本中位数和样本平均值的自助法经验分布

为了研究此样本中位数和样本平均值的分布，我们紧接着利用自助法分别对重抽样样本计算样本中位数和样本平均值，并进行记录。

```
repetition = 1000 # 重复次数选择为 1000
medians = [] # 收集中位数
means = [] # 收集平均值


for i in np.arange(repetition):
    # 重抽样
    bootstrapSample = randomSample.sample(n = sampleSize, replace = True)
    # 计算重抽样样本的中位数
    bootstrapSampleMedian = bootstrapSample.median()
    # 计算重抽样样本的平均值
    bootstrapSampleMean = bootstrapSample.mean()

    medians = np.append(medians, bootstrapSampleMedian) # 记录
    means = np.append(means, bootstrapSampleMean)
```

然后，我们分别画出通过重抽样样本计算出的样本中位数和样本平均值的分布。

```
# 样本中位数的分布
plt.hist(medians, edgecolor='black', facecolor = 'yellow', density = True)
# 画出总体中位数
plt.plot([fullMedian, fullMedian], [0, 0.5], color='blue')
plt.title('Sample median distribution')
plt.show() # 见图 11.8
```

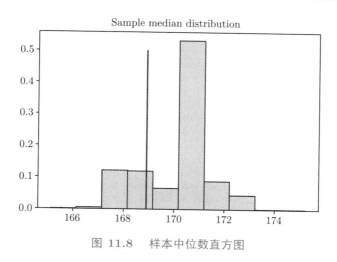

图 11.8 样本中位数直方图

```
# 样本平均值的分布
plt.hist(means, edgecolor='black', facecolor = 'yellow', density = True)

fullMean = galton['height'].mean() # 画出总体平均值
```

```
plt.plot([fullMean, fullMean], [0, 0.5], color='blue')

plt.title('Sample mean distribution')
plt.show()  # 见图 11.9
```

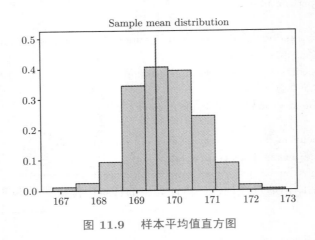

图 11.9　样本平均值直方图

```
fullMean
```

169.53466595289095

11.2.6　我们的估计是否"抓住"了参数

此估计量是不是总体参数的一个很好的估计？为了回答这个问题，我们可以利用以上估计量的分布来计算样本中位数的中间 95% 的区间、样本平均值的中间 95% 的区间，通过它们是否覆盖了真实总体参数来判断。

```
left  = np.percentile(medians, 2.50)  # 2.5% 分位数
right = np.percentile(medians, 97.5)  # 97.5% 分位数

plt.hist(medians, edgecolor='black', facecolor = 'yellow', density = True)
plt.plot([fullMedian, fullMedian], [0, 0.5], color='blue')
plt.title('Sample median distribution')
plt.plot([left, right], [0,0], '-', color='brown', linewidth = 10)
plt.show()  # 见图 11.10
```

我们可以看到，棕色（见代码实际操作结果）的"中间 95% 的区间"确实覆盖了真实值。因此，在这个例子中，样本中位数"抓住了"总体中位数，是一个很好的估计量。

```
left  = np.percentile(means, 2.50)  # 2.5% 分位数
right = np.percentile(means, 97.5)  # 97.5% 分位数
```

```
plt.hist(means, edgecolor='black', facecolor = 'yellow', density = True)
plt.plot([fullMean, fullMean], [0, 0.5], color='blue')
plt.title('Sample mean distribution')
plt.plot([left,right],[0,0], '-', color='brown', linewidth = 10)
plt.show() # 见图 11.11
```

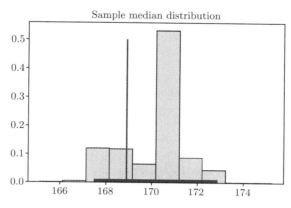

图 11.10 样本中位数中间 95% 的区间

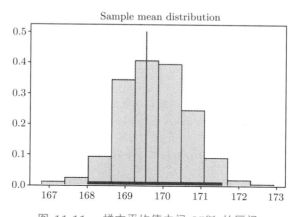

图 11.11 样本平均值中间 95% 的区间

对于平均值,同样的,我们可以看到,棕色(见代码实际操作结果)的"中间 95% 的区间"覆盖了真实总体平均值。因此,样本平均值是总体平均值的一个准确的估计量。接下来的一个问题是,这样的"中间 95% 的区间"有什么统计性质?一个直观的想法是,"中间 95% 的区间"覆盖真实值的可能性是 95%。也就是说,重复 100 次这样的试验,有大约 95 次这样的"中间 95% 的区间"覆盖真实值。我们分别以样本中位数和样本平均值为例,验证这个想法是否正确。

11.2.7 样本中位数的"中间 95% 的区间"覆盖率

为简单起见,我们定义调用自助法返回"中间 95% 的区间"的 Python 函数。

```
def bootstrapMedianInterval(randomSample, sampleSize):
    repetition = 1000 # 重抽样 1000 次
    medians = []
    for i in np.arange(repetition):
        bootstrapSample = randomSample.sample(n = sampleSize, replace = True)
        bootstrapSampleMedian = np.median(bootstrapSample) #计算中位数
        medians = np.append(medians,bootstrapSampleMedian)

    leftEnd = np.percentile(medians, 2.5)
    rightEnd = np.percentile(medians, 97.5)
    return [leftEnd, rightEnd]
```

注意，上面函数中的"重抽样 1 000 次"指的是自助法中重抽样的次数，对于每一次重抽样，我们可以得到一个样本中位数。从而，根据这 1 000 个样本中位数产生一个样本中位数的"中间 95% 的区间"，即返回值。下面我们进行 500 次"抽样 + 重抽样"的过程，因而可以得到 500 个"中间 95% 的区间"，通过计算这 500 个"中间 95% 的区间"覆盖真实的总体中位数的比例，我们可以回答是否"中间 95% 的区间"覆盖真实值的概率为 0.95。具体地，我们实现以下步骤：

第一步：从总体中随机抽取样本量为 100 的样本。

第二步：对于此样本，利用自助法（重抽样 1 000 次）获得"中间 95% 的区间"。

重复第一步和第二步 500 次，得到 500 个"中间 95% 的区间"。

```
repetition_interval = 500 #构建 500 个"中间 95% 的区间"
leftEnd  = [] # 用来记录"中间 95% 的区间"的左端点
rightEnd = [] # 用来记录"中间 95% 的区间"的右端点
for i in np.arange(repetition_interval):
    # 第一步
    randomSample = galton['height'].sample(n = sampleSize, replace = False)
    # 第二步
    interval = bootstrapMedianInterval(randomSample, sampleSize)
    leftEnd  = np.append(leftEnd, interval[0])
    rightEnd = np.append(rightEnd, interval[1])
```

通过这样的结果我们可以计算覆盖率是多少，并可视化这 500 个区间的覆盖情况。

```
coverageProbability = np.mean((leftEnd < fullMedian) & (rightEnd > fullMedian))
coverageProbability
```

0.956

可以看出覆盖率为 95.6%，接近 95%。以下是将这 500 个区间可视化的代码。

```
plt.figure(1, figsize = (6,9))
```

```
for i in np.arange(repetition_interval):
    plt.plot([leftEnd[i], rightEnd[i]], [i, i], 'y-')
plt.plot([fullMedian, fullMedian], [0, repetition_interval])
plt.show()  # 见图 11.12
```

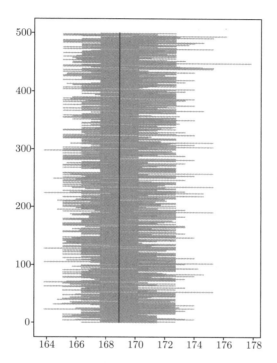

图 11.12　500 个样本中位数中间 95% 的区间覆盖情况

11.2.8　样本平均数的"中间 95% 的区间"覆盖率

同理，我们可以得到样本平均数的"中间 95% 的区间"覆盖率。

```
# 定义样本平均数的"中间 95% 的区间"
def bootstrapMeanInterval(randomSample, sampleSize):
    repetition = 1000 # 重抽样1 000次
    means = []
    for i in np.arange(repetition):
        bootstrapSample = randomSample.sample(n = sampleSize, replace = True)
        bootstrapSampleMean = np.mean(bootstrapSample) # 计算平均值
        means = np.append(means,bootstrapSampleMean)
    leftEnd = np.percentile(means, 2.5)
    rightEnd = np.percentile(means, 97.5)
    return [leftEnd, rightEnd]

repetition_interval = 500 # 构建 500 个"中间 95% 的区间"
```

```
leftEnd  = [] # 用来记录 "中间 95% 的区间" 的左端点
rightEnd = [] # 用来记录 "中间 95% 的区间" 的右端点

for i in np.arange(repetition_interval):
    # 第一步
    randomSample = galton['height'].sample(n = sampleSize, replace = False)
    # 第二步
    interval = bootstrapMeanInterval(randomSample, sampleSize)
    leftEnd  = np.append(leftEnd, interval[0])
    rightEnd = np.append(rightEnd, interval[1])

# 计算覆盖率
coverageProbability = np.mean((leftEnd < fullMean) & (rightEnd > fullMean))
coverageProbability

# 可视化区间
plt.figure(1, figsize = (6,9))
for i in np.arange(repetition_interval):
    plt.plot([leftEnd[i], rightEnd[i]], [i, i], 'y-')

plt.plot([fullMedian, fullMedian], [0, repetition_interval])
plt.show() # 见图 11.13
```

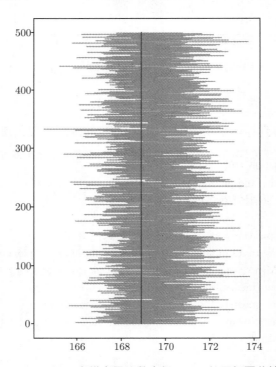

图 11.13　500 个样本平均数中间 95% 的区间覆盖情况

12.2.9 习题

将 NBA 周明星球员的年龄作为总体，用 Python 实现：(1) 计算总体年龄平均值；(2) 随机抽取大小为 100 的样本作为原始样本；(3) 利用原始样本，通过自助法画出样本平均值的概率分布；(4) 比较样本平均值的概率分布与总体年龄平均值的关系。

11.3 置信区间

本节主要介绍置信区间的定义，以及在 Python 中如何构建指定置信水平的置信区间。

我们介绍了如何基于原始数据的自助法来量化估计量的不确定性，而不用花费高代价从总体中重复抽样。自助法允许我们得到一个考虑到样本随机性的估计量的区间范围，通过提供估计区间而非估计量，我们的估计更具有解释性、合理性。在上面的例子中，我们得到了关于平均值或中位数的 95% 的估计区间，其表示如果重复 100 次试验，有大约 95 次能够覆盖真实参数。我们说此估计区间有 95% 的信心包含真实值。这样的估计区间被称为 95% 的置信区间，其中 95% 称为置信度或置信水平。但上面讨论的例子有点不现实，因为我们知道总体的参数，从而我们能够判断一个区间是好还是坏。但是，这能帮助我们去探究估计区间是否 100 次中有 95 次覆盖真实参数。在大多数情况下，我们并不知道真实的参数值。幸运的是，根据统计学的自助法理论，在样本量足够大的情形下，置信区间能够大约以置信水平的概率包含未知参数。下面我们利用一个来自未知总体的样本数据建立各种不同统计量的置信区间。

11.3.1 构建山鸢尾总体均值的置信区间

1936 年 Fisher 收集整理了鸢尾花卉的数据，称为 iris 数据集。数据集中含有三种鸢尾（Setosa 山鸢尾，Versicolour 杂色鸢尾，Virginica 维吉尼亚鸢尾）的共 150 个鸢尾花卉的花萼长度、花萼宽度、花瓣长度、花瓣宽度的测量值 (单位：cm)（见表 11.2）。现在我们想利用此数据构建山鸢尾花萼长度的总体均值的 95% 的置信区间。

```
import numpy as np
import pandas as pd
import matplotlib.pyplot as plt

iris = pd.read_csv('iris.csv')
iris.head(5)
```

表 11.2 鸢尾花卉数据

	Sepal.Length	Sepal.Width	Petal.Length	Petal.Width	Species
0	5.1	3.5	1.4	0.2	setosa
1	4.9	3	1.4	0.2	setosa
2	4.7	3.2	1.3	0.2	setosa
3	4.6	3.1	1.5	0.2	setosa
4	5	3.6	1.4	0.2	setosa

```
np.unique(iris['Species']) # 有多少个种类
```

array(['setosa', 'versicolor', 'virginica'], dtype=object)

```
# 取出setosa的萼片长度
setosa_ind = (iris['Species'] == 'setosa')
setosa_seq_len = iris['Sepal.Length'][setosa_ind]

# 计算样本均值
setosa_seq_len.mean()
```

5.005999999999999

接下来，我们构建 setosa 萼片平均长度的置信区间。

```
# 定义样本平均值的自助法函数
def bootstrapMeans(randomSample, sampleSize, repetition):
    # 从randomSample中重抽样repetition次，每次取出sampleSize大小的样本
    means = []
    for i in np.arange(repetition):
        bootstrapSample = randomSample.sample(n = sampleSize, replace = True)
        bootstrapSampleMean = np.mean(bootstrapSample) # 计算平均值
        means = np.append(means,bootstrapSampleMean)
    return means

# 构建置信区间
means = bootstrapMeans(setosa_seq_len, len(setosa_seq_len), 1000)
print([np.percentile(means, 2.5), np.percentile(means, 97.5)])
```

[4.914000000000001, 5.104050000000002]

然后，我们将此 95% 的置信区间可视化。

```
left  = np.percentile(means, 2.50) # 2.5% 分位数
right = np.percentile(means, 97.5) # 97.5% 分位数

plt.hist(means, edgecolor='black', facecolor = 'yellow', density = True)
plt.title('Sample mean distribution')
plt.plot([left,right],[0,0], '-', color='brown', linewidth = 10)
plt.show() # 见图 11.14
```

该黄色直方图、棕色置信区间（见代码实际操作结果）的意义和我们之前的例子相似，但一个巨大的不同点是，我们在这里并没有一根蓝色竖线（见代码实际操作结果）来体现

真实的总体均值。我们并不知道蓝色竖线在哪里，也不能确定它是否位于棕色 95% 的置信区间里。但是，我们现在拥有一个 95% 的置信区间，而且这个置信区间在 100 次构建中大约能有 95 次包含真实的总体均值，这比随机的猜测好多了。另一点需要记住的是，这个 95% 的置信区间是一个近似的 95% 的置信区间，因为自助法是一个近似的方法。我们强调近似，并不是因为这样的近似不好，只不过不是精确的而已。

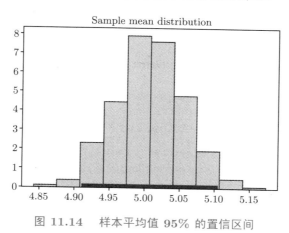

图 11.14　样本平均值 95% 的置信区间

11.3.2　一个 80% 的置信水平的置信区间

你也可以利用自助法所得样本去构建任一置信水平的的置信区间。例如，当你想构建一个 80% 的置信区间时，可以用 10% 分位数和 90% 分位数所构成的区间。

```
[np.percentile(means, 10), np.percentile(means, 90)]
```

[4.944, 5.071999999999999]

和 95% 的置信区间相比较，你可以发现 80% 的置信区间的宽度小于 95% 的置信区间的宽度。虽然宽度更小，但是 80% 的置信区间在 100 次构建中大约仅有 80 次覆盖真实的总体均值。

为了构建一个高置信水平且宽度小的置信区间，我们往往需要一个更大的样本。

11.3.3　构建杂色鸢尾总体比例的置信区间

现在我们估计的参数变为杂色鸢尾的总体比例。首先，我们看看杂色鸢尾总体比例的估计量。

```
( iris ['Species']=='versicolor').mean()
```

0.333333333333333

下面我们利用自助法实现构造杂色鸢尾总体比例的 95% 的置信区间。

```
# 定义样本versicolor比例的自助法函数
def bootstrapProportions(randomSample, sampleSize, repetition):
    # 从randomSample中重抽样repetition次，每次取出sampleSize大小的样本
    proportions = []
    for i in np.arange(repetition):
        bootstrapSample = randomSample.sample(n = sampleSize, replace = True)
        bootstrapSampleProportion = (bootstrapSample == 'versicolor').mean()
        # 计算比例
        proportions = np.append(proportions, bootstrapSampleProportion)
    return proportions
```

```
# 构建置信区间
proportions = bootstrapProportions(iris['Species'], len(iris['Species']), 1000)
print ([np.percentile(proportions, 2.5), np.percentile(proportions, 97.5)])
```

[0.26, 0.41333333333333333]

```
left  = np.percentile(proportions, 2.50) # 2.5% 分位数
right = np.percentile(proportions, 97.5) # 97.5% 分位数

plt.hist(proportions, edgecolor='black', facecolor = 'yellow', density = True)
plt.title ('Sample proportion distribution')
plt.plot ([ left ,right ],[0,0], '-', color='brown', linewidth = 10)
plt.show() # 见图 11.15
```

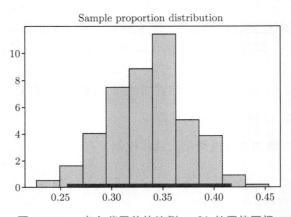

图 11.15　杂色鸢尾总体比例 95% 的置信区间

　　杂色鸢尾比例的 95% 的置信区间从 0.26 到 0.413，原有的估计量 0.333 非常接近这个区间的中点。

11.3.4 利用自助法时需要注意的事项

• 从一个样本量大的随机样本开始。如果没有一个大的样本，那么自助法可能不凑效。自助法的成功基于大量样本的分布与总体分布相似的事实。

• 为了更好地逼近一个估计量的概率分布，进行重抽样的次数越多越好。几千次的重抽样对于有一个峰值且比较对称的分布具有很好的逼近效果。对于更一般的情形，我们建议用一万次重抽样。

• 用自助法的百分位数方式构建置信区间对于估计总体中位数或均值具有很好的效果。但和其他方法一样，在以下情形中，其作用会受到限制：

(1) 我们的目标是估计总体的最大或最小值，或者一个非常高或非常低的百分位数，或者受到总体中稀有事件影响的参数。

(2) 估计量的概率分布并不是一个钟形分布。

(3) 原始样本量非常小，比如只有 10 或者 15。

11.3.5 利用置信区间

置信区间可以估计未知参数的可能范围。在上面的例子里，我们用区间 [0.26, 0.413] 作为 95% 的置信水平的置信区间去估计杂色鸢尾的总体比例。许多人往往会用不太规范的语言来说，我们有 95% 的把握断定杂色鸢尾的总体比例在 0.26 和 0.413 之间。但是，我们需要强调的是，这个说法不太规范。原因在于，总体比例要么落在某具体区间，要么没有落在某区间。对于总体参数而言，没有随机性可言。但是，基于不同的数据，我们使用同样的方法去构造置信区间，这个方法有 95% 的把握能覆盖真实参数。我们要抵制置信区间的其他用法。比如，山鸢尾花萼长度的总体平均值的 95% 的置信区间为 [4.9, 5.1]，我们不能说有 95% 的山鸢尾的花萼长度在 4.9~5.1cm 之间。不同的随机抽样可以构造不同的置信区间，这意味着置信区间是随机的。置信区间 [4.9, 5.1] 仅仅是对总体平均值的一个区间估计而已。

利用置信区间估计参数还有其他重要用途。

11.3.6 利用置信区间进行假设检验

我们对山鸢尾的花萼平均长度的估计是 4.9~5.1cm（95% 的置信区间）之间。假设某些人想检验如下假设：

零假设：山鸢尾的花萼平均长度是 5.3cm

备择假设：山鸢尾的花萼平均长度不是 5.3cm

那么，如果你利用 0.05 的 p-值阈值，将拒绝零假设。这是因为 5.3cm 并不位于花萼平均长度的 95% 的置信区间中。所以在 0.05 的显著性水平下，5.3cm 并不是一个合理的估计值。置信区间的这个用法是根据置信区间和假设检验的对偶性：当你检验某个参数是否为某个特定值，且选择 0.05 的显著性水平（p-值阈值）时，如果这个特定值没有落在此参数的 95% 的置信区间内，那么你需要拒绝零假设。这个对偶性可以通过统计理论建立。在实际操作中，你仅需要检验零假设中的特定值是否在置信区间里。如果你选择 0.01 的 p-值阈值，就需要检验这个特定值是否位于对应参数的 99% 的置信区间中。我们现在利用 Fisher 的 iris 数据检验如下假设（检验水平取为 0.01）：

零假设：山鸢尾的花萼平均宽度是 3.6cm

备择假设：山鸢尾的花萼平均宽度不是 3.6cm

首先，我们构建山鸢尾的花萼平均宽度的 99% 的置信区间。

```
setosa_ind = (iris['Species'] == 'setosa') # 取出 setosa 的萼片宽度
setosa_seq_wid = iris['Sepal.Width'][setosa_ind]

setosa_seq_wid.mean() # 计算样本均值
```

3.428000000000001

```
# 定义样本平均数的自助法函数
def bootstrapMeans(randomSample, sampleSize, repetition):
    # 从randomSample中重抽样repetition次，每次取出sampleSize大小的样本
    means = []
    for i in np.arange(repetition):
        bootstrapSample = randomSample.sample(n = sampleSize, replace = True)
        bootstrapSampleMean = np.mean(bootstrapSample) # 计算平均数
        means = np.append(means,bootstrapSampleMean)
    return means
```

```
# 构建 99% 的置信区间
means = bootstrapMeans(setosa_seq_wid, len(setosa_seq_wid), 1000)
print([np.percentile(means, 0.5), np.percentile(means, 99.5)])
```

[3.305959999999999, 3.5500100000000017]

零假设中的值 3.6cm 在山鸢尾花萼宽度的 99% 的置信区间之外，因此在检验水平为 0.01 时，拒绝零假设。换句话说，山鸢尾的花萼平均宽度不是 3.6cm。我们可以看到，相比于假设检验，置信区间的一个好处是，我们不仅能够说"山鸢尾的花萼宽度不是 3.6cm"，还能更清楚地说明"山鸢尾花萼宽度在 3.286~3.560cm 之间"。

11.3.7　习题

构建维吉尼亚鸢尾花瓣长度的总体方差的 95% 的置信区间，并在检验水平 0.05 下检验零假设：维吉尼亚鸢尾花瓣长度的总体方差是 0.35 cm^2。

第十二章 均值与中心极限定理

在这门课中，我们已经学习了几个不同的统计量，比如样本分布与指定分布之间的总变异距离、样本最大值、样本中位数以及样本平均值等。我们可以通过不断从总体中取样或者当取样很难重复时利用自助法得到这些统计量的经验分布。我们已经观察到，对于样本最大值、总变异距离这样的统计量，它们的分布是不对称的、靠一边倾斜的。但是，对于样本平均值的经验分布，无论样本来自什么分布，它们基本都是对称且呈钟形分布。这个性质将是用于推断的强大工具，这是因为在实际生活中我们几乎不会知道总体的信息。这也是样本均值被大量应用在数据科学中的重要原因。在这一章中，我们将在对总体分布尽可能少的假设下研究均值的性质。具体地，我们将处理以下问题：

（1） 均值测量的是什么？
（2） 大多数数据离均值到底有多近？
（3） 样本量和样本均值的波动程度之间有怎样的联系？
（4） 为什么样本均值的经验分布呈现钟形？
（5） 我们如何利用样本均值有效地进行推断？

12.1 均值的定义

一组数的均值是这组数所有数字的加和再除以这组数中数字的个数。在 numpy 中我们可以利用 np.average 或者 np.mean 来计算均值。

```
import numpy as np
import pandas as pd
import matplotlib.pyplot as plt

age = np.array([18, 19, 18, 21, 20, 17])
np.average(age) # 利用 np.average
```

18.833333333333332

```
np.mean(age) # 利用 np.mean
```

18.833333333333332

```
age.sum() / len(age) # 利用定义
```

18.833333333333332

从以上例子可以看出，均值具有以下性质：

（1） 它可以不是原数组中的元素。

（2） 即使原数组都是整数，此数组的均值也可能不是整数。

（3） 均值始终处于最小值和最大值之间的某个位置。

（4） 均值没必要在最小值和最大值的中点处，也不必在数组中有一半的数大于它。

（5） 如果数组中的元素具有相同的单位，那么均值也有相同的单位。

12.2 0/1 数据的均值是数据中 1 的比例

如果一个数组仅包括 0 或者 1，那么这个数组的和是数字 1 出现的频数。这个数组的均值是数字 1 所占的比例。

```
zero_one = np.array([0, 0, 1, 0, 1, 1, 1, 1])
sum(zero_one==1) / len(zero_one) # 1所占的比例
```

0.625

```
np.mean(zero_one) # 均值
```

0.625

你也可以将数组中的 1 换成布尔值 True，以及将 0 换成布尔值 False，所得结果一样。

```
zero_one = np.array([False, False, True, False, True, True, True, True])
np.mean(zero_one)
```

0.625

由于比例是均值的一个特例，因此关于均值的性质可以应用到比例上。

0/1 数据有时也称哑元，或称哑变量 (dummy variable)。这类数据非常常见。例如，反映文化程度的分类变量可以把本科或以上学历记为 1，否则记为 0。一般地，对于有 p 个类别的分类变量，我们可以用 $p-1$ 维或 p 维 0/1 向量表示。当用 $p-1$ 维 0/1 向量时，比如对于粤菜、川菜、徽菜，我们可以分别用 $(0,0)$, $(1,0)$, $(0,1)$ 表示。当用 p 维 0/1 向量时，比如对于粤菜、川菜、徽菜，我们可以分别用 $(1,0,0)$, $(0,1,0)$, $(0,0,1)$ 表示。注意，当用 p 维 0/1 向量来表示有 p 个类别的分类变量时，p 维 0/1 向量各分量之和为 1。

我们可以用 pandas 的函数 get_dummies( ) 自动对分类变量做哑元转换，并使变量的数量保持不变。

```
dishes = ['粤菜','川菜','徽菜','粤菜']
g1 = pd.get_dummies(dishes)
```

12.2.1 习题

根据定义思考一下，为什么比例是一种均值？

12.3 均值和直方图

数组 $\{2,3,3,9\}$ 的均值是 4.25, 并不是这组数的"中间点"。那么均值究竟测量的是什么呢？

我们可以看看该均值的计算方式：

$$\text{mean} = 4.25 = \frac{2+3+3+9}{4}$$
$$= 2 \times \frac{1}{4} + 3 \times \frac{1}{4} + 3 \times \frac{1}{4} + 9 \times \frac{1}{4}$$
$$= 2 \times \frac{1}{4} + 3 \times \frac{2}{4} + 9 \times \frac{1}{4}$$
$$= 2 \times 0.25 + 3 \times 0.5 + 9 \times 0.25 \tag{12.1}$$

数组中每一个不同的值的权为这个值所出现的次数的比例。从这个角度看，一个数组的均值仅仅依赖于这个数组中互不相同的元素以及这些元素所出现的比例，而不依赖于这个元素出现的绝对次数。换句话说，一个数组的均值仅仅依赖这个数组中的数据分布。因此，如果两个数组有相同的分布，那么它们一定具有相同的均值。比如，数组 2，2，2，3，3，3，3，9，9，9 和 2，3，3，9 有相同的分布。因此，它们的均值相同。

```
t1 = np.array([2, 3, 3, 9])
t2 = np.array([2, 2, 2, 3, 3, 3, 3, 3, 3, 9, 9, 9])
np.mean(t1) == np.mean(t2) # 比较均值大小
```

True

我们可以画出这两个数组分布的直方图。

```
plt.hist(t1, density = True, bins = np.arange(1.5, 10.5, 1), facecolor='yellow', edgecolor=
    'black')
plt.xlabel('value')
plt.ylabel('percent')
plt.title ('histogram')
plt.show() # 见图 12.1
```

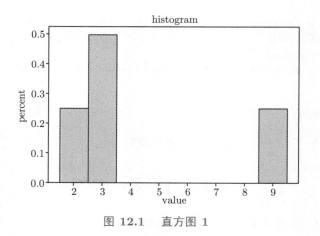

图 12.1　直方图 1

你可以将横轴看成一个天平轴，将 2，3，9 想象成三个砝码，它们的重量分别为 0.25，0.5，0.25。现在你需要放置一个支点，使得这个天平平衡。如果你将支点放在 2 附近，那么这个天平将向右倾斜；如果你将支点放在 9 附近，那么这个天平将向左倾斜。均值就是这样一个位置：当你将支点放在均值位置时，天平两端将会达到平衡。均值是这个直方图的平衡点（或重力点）。在物理上，平衡点的计算方式正好和均值的计算方式相同。由于均值是一个平衡点，所以我们在直方图中用一个三角形（支点）来表示它。

```
plt.hist(t1, density = True, bins = np.arange(1.5, 10.5, 1), facecolor='yellow', edgecolor=
    'black')
plt.scatter(np.mean(t1), 0, marker = '^', color = 'blue', s = 100)
plt.xlabel('value')
plt.ylabel('percent')
plt.title('histogram')
plt.show() # 见图 12.2
```

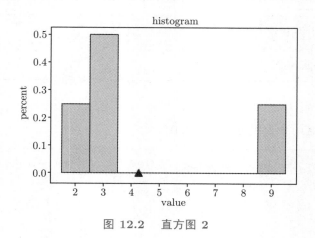

图 12.2　直方图 2

如果一个学生的分数低于平均分，那么这意味着该学生的成绩处于班级的后一半吗？

答案是"不一定"。这是由于均值（直方图的平衡点）和中位数（数据的"中间点"）有完全不同的定义。比如，我们有一个班学生的成绩，分别计算成绩的均值和中位数。

```
grade = np.array([40, 60, 60, 60, 80])
m1 = np.mean(grade) # 均值
m2 = np.median(grade) # 中位数
print(m1, m2)
```

60.0 60.0

在这个例子中，均值和中位数恰好重合。我们在直方图上画出它们。

```
plt.hist(grade, density = False, bins = np.arange(35, 110, 10),
        facecolor='yellow', edgecolor='black')
plt.scatter(np.mean(grade), −0.1, marker = '^', color = 'blue', s = 100)
plt.scatter(np.median(grade), −0.25, marker = '^', color = 'brown', s = 100)
plt.xlabel('score')
plt.ylabel('percent')
plt.title('histogram')
plt.legend(['mean', 'median'], loc = 'best')
plt.show() # 见图 12.3
```

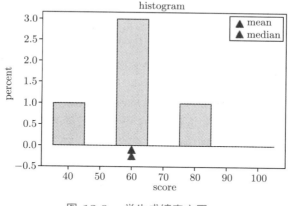

图 12.3　学生成绩直方图 1

因此，通常来讲，对于对称分布而言，其均值和中位数是相同的。那么，对于非对称分布而言，均值和中位数有什么关系呢？我们定义一个新的分数集合 grade2，仅仅将 grade 中的 80 换为 100。

```
grade2 = np.array([40, 60, 60, 60, 100])
m1 = np.mean(grade) # 均值
m2 = np.median(grade) # 中位数
print(m1, m2)
```

64.0 60.0

```
plt.hist(grade, density = False, bins = np.arange(35, 110, 10),
         facecolor='yellow', edgecolor='black')
plt.scatter(np.mean(grade), −0.1, marker = '^', color = 'blue', s = 100)
plt.scatter(np.median(grade), −0.1, marker = '^', color = 'brown', s = 100)
plt.xlabel('score')
plt.ylabel('percent')
plt.title('histogram')
plt.legend(['mean','median'],loc = 'best')
plt.show() # 见图 12.4
```

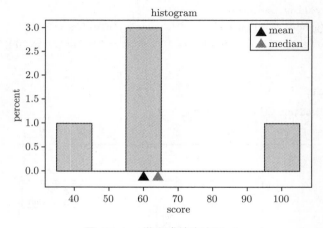

图 12.4　学生成绩直方图 2

从图 12.4 中可以看到，当 80 变为 100 以后，由于元素的大小顺序没有改变，因此中位数没有变化。然而，对于均值，样本总和增加，导致均值随之改变。因此，对于这个非对称分布，均值是大于中位数的。在这种情况下，有 3/4（即 75%）的学生成绩小于平均值，因此小于平均值并不意味着处于班级的后一半。通常说来，如果分布是倾斜的 (skewed)，那么均值将会偏离中位数。

12.4　一些例子

12.4.1　我国的研究生数量

2000 年以来，我国每年有多少硕士生、博士生呢？我们先来看看每年研究生录取人数（单位：万人）。

```
year = np.arange(2000, 2018) # 研究生录取人数
graduate_student = np.array([7.25, 9.22, 12.85, 16.52, 20.26, 26.89, 32.63, 39.79,
    41.86, 44.64, 51.10, 53.82, 58.97, 63.14, 62.13, 64.50,66.70, 80.61])
```

```
graduate_info = pd.DataFrame({'year': year, 'graduate_no':graduate_student})
graduate_info.head(5)
```

	year	graduate_no
0	2000	7.25
1	2001	9.22
2	2002	12.85
3	2003	16.52
4	2004	20.26

```
graduate_info['graduate_no'].mean() # 平均值（单位：万人）
```

41.82666666666667

我们再来看看每年博士生毕业人数（单位：万人）。

```
year = np.arange(2004, 2017) # 博士毕业人数
phd_student = np.array([2.34, 2.77, 3.62, 4.15, 4.38, 4.87, 4.90, 5.03, 5.17,
                        5.31, 5.37, 5.38, 5.50])
phd_info = pd.DataFrame({'year': year, 'phd_no':phd_student})
phd_info.head(5)
```

	year	phd_no
0	2004	2.34
1	2005	2.77
2	2006	3.62
3	2007	4.15
4	2008	4.38

```
graduate_info['graduate_no'].mean() # 平均值（单位：万人）
```

4.522307692307693

12.4.2 教授年薪

数据集"Salaries.csv"包含教授的年薪。我们来看看这个数据集。

```
salaries = pd.read_csv('Salaries.csv') # 平均值（单位：美元）
salaries .head(5)
```

其中，rank 对应着国内的职称：Prof 为教授，AssocProf 为副教授，AsstProf 为助理教授，discipline 为学科，yrs.since.phd 表示博士毕业后过了多少年，yrs.service 表示

	rank	discipline	yrs.since.phd	yrs.service	sex	salary
0	Prof	B	19	18	Male	139750
1	Prof	B	20	16	Male	173200
2	AsstProf	B	4	3	Male	79750
3	Prof	B	45	39	Male	115000
4	Prof	B	40	41	Male	141500

为学校服务的年数，sex 是性别，salary 是年薪。我们来看看这些教授年薪的平均值和中位数。

```
num = len(salaries)
m1 = np.mean(salaries['salary'])
m2 = np.median(salaries['salary'])
print(num,m1,m2)
```

397 113706.45843828715 107300.0

```
# 在直方图中可视化均值和中位数
plt.hist(salaries['salary'], density = False,
        facecolor='yellow', edgecolor='black')
plt.scatter(np.mean(salaries['salary']), −3, marker = '^', color = 'blue', s = 100)
plt.scatter(np.median(salaries['salary']), −3, marker = '^', color = 'brown', s = 100)
plt.xlabel('annual salary (dollars)')
plt.title('histogram')
plt.legend(['mean','median'],loc = 'best')
plt.show() # 见图 12.5
```

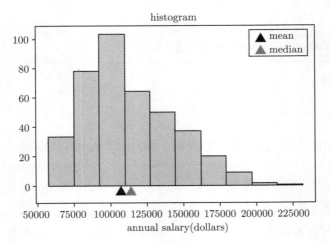

图 12.5　教授年薪直方图

从直方图 12.5 可以看到，年薪的分布在右边具有更长的尾巴（即向右倾斜，right skewed）。大多数教授的年薪在 20 万美元以下，但也有极少数教授的年薪超过 21 万美元。收入的平均值被这样一个尾巴影响：尾巴越偏右且占比越多，年薪均值越大。但是，中位数并不受到分布极端值的影响。这是经济学家用中位数而不是平均值来总结收入分布的原因。

12.5　数据波动性

均值告诉我们直方图在哪里达到平衡。但在多数情况下，我们看到，数据值在均值两边伸展开来。它们可以离均值多远？我们将定义一个测量以均值为中心的波动的统计量。

12.5.1　偏离均值的程度

我们有一个记录学生年龄的数组。

```
age = np.array([18, 19, 18, 21, 20,17])
```

我们的目标是度量这些年龄离均值有多远。首先，我们计算均值。

```
mean = np.mean(age)
mean
```

18.833333333333332

接下来，我们计算每个年龄离均值有多远，即元素值减去均值。

```
deviations = age − mean
deviations
```

[−0.83333333 0.16666667 −0.83333333 2.16666667 1.16666667 −1.83333333]

离均值偏移的所有值的总和始终为 0，这不是一个有效度量。因此，我们将用偏离值的平方和作为总度量。

```
dev_squared = deviations ** 2
print(dev_squared)
```

[0.69444444 0.02777778 0.69444444 4.69444444 1.36111111 3.36111111]

最后，我们将偏离值的平方和的均值作为一个测量波动程度的量，这就是方差的计算方法。

```
variance = np.mean(dev_squared)
print(variance)
```

1.8055555555555556

尽管方差给出了一种数据波动的度量，但是它的量纲与原始数据不同，方差的单位是原始数据单位的平方。这样的性质让解释变得困难，所以我们将方差取平方根，从而可以回到原有的尺度。

```
sd = np.sqrt(variance)
print(sd)
```

1.3437096247164249

12.5.2 标准差

我们刚刚计算的这个量称为标准差，简写为 SD (standard deviation)。标准差是方差取平方根，它量化了数据离均值（即数据的中心或者数据的重心）有多远。计算标准差可以利用以上方式进行，也可以利用 numpy 中的 std 函数进行。

```
np.std(age) # 计算标准差
```

1.3437096247164249

下面来看一个关于标准差的例子。我们继续研究大学教授年薪数据集，计算年薪的标准差。

```
sd = np.std(salaries['salary'])
print(sd)
```

30250.867238252995

```
mean = np.mean(salaries['salary'])

# 年薪直方图
plt.hist(salaries['salary'], density = False, facecolor='yellow', edgecolor='black')
plt.scatter(mean, -3, marker = '^', color = 'blue', s = 100)
plt.plot([mean-sd, mean+sd],[0,0],'-', color='brown', linewidth = 5)
plt.xlabel('annual salary (dollars)')
plt.title('histogram')
plt.show()
```

图中蓝色（见代码实际操作结果）三角形代表平衡点——均值；棕色（见代码实际操作结果）线段长度代表 2 倍的标准差，并以均值为中点。有了标准差以后，我们来看看教授年薪的最大值离均值有多少个标准差。

```
prof_salary = salaries['salary']
(prof_salary.max() - prof_salary.mean()) / prof_salary.std()
```

3.8904681904660894

可以看到，教授的最高年薪离均值差了 3.89 个标准差。也就是说，教授年薪的最大值大约比均值高 3.89 个标准差。那么最小值呢？

```
(prof_salary.min() − prof_salary.mean()) / prof_salary.std()
```

−1.8457653609185516

可以看到，教授年薪的最小值大约比均值低了 1.85 个标准差。比较 3.89 和 1.85，也能看出教授年薪的分布是向右倾斜的。通过这个例子，我们观察到最高年薪或最低年薪都离均值一定的标准差，表明标准差可以作为数据伸展或波动的一个有效度量。无论直方图具有什么形状，均值和标准差都告诉了我们很多直方图的信息。

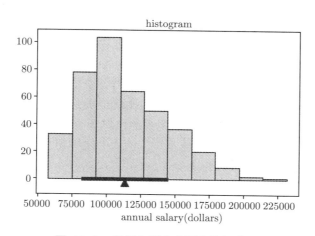

图 12.6　教授年薪直方图中的标准差

12.5.3　用标准差来测量波动的一个主要原因

从上面的例子可以得到一个不太严谨的结论：对于数值型数据而言，大量数据集中在"均值 ±3 个标准差"的范围内。在教授年薪数据集中，我们看看有多少教授的年薪在"均值 ±3 个标准差"的范围内。

```
np.mean( (prof_salary <= mean + 3*sd) & (prof_salary >= mean − 3*sd) )
```

0.9949622166246851

我们可以看到，超过 99.4% 的数据都集中在"均值 ±3 个标准差"的范围内。对于其他数据，也可以观察到这样的现象吗？我们看看高尔顿的数据。

```
galton = pd.read_csv('GaltonFamilies.csv')
galton['height'] = galton['childHeight'] * 2.54

mean = galton['height'].mean()
```

```
sd = galton['height'].std()
np.mean((galton['height'] <= mean + 3*sd) & (galton['height'] >= mean − 3*sd))
```

0.9967880085653105

我们发现，高尔顿的孩子身高数据中，有超过 99.6% 的身高都集中在 "均值 ±3 个标准差" 的范围。这样的观察并不是偶然的，其实大部分数据点都不超过均值的 2 或者 3 个标准差。

12.5.4 切比雪夫界

俄罗斯的科学家切比雪夫证明了一个结果，使得我们上面的不严谨的结论更为精确。切比雪夫的结果是这样的：对于任意数组和任意正数 k，数组位于 "均值 ±k 个标准差" 范围内的比例（或者说可能性）至少是 $1 - k^{-2}$。注意：这个结果只是给出了下界，并不是精确值或逼近值。这个结果之所以重要是因为它对所有数组都成立。特别的，我们可以说，对于任意数组：

（1）其位于 "均值 ±2 个标准差" 范围内的比例至少是 $1 - 2^{-2} = 0.75$；

（2）其位于 "均值 ±3 个标准差" 范围内的比例至少是 $1 - 3^{-2} \approx 0.89$；

（3）其位于 "均值 ±4.5 个标准差" 范围内的比例至少是 $1 - 4.5^{-2} \approx 0.95$。

可以看到，其位于 "均值 ±2 个标准差" 范围内的比例至少是 75%，真实的比例可以远远大于 75%，但是不可能小于 75%。

12.5.5 标准化

在上面的计算中，数量 k 测量了标准化量，即高于均值多少个标准差。一些标准化量的值可能为负，因为它们小于均值。无论分布是什么，切比雪夫界都说明了绝大部分数据的标准化后的值均在 $[-5, 5]$ 内。我们利用下面的公式计算数据标准化后的值：

$$k = \frac{\text{值} - \text{均值}}{\text{SD}} \tag{12.2}$$

我们将看到，标准化经常用于数据分析。因此，在 Python 中定义一个标准化函数将会非常有用。

```
def standard_units(number_array):
    # 对数据进行标准化
    return (number_array − number_array.mean()) / number_array.std()
```

```
test = np.array([1, 2, 5, 10 ,12]) # 进行标准化
test_standardized = standard_units(test)
print(test_standardized)
```

[−1.15316401 −0.92253121 −0.2306328 0.92253121 1.38379681]

```
standard_units(np.arange(6))
```

array([−1.46385011, −0.87831007, −0.29277002, 0.29277002, 0.87831007, 1.46385011])

下面来看一个例子。我们利用教授年薪的数据来看看标准化后的年薪数据。

```
salaries = pd.read_csv('Salaries.csv')
salary_standardized = standard_units(salaries['salary'])
# 画出标准化后的数据直方图
plt.hist(salary_standardized, facecolor = 'yellow', edgecolor = 'black')
plt.show() # 见图 12.7
```

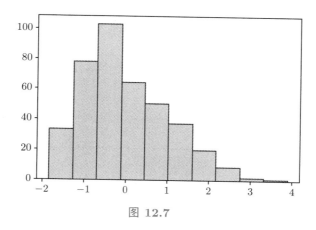

图 12.7

可以看到，标准化后的年薪依旧保持原有分布的非对称性。离均值最远的点可以相差接近 4 个标准差。

```
sorted(salary_standardized, reverse = True)[0:5]
```

[3.8904681904660894,
3.0305861630937163,
2.9810632972438964,
2.6773230533650008,
2.617895614345217]

在 −3 到 3 的标准化后的薪资比例仍然服从切比雪夫界，大于 89%。

```
np.mean((salary_standardized >= −3) & (salary_standardized <= 3))
```

0.9949622166246851

已经超过了 99.4%。

12.5.6　习题

假设我们需要至少 95% 的数据落在 $[\text{average} - k \times \text{SD}, \text{average} + k \times \text{SD}]$ 区间之内，那么 k 的取值范围应该是多少？

12.6　标准差和正态曲线

我们已经知道均值是直方图中的平衡点。但标准差并不能容易地从直方图中看出来。然而，对于某种特殊形状的分布，其标准差能够像均值那样容易分辨，比如，钟形这种分布经常出现在理论概率研究或一些实际数据中。

12.6.1　鸢尾花花瓣长度的分布

我们首先看看 iris 数据集中鸢尾花中山鸢尾花卉（setosa）的花瓣长度（单位：厘米）的分布。

```
plt.hist(iris['Petal.Length'][0:50], facecolor = 'yellow', edgecolor = 'black',
         bins = np.arange(1, 2, 0.1))
plt.show() # 见图 12.8
```

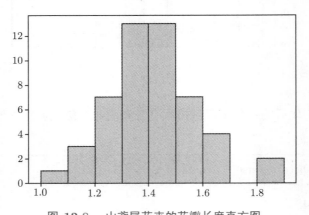

图 12.8　山鸢尾花卉的花瓣长度直方图

```
mean = np.mean(iris['Petal.Length'][0:50])
print(mean)
```

1.4620000000000002

```
sd = np.std(iris['Petal.Length'][0:50])
print(sd)
```

0.17191858538273286

此分布呈现钟形，大致关于均值对称，且数据均集中在正负三个标准差之内。

```
np.mean((iris['Petal.Length'][0:50] <= mean + 3*sd) &
    ( iris ['Petal.Length'][0:50] >= mean − 3*sd))
```

1.0

根据上面计算的均值和标准差，对于钟形分布，一个标准差可以看成是钟形拐点到均值在横轴上的距离。下面我们引入正态曲线，在数学上刻画这样的钟形曲线。

12.6.2　标准正态曲线

我们可以将钟形曲线转换为标准正态曲线。其他任何钟形曲线都可以通过标准正态曲线平移或者拉伸得到。

标准正态曲线有一个印象深刻的数学表达式。但是为简单起见，你可以将其想象成一个光滑的直方图轮廓，直方图是由标准化的数据得到且来自一个钟形分布：

$$\phi(z) = \frac{1}{\sqrt{2\pi}} \mathrm{e}^{-\frac{1}{2}z^2} \tag{12.3}$$

```
bins = np.arange(−3.5, 3.5, 0.01)
y = 1 / np.sqrt(np.pi) * np.exp(−0.5*bins**2)

plt.plot(bins, y, color = 'black')
plt.xlabel('z')
plt.ylabel('$\phi(z)$')
plt.title('Standard normal density curve')
plt.show() # 见图 12.9
```

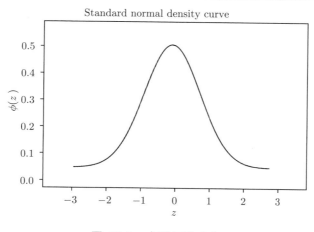

图 12.9　标准正态分布

关于这条曲线的性质，有些通过观察即可得到，但是有些需要一些数学知识推导出来。标准正态曲线之下的面积为 1，因此你可以想象其为直方图中令 density 为真。标准正态曲线关于 0 对称。因此，如果一个变量具有这样的分布，那么它的均值和中位数都是 0。这个曲线的拐点为 −1 和 1。如果一个变量服从这样的分布，那么它的标准差为 1。正态分布曲线是可以从直方图上清楚识别标准差的极少分布之一。然而，数学知识告诉我们，标准正态曲线并不能给出在某一区间上的精确表达式。因此，曲线下的面积需要用一些方法去逼近。这是统计教科书都会记录正态曲线下面积的一张表的原因。这也是所有统计软件（包括 Python）都含有逼近正态曲线下面积的函数的原因。我们引入 scipy 库中的 stats 模块。scipy 是 Python 中进行科学计算的重要函数库。

```
from scipy import stats
```

12.6.3 标准正态累计分布函数 (cdf)

在模块 stats 中，计算标准正态分布曲线下面积的函数是 stats.norm.cdf。这个函数以一个数字为输入，返回值为标准正态分布曲线下在这个值左侧区域的面积。更加正规地，这样的返回值是输入数字 z 的一个函数，$\Phi(z)$，我们称其为标准正态曲线的累计分布函数 (cumulative distribution function, cdf)。我们来计算标准正态分布曲线下在 $z = 1$ 左侧的面积。

```
bins = np.arange(−3.5, 3.5, 0.01)
y = 1 / np.sqrt(2 * np.pi) * np.exp(−0.5*bins**2)

plt.plot(bins, y, color = 'black')
plt.xlabel('z')
plt.ylabel('$\phi(z)$')
plt.title('Standard normal density curve')
plt.fill_between(bins, y, where = (bins <= 1), facecolor='yellow')
plt.show() # 见图 12.10
```

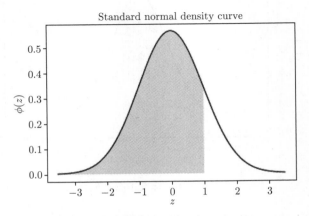

图 12.10 标准正态分布曲线（左侧面积）

```
stats.norm.cdf(1)
```

0.8413447460685429

因此，我们得到了标准正态曲线下在 $z = 1$ 左侧的面积约为 0.841。同理，我们可以计算标准正态曲线下在 $z = 1$ 右侧的面积。

```
bins = np.arange(−3.5, 3.5, 0.01)
y = 1 / np.sqrt(2 * np.pi) * np.exp(−0.5*bins**2)

plt.plot(bins, y, color = 'black')
plt.xlabel('z')
plt.ylabel('$\phi(z)$')
plt.title('Standard normal density curve')
plt.fill_between(bins, y, where = (bins >= 1), facecolor='yellow')
plt.show() # 见图 12.11
```

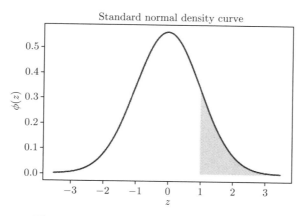

图 12.11　标准正态分布曲线（右侧面积）

```
1−stats.norm.cdf(1)
```

0.15865525393145707

想一想，如何得到标准正态分布曲线在区间 $[−2, 1]$ 上的面积呢？

```
bins = np.arange(−3.5, 3.5, 0.01)
y = 1 / np.sqrt(2 * np.pi) * np.exp(−0.5*bins**2)

plt.plot(bins, y, color = 'black')
plt.xlabel('z')
```

```
plt.ylabel('$\phi(z)$')
plt.title('Standard normal density curve')
plt.fill_between(bins, y, where = (bins >= −2)&(bins <= 1), facecolor='yellow')
plt.show() # 见图 12.12
```

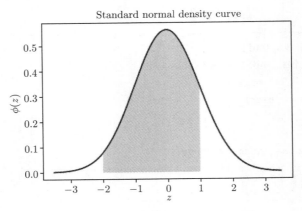

图 12.12　标准正态分布曲线（区间面积）

```
stats.norm.cdf(1) − stats.norm.cdf(−2)
```

0.8185946141203637

```
stats.norm.cdf(2) − stats.norm.cdf(−2)
```

0.9544997361036416

　　上面的计算侧面显示了：如果一个直方图大致是钟形的，那么数据落在"均值 ±2 个标准差"区间里的比例大约为 95%。

　　95% 相对于切比雪夫下界 75% 大多了。切比雪夫下界更弱，这是因为切比雪夫下界对所有分布都成立，而在这里我们考虑的是正态分布。如果我们知道数据来自正态分布，那么我们将得到这个比例很好的估计，远远不仅仅是下界。下面的表 12.1 比较了所有分布和正态分布。注意，当 $k = 1$ 时，切比雪夫下界是 0，这就没有什么意义了。

表 12.1　所有分布和正态分布的比较

范围中的百分比	所有分布：切比雪夫下界	正态分布：数值逼近值
均值 ±1 个标准差	至少 0%	大约 68%
均值 ±2 个标准差	至少 75%	大约 95%
均值 ±3 个标准差	至少 88.89%	大约 99.73%

　　接下来，我们介绍一下定积分的数值计算问题。

12.6.4　定积分的数值计算

假定要求数值积分

$$\int_0^4 (6x^3 - 2x^2 + x - 1)\mathrm{d}x \tag{12.4}$$

则可以用 scipy 模块中 integrate 的一般积分函数 quad( )：

```
from scipy import integrate

f = lambda x: 6*x**3-2*x**2+x-1
integrate.quad(f,0,4)
```

(345.3333333333333, 3.84235665515762e−12)

结果中的第一个数字是积分结果，第二个数字是误差。再看一个有参数的积分例子：

$$\int_1^\infty \frac{\mathrm{e}^{-xt}}{t^n}\mathrm{d}t \tag{12.5}$$

我们先定义被积函数和具有参数的函数的积分（参数是 n, x），最后用向量化函数嵌套。

```
def g(t, n, x):
    return np.exp(-x*t)/t**n
def gint(n, x):
    return integrate.quad(g, 1, np.inf, args=(n, x))[0]
vec_gint = np.vectorize(gint) # 向量化
```

我们可以对 $n = 5$ 以及 4 个不同的 x 值（$x = 4.3,\ 3.1,\ 0.2,\ 0.21$）求积分：

```
vec_gint(5, [4.3, 3.1, 0.2, 0.21])
```

array([0.00153955, 0.00597441, 0.19221033, 0.18973336])

得到了四个积分值。对于上述积分再求从 0 到 ∞ 的积分，则为

$$\int_0^\infty \int_1^\infty \frac{\mathrm{e}^{-xt}}{t^n}\mathrm{d}t\mathrm{d}x = \frac{1}{n} \tag{12.6}$$

只要对上面的 gint 再使用一次一般积分函数 quad( ) 即可（这里令 $n = 4$）。

```
integrate.quad(lambda x: gint(4, x), 0, np.inf)
```

(0.2500000000043577, 2.09816174076454e−10)

得到的结果与 $1/n = 0.25$ 是吻合的。二重积分可以用 dblquad( ) 函数，比如计算积分

$$\int_0^{\frac{1}{3}} \int_0^{1-3y} xy\mathrm{d}x\mathrm{d}y \tag{12.7}$$

可以用下面的代码：

```
integrate.dblquad(lambda x,y: x∗y, 0, 1/3, 0, lambda y: 1−3∗y)
```

(0.0046296296296296296296629, 2.734413418981577e−16)

n 重积分可以用 nquad( ) 函数。比如，上面的积分可以用下面的语句得到和上面相同的结果。

```
def f(x,y): return x∗y
def by(): return [0, 1/3]
def bx(y): return [0, 1−3∗y]
integrate.nquad(f, [bx, by])
```

(0.0046296296296296296296629, 2.734413418981577e−16)

三重积分 $\int_0^{\frac{1}{3}} \int_0^{2z} \int_0^{1-3y+z} xyz\mathrm{d}x\mathrm{d}y\mathrm{d}z$ 可通过如下代码实现：

```
def f(x,y,z): return x∗y∗z
def bz(): return [0, 1/3]
def by(z): return [0, 2∗z]
def bx(y,z): return [0, 1−3∗y+z]
integrate.nquad(f, [bx, by, bz])
```

(0.000663008687700045455, 5.317770968711592e−16)

12.6.5 习题

利用上述积分的计算方法，尝试计算标准正态随机变量大于 −0.1 且小于 0.9 的概率。

12.7 中心极限定理

在我们研究过的数据集中，很少有数据集的分布呈现一个钟形结构。但是，对基于随机样本的统计量，其分布可能具有钟形正态曲线。下面我们看看两个例子。

12.7.1 多次扔硬币正面向上的总次数

我们用一个硬币进行一场游戏，硬币正面向上得一分，负面向上不得分。正面向上的概率是 0.6，负面向上的概率是 0.4。那么我们进行 300 场游戏，得分总数具有什么分布呢？我们首先来模拟数据。

```
from scipy.stats import bernoulli
import numpy as np
```

```
prob_head = 0.6 # 硬币正面向上的概率
dat = bernoulli.rvs(prob_head, size = 300) # 生成数据
sum(dat == 1) # 计算有多少个1
```

173

接下来，我们重复以上试验 1 000 次，可以得到 1 000 个得分，从而能够刻画总分的分布。

```
score = []
for i in np.arange(1000):
    dat = bernoulli.rvs(prob_head, size = 300) # 生成数据
    score = np.append(score, sum(dat == 1)) # 计算有多少个1

import matplotlib.pyplot as plt # 画出直方图
plt.hist(score, facecolor = 'yellow', edgecolor = 'black')
plt.xlabel('score')
plt.ylabel('frequency')
plt.show() # 见图 12.13
```

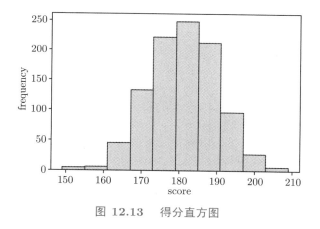

图 12.13 得分直方图

可以发现，即使每个样本取值仅为 0 或 1，得分直方图大致也是一个钟形曲线，具有正态分布的形状。我们可以计算这个直方图的平衡点。

```
np.mean(score)
```

180.54

这个数字不仅与理论结果重合，而且在这个直方图顶峰所在区域。对于得分分布的标准差，我们也能够通过直方图观察到。注意到拐点大约在 189 这个位置，因此标准差大约是 189 − 180 = 9。

```
np.std(score)
```

8.370625783058276

　　因此，总得分的概率分布大致是一个正态分布，它的均值和标准差都可以通过直方图大致估算得到。

12.7.2 等车时间的平均值

　　我们假设等车的时间服从指数分布，这个分布具有较长的尾巴。在概率论和统计学中，指数分布是描述泊松过程中相邻两个事件之间的时间的概率分布。

```
from scipy.stats import expon
# 从指数分布中生成 300 个等车时间数据
wait_time = expon.rvs(scale=1, size=300)
# 画出这 300 个等车时间的分布
plt.hist(wait_time, facecolor = 'yellow', edgecolor = 'black')
plt.xlabel('wait_time')
plt.ylabel('frequency')
plt.show() # 见图 12.14
```

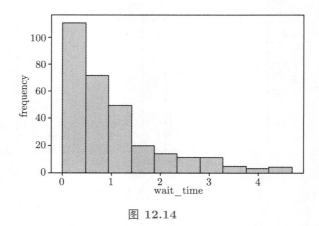

图 12.14

　　我们可以看到，等车时间的分布大部分集中在 [0，1] 区间上，且在右方具有很长的尾巴，显然不是一个钟形分布。但是，等车时间的均值具有什么分布呢？为此我们重复以上试验 500 次，得到 500 个等车时间，最后通过直方图刻画其分布。

```
wait_time = [] # 重复此过程500次
for i in np.arange(500):
    dat = expon.rvs(scale=1, size=300)
    wait_time = np.append(wait_time, np.mean(dat))
```

```
plt.hist(wait_time, facecolor = 'yellow', edgecolor = 'black')
plt.xlabel('wait_time_mean')
plt.ylabel('frequency')
plt.show() # 见图 12.15
```

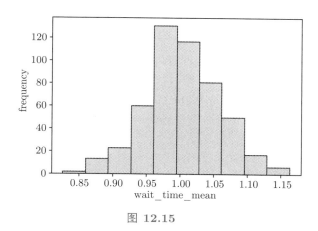

图 12.15

我们可以再次看到，即使等车时间服从指数分布，等车时间的均值也服从一个钟形分布。钟形中心位置位于 1 附近。

12.7.3 中心极限定理

样本均值的分布看起来是一个钟形分布（正态分布），这源于概率论中一个非常经典的结论：中心极限定理。中心极限定理告诉我们，从某总体中随机抽出大量样本，无论总体是何种分布（歪斜的、不对称的，等等），在许多情形下，它们的均值（或总和）大致都服从正态分布。中心极限定理不要求样本来自何种分布，这个宽松的条件在实际中非常有效，因为在数据科学中我们很少知道数据来自何种总体分布。假如我们有很多样本，虽然不知道样本总体的特征，但是中心极限定理让基于均值（或总和）的假设检验成为可能。这也是中心极限定理是强有力的统计推断工具的原因。

中心极限定理是数理统计学和误差分析的理论基础，指出了大量随机变量近似服从正态分布的条件。它是概率论中最重要的定理之一，有广泛的实际应用背景。在自然界与生产中，一些现象受到许多相互独立的随机因素的影响，如果每个因素所产生的影响都很微小，总的影响就可以看作服从正态分布。中心极限定理就是从数学上证明了这一现象。最早的中心极限定理的讨论重点是，在伯努利试验中，事件 A 出现的次数渐近服从正态分布。

中心极限定理有着有趣的历史。这个定理的第一版被法国数学家棣莫弗发现，他在 1733 年发表的论文中使用正态分布估计大量抛掷硬币出现正面次数的分布。这个超越时代的成果险些被历史遗忘，所幸著名法国数学家拉普拉斯在 1812 年发表的巨著《概率分析理论》（*Théorie Analytique des Probabilités*）中拯救了这个默默无名的理论。拉普拉斯扩展了棣莫弗的理论，指出二项分布可用正态分布逼近。但同棣莫弗一样，拉普拉斯的发现在当时并未引起很大反响。直到 19 世纪末中心极限定理的重要性才被世人所知。1901 年，俄国数学家里李雅普诺夫用更普通的随机变量定义中心极限定理并在数学上进行了精确的证明。如今，中心极限定理被 (非正式地) 认为是概率论中的基本定理。该定理说明：所研究的随机变量如果由大量独立的而且均匀的随机变量相加而成，那么它的分布将近似于正态分布。

下面看一个关于紫色豌豆花的比例的例子。在孟德尔的概率模型中，他假定豌豆植株开出紫色花的概率为 0.75，即从集合 { 紫色，紫色，紫色，白色 } 中抽出紫色的概率。当豌豆植株的量够大时，紫色豌豆花的大致比例是多少？我们期待这个比例是 0.75。更进一步，由于比例是一种均值，中心极限定理告诉我们，紫色豌豆花的样本比例大致服从正态分布。我们可以根据模拟来证实以上推理。我们首先生成 300 个豌豆花，其中花的颜色是紫色的概率为 0.75，是白色的概率是 0.25。

```
colors = np.array(['Purple', 'Purple', 'Purple', 'White'])
num_plants = 300 # 进行抽样
dat = np.random.choice(colors, size = num_plants, replace = True)
np.mean(dat == 'Purple') # 紫色花的比例
```

0.7766666666666666

为了研究紫色花比例的分布，我们重复以上过程 5 000 次并给出分布。

```
prop = []
for i in np.arange(5000):
    dat = np.random.choice(colors, size = num_plants, replace = True)
    prop = np.append(prop, np.mean(dat == 'Purple'))

plt.hist(prop, bins = np.arange(0.65, 0.85, 0.01), facecolor = 'yellow', edgecolor = 'black')
plt.show() # 见图 12.16
```

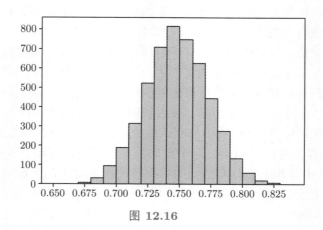

图 12.16

可以看到，紫色花的比例呈现正态曲线，并以真实值 0.75 为中心，这正是被中心极限定理所预料到的。下一个问题是，如果我们增加抽取的样本量，紫色花比例的分布将如何变化呢？我们将样本量调为 800，重复相似的代码，得到新的紫色花比例集合。

```
prop2 = [] # 记录比例
num_plants = 800 # 增加样本量
for i in np.arange(5000):
    dat = np.random.choice(colors, size = num_plants, replace = True)
    prop2 = np.append(prop2, np.mean(dat == 'Purple'))

#plt.figure("lena")
plt.hist(prop, bins = np.arange(0.65, 0.85, 0.01), facecolor = 'yellow', edgecolor = 'black')
plt.hist(prop2, bins = np.arange(0.65, 0.85, 0.01), facecolor = 'blue', edgecolor = 'black',alpha
        = 0.7)
plt.legend(['sample size 300', 'sample size 800'], loc = 'best')
plt.show() # 见图 12.17
```

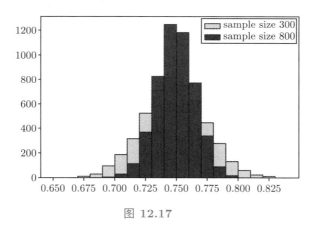

图 12.17

可以看到，当增加了样本量以后，紫色花比例的分布变得更狭窄了。也就是说，样本量为 800 的紫色花比例比样本量为 300 时更加靠近真实均值 0.75。所以，增加样本量可以降低样本比例的波动程度。其实这并不让人意外。我们已经很多次学习到，一个大的随机样本能够减少统计量的波动程度。然而，在样本均值中，我们将量化样本量大小和样本均值波动之间的联系。我们将在下一节介绍，样本量如何影响样本均值的波动。

12.8 样本均值的波动

根据中心极限定理，随机样本的均值的概率分布大致是正态分布。正态分布的钟形曲线以总体均值为中心。一些样本均值比总体均值高，一些样本均值比总体均值低，但是从总体均值向两边的偏离大致对称。概率论告诉我们，事实上，样本均值是总体均值的一个无偏估计。在模拟中，我们注意到，与样本量小的样本均值的分布相比较，样本量大的样本均值的分布更聚集在总体均值附近。在这一节中，我们将量化样本均值的波动，并刻画样本均值波动和样本量的关系。

为了说明，我们将教授年薪数据集看成是总体，从中获取若干样本量不同的随机样本。

```
salary = pd.read_csv('Salaries.csv')
salary.head(5)
```

	rank	discipline	yrs.since.phd	yrs.service	sex	salary
0	Prof	B	19	18	Male	139750
1	Prof	B	20	16	Male	173200
2	AsstProf	B	4	3	Male	79750
3	Prof	B	45	39	Male	115000
4	Prof	B	40	41	Male	141500

```
#总体平均值
salary['salary'].mean()
```

113706.45843828715

```
plt.hist(salary['salary'], facecolor = 'yellow', edgecolor = 'black')
plt.show()
```

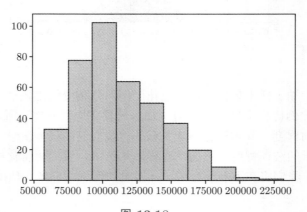

图 12.18

可以看到教授的平均年薪约为 11.37 万美元，而且总体年薪分布向右歪斜。现在，我们通过从总体中随机抽样，研究样本均值的分布性质。首先，我们定义一个称为 simulate_sample_mean 的函数。

```
def simulate_sample_mean(table, label, sample_size, repetitions):
```

```
# 从列表table的label列抽大小为sample_size的样本，计算样本平均值
# 重复此过程repetitions次，并作出直方图
means = []
for i in np.arange(repetitions):
    new_sample = table[label].sample(sample_size, replace = True)
    means = np.append(means, new_sample.mean())

plt.hist(means, facecolor = 'yellow', edgecolor = 'black', density = True)
plt.title('Sample Size ' + str(sample_size))
print('Sample size: ', sample_size)
print('Population mean: ', np.mean(table[label]))
print('Average of sample means: ', np.mean(means))
print('Population SD: ', np.std(table[label]))
print('SD of sample means:', np.std(means))
```

我们分别进行样本量为 50，100，300 的以上过程。对于每次过程，重复 2 000 次。

```
simulate_sample_mean(salary, 'salary', sample_size = 50, repetitions = 2000)
plt.xlim(95000, 130000)
plt.ylim(0, 0.00025)
plt.show() # 见图 12.19
```

Sample size: 50

Population mean: 113706.45843828715

Average of sample means: 113635.54216

Population SD: 30250.867238252995

SD of sample means: 4223.597017439724

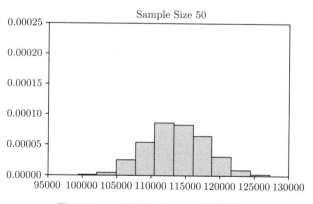

图 12.19 样本量为 50 时的直方图

```
simulate_sample_mean(salary, 'salary', sample_size = 100, repetitions = 2000)
plt.xlim(95000, 130000)
```

```
plt.ylim(0, 0.00025)
plt.show() # 见图 12.20
```

Sample size: 100
Population mean: 113706.45843828715
Average of sample means: 113685.81366
Population SD: 30250.867238252995
SD of sample means: 3006.1440655246056
Sample size: 300
Population mean: 113706.45843828715
Average of sample means: 113665.86196833334
Population SD: 30250.867238252995
SD of sample means: 1769.0531803375525

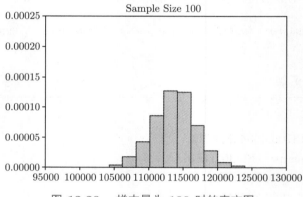

图 12.20　样本量为 100 时的直方图

```
simulate_sample_mean(salary, 'salary', sample_size = 300, repetitions = 2000)
plt.xlim(95000, 130000)
plt.ylim(0, 0.00025)
plt.show() # 见图 12.21
```

　　你可以看到，中心极限定理在这里起了作用：虽然年薪数据的分布不是正态分布，但是其样本均值大致服从正态分布。以上三个直方图的中心非常靠近总体均值。随着样本量的增加，样本均值的分布的标准差（波动程度）越来越小，这可以通过 "SD of sample means" 看出来。

　　随着样本量的增加，直方图变得越来越窄、越来越高。总体标准差大致为 3 万美元。当样本量是 50 时，样本均值的标准差大约为总体标准差的 0.139 倍；当样本量为 100 时，样本均值的标准差大约为总体标准差的 0.099 倍；当样本量为 300 时，样本均值的标准差大约为总体标准差的 0.058 倍。你能看出有什么规律吗？

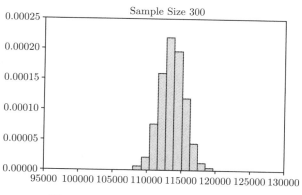

图 12.21　样本量为 300 时的直方图

　　根据以上观察，我们大致得到：样本均值的标准差等于总体标准差除以样本量的开方。为了证实我们的观察，将样本量从 25 逐渐递增到 300，并计算出每个样本量下，样本均值的标准差和总体标准差的比例。

```
def SD_ratio(table, label, sample_size, repetitions):
    # 从列表table的label列抽大小为sample_size的样本，计算样本平均值
    # 重复此过程repetitions次，并作出直方图
    means = []
    for i in np.arange(repetitions):
        new_sample = table[label].sample(sample_size, replace = True)
        means = np.append(means, new_sample.mean())
    return np.std(means) / np.std(table[label])
```

```
sd_ratio = []
for i in np.arange(25, 325, 25):
    tmp = SD_ratio(salary, 'salary', sample_size = i, repetitions = 2000)
    sd_ratio = np.append(sd_ratio, tmp)

# 观察到的标准差之比
plt.plot(np.arange(25, 325, 25), sd_ratio, color = 'blue', marker = '^')
x = np.arange(25, 325, 0.01)
y = 1 / np.sqrt(x) # 真实的 1 / sqrt(x) 的曲线
plt.plot(x, y, color = 'red')
plt.legend(['observed sd ratio', 'true sd ratio'], loc='best')
plt.show() # 见图 12.22
```

　　我们可以看到，观察到的标准差之比与曲线 $1/\sqrt{n}$ 非常靠近（其中 n 为样本量）。因此，我们可以得出以下结论：

$$\sigma = \sigma_0/\sqrt{n}$$

(12.8)

其中，σ 是样本均值的标准差，σ_0 是总体标准差。因此，我们之前观察到的"随着样本量增加，样本均值分布的标准差越来越小"的现象，在这里更精确地刻画了样本量、样本均值的标准差和总体标准差的关系。

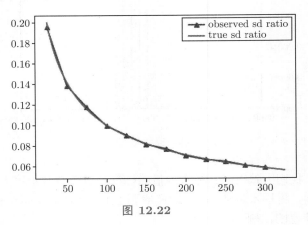

图 12.22

12.9 样本均值的中心极限定理

如果你从一个总体中有放回地抽取大量随机样本，在许多情形下，样本均值的概率分布大致是正态分布，并以总体均值为中心，标准差为总体标准差除以样本量的平方根。

12.9.1 样本均值的准确性

样本均值的标准差记录了样本均值的波动大小。因此，其标准差被用来衡量样本均值作为总体均值估计量的准确性。标准差越小，样本均值估计总体均值的准确性就越高。关于样本均值标准差的公式告诉我们：

（1）总体大小没有出现在样本均值标准差的公式中。据此可以认为，总体大小不影响样本均值估计的准确性。

（2）总体标准差是一个常数，但是样本量可以发生变化。因为样本量出现在样本均值的标准差公式的分母中。据此可以认为，随着样本量的增加，样本均值的波动减小，准确性会提高。

12.9.2 平方根准则

根据样本均值的标准差公式，如果样本量提高四倍，那么样本均值的标准差减少为原来的 $\frac{1}{2}$，即样本均值的估计准确性提高了两倍。一般情形下，增加了多大比例的样本量，样本均值的准确性也会随之提高该比例的平方根倍。所以，如果想要使样本均值的估计准确性提高 10 倍，你必须将样本量提高 100 倍。可以看到，准确性并不"便宜"。

12.9.3 选择一个样本量

候选人 A 正在参加一个竞选。一个投票组织想估计有多大比例的投票人选择了候选人 A。尽管在实际中抽样的方式会很复杂，但我们假设抽样方式是简单随机抽样。那么如何决定样本量，才能够得到一个想要的准确度呢？我们要回答这个问题，首先做一些假设：

（1）投票人的总体非常大，因此，我们可以假设随机样本是无放回地进行抽取。

（2）该组织将通过构建候选人 A 投票率的 95% 的置信区间来做出估计。

（3）想要的准确度被定义为置信区间的宽度不能超过 1%。举个例子，（33.2%，34%）是符合要求的，但是（33.2%，35%）不符合要求。

将估计候选人 A 的投票率作为我们的目标。回忆一下，当随机样本的取值为 0（没有给候选人 A 投票）或者 1（给候选人投了票）时，比例就是一种均值。

12.9.4　置信区间的宽度

根据中心极限定理，在大量样本下，样本均值大致服从正态分布，且以总体均值（候选人 A 的真实投票率）为中心。根据正态分布的性质，样本均值在"总体均值 ± 两倍样本均值的标准差"范围内的概率为 95%。换句话说，总体均值的一个 95% 的置信区间为"样本均值 ± 两倍样本均值的标准差"。

由于我们要求 95% 的置信区间的宽度不能超过 0.01，所以需要：

$$4\sigma \leqslant 0.01 \tag{12.9}$$

再根据样本均值标准差和总体标准差的公式，我们得到：

$$4\sigma_0/\sqrt{n} \leqslant 0.01 \tag{12.10}$$

$$\sqrt{n} \geqslant 4\sigma_0/0.01 \tag{12.11}$$

如果我们知道总体标准差，关于样本量的计算就完成了。但总体标准差是一个未知参数，那么我们该怎么办呢？一种方法是确定总体标准差的一个上界，即找到一个常数 c，使得 $\sigma_0 \leqslant c$，那么当我们令 $\sqrt{n} \geqslant 4c/0.01$ 时，所得样本量一定大于或等于 $4\sigma_0/0.01$，从而使得构造的关于投票率的 95% 的置信区间的宽度小于 0.01。所以我们的问题又转化为如何确定总体标准差的上界。

该怎么办？

我们可以假设总体中有 $p\%$ 的比例选择候选人 A，那么 $(100-p)\%$ 的比例没有选择候选人 A。通过计算数组 p 个 1、$100-p$ 个 0 的标准差的取值来决定上界。

```
sd = []
for p in np.arange(0, 101):
    population = np.append(np.ones(p), 1 − np.ones(100−p))
    sd = np.append(sd, np.std(population))
plt.plot(np.arange(0,101), sd, color = 'blue')
plt.plot ([0,100],  [0.5,  0.5],  color = 'red')
plt.show() # 见图 12.23
```

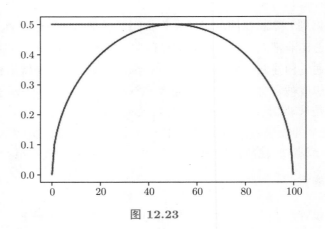

图 12.23

可以看到，当 $p = 50$ 时，总体标准差取得最大值，即 0.5，因此，可以通过代入 $c = 0.5$ 计算出需要的样本量为

```
pow(4 * 0.5 / 0.01, 2)
```

40000.0

所以我们需要至少 4 万的样本量，才能保证对候选人 A 的投票率的 95% 的置信区间的宽度小于 0.01.

12.9.5 习题

将高尔顿的孩子身高（单位：cm）作为总体，（1）将孩子身高数据标准化，观察标准化数据的直方图与原始数据的直方图的异同；（2）从孩子身高总体中抽取样本量为 $n = 100$ 的数据并计算样本均值；（3）重复上一步 1 000 次，做出 1 000 个样本均值的直方图，并计算样本均值的标准差；（4）将样本量 n 调整为 200、300、400、500，计算对应的样本均值的标准差；（5）做出以"样本量"为横轴、"样本均值的标准差与总体标准差的比值"为纵轴的折线图，观察其是否与 $1/\sqrt{n}$ 曲线大致重合；（6）如果要对孩子身高的均值构建 95% 的置信区间，已知总体标准差（可用总体进行计算），那么需要多大的样本量才能使得 95% 的置信区间的宽度小于 1.3cm？

C 第十三章 预　　测
HAPTER 13

　　数据科学的重要任务之一是利用数据预测未来。能否根据过去几十年的气候数据来预测未来的温度变化趋势？能否利用某个人的互联网浏览记录来分析这个人可能会对哪些网页感兴趣？能否利用某个病人的病史来判断他或她对某项治疗措施的效果？为了回答这样的问题，数据科学家已经开发出了预测的方法。在本章中，我们将研究一种最简单恐怕也是最常用的方法：基于一个变量来预测另一个变量。这种方法最开始是由高尔顿提出的。他最重要的工作之一是根据父母的身高预测子女的身高。我们已经研究了高尔顿为此收集的数据集。下面的 heights 表中包含了 934 个成年子女的身高和双亲身高（全部以英寸为单位）。

```
import pandas as pd
import matplotlib.pyplot as plt
import numpy as np
```

```
galton = pd.read_csv('GaltonFamilies.csv')
plt.scatter(galton['midparentHeight'], galton['childHeight'], color = 'y')
plt.xlabel('midparentHeight')
plt.ylabel('childHeight')
plt.show() # 见图 13.1
```

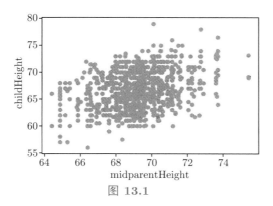

图 13.1

　　收集数据的主要目的是预测成年子女的身高，成年子女的身高与他们的父母的身高这两个变量之间呈现出正相关关系，我们可以利用这一点进行预测。方法是，基于双亲身高周围的所有点来做预测。为此，我们编写了一个名为 predict_child 的函数，该函数以双亲身高作为参数，并返回与双亲身高差距在半英寸之内的所有子女的平均身高。

```
def predict_child(galton,mpht):
    return galton.loc[(galton['midparentHeight'] >= mpht − 0.5) &
    (galton['midparentHeight'] < mpht + 0.5),'childHeight'].mean()
predict_child(galton,75)
```

70.1

我们将函数应用于 midparentHeight 列，可视化我们的结果。

```
heights_with_predictions = []
for mpht in galton['midparentHeight']:
    heights_with_predictions = np.append(heights_with_predictions,
                                         predict_child(galton,mpht))
plt.scatter(galton['midparentHeight'], galton['childHeight'], color = 'y')
plt.scatter(galton['midparentHeight'], heights_with_predictions, color = 'r')
plt.xlabel('midparentHeight')
plt.ylabel('childHeight')
plt.show() # 见图 13.2
```

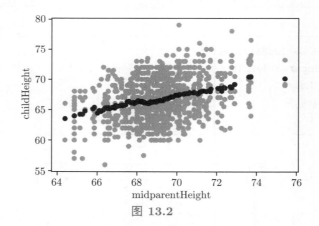

图 13.2

利用双亲身高来预测成年子女的身高，这种预测方法被称为回归。本章后面我们会看到"回归"这个术语的来源。上面的预测方法本质上是一种局部平均的回归方法。我们将"局部"定义为"在半英寸之内"，这个范围是可以调整的，也可以由数据驱动的方法来确定合适的"局部"范围。

13.1 相 关 性

相关系数是统计学家卡尔·皮尔逊 (K. Pearson) 设计的统计指标，用来衡量变量间的线性相关程度，一般用字母 r 表示。相关系数有多种定义方式，最常用的相关度量是 Pearson 线性相关系数，此外还有非参数的 Kendall 相关系数（Kendall's τ）及 Spearman 相关系数（Spearman's ρ）。

Pearson 线性相关系数 r 只是一个数字，没有单位，测量两个变量之间线性关系的强度。在图形上，它测量散点图聚集在一条直线上的程度。相关系数 r 是介于 -1 和 1 之间的数字。如果散点图是完美的向上倾斜的直线，则 $r = 1$；如果散点图是完美的向下倾斜的直线，则 $r = -1$。函数 r_scatter 接受 r 值作为参数，模拟相关性非常接近 r 的散点图。由于模拟中的随机性，相关性不会完全等于 r。调用 r_scatter 几次，以 r 的不同值作为参数，并查看散点图如何变化。当 $r = 1$ 时，散点图是完全线性的，向上倾斜。当 $r = -1$ 时，散点图是完全线性的，向下倾斜。当 $r = 0$ 时，散点图是围绕水平轴的不定形云。

```python
def standard_units(number_array):
    # 对数据进行标准化
    return (number_array - number_array.mean()) / number_array.std()

def r_scatter(r):
    sampleSize = 2000
    X = np.random.normal(0,1,sampleSize)
    X = standard_units(X)
    y = r * X + np.sqrt(1 - r ** 2) * np.random.normal(0, 1, sampleSize)
    y = standard_units(y)
    plt.scatter(X, y, color = 'r')
    plt.xlim(-4, 4)
    plt.ylim(-4, 4)
    plt.show()
```

```python
r_scatter(1) # 见图 13.3
```

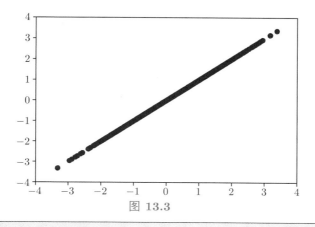

图 13.3

```python
r_scatter(0.5) # 见图 13.4
```

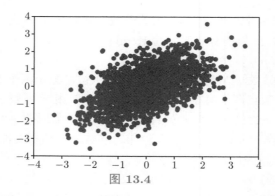

图 13.4

```
r_scatter(0.1) # 见图 13.5
```

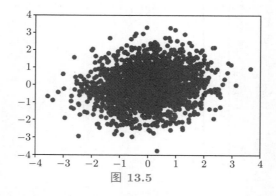

图 13.5

```
r_scatter(0) # 见图 13.6
```

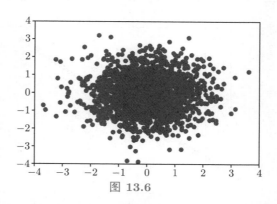

图 13.6

```
r_scatter(-0.1) # 见图 13.7
```

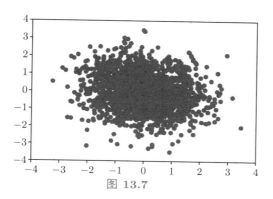

图 13.7

r_scatter(−0.5) # 见图 13.8

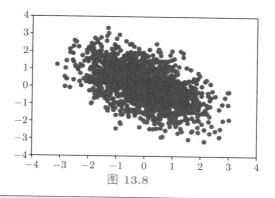

图 13.8

r_scatter(−0.9) # 见图 13.9

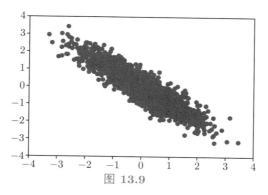

图 13.9

相关关系只衡量关联关系，并不意味着因果关系。在某个学区内，孩子体重与数学能力之间的相关性可能是正的，但这并不意味着做数学会使孩子增加体重，或者说增加体重会提高孩子的数学能力。皮尔逊相关关系只测量线性关联关系，最多可以认为是单调关联关系。具有较强非线性关联的变量可能具有非常低的相关性。这里有一个变量的例子，它具有完美的二次关联 $y = X^2$，但是相关性等于 0。

```
X = np.arange(-4, 4.1, 0.5)
y = X ** 2
plt.scatter(X, y, s=30, color='red')
plt.show() # 见图 13.10
```

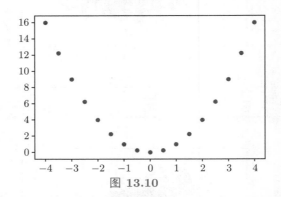

图 13.10

```
from scipy import stats
stats.pearsonr(X, y)[0]
```

0.0

图 13.11 中展示了数据点的分布形状与对应的相关系数。

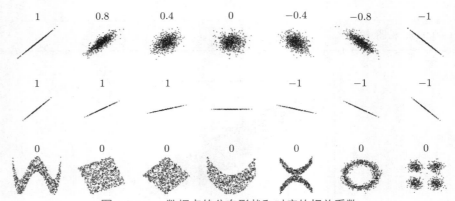

图 13.11　数据点的分布形状和对应的相关系数

图片来源：网络。

离群点可能对相关性产生很大的影响。下面是一个例子，通过增加一个离群点，r 等于 1 的散点图变成了 r 等于 0 的图。

```
X = [1, 2, 3, 4]
y = [1, 2, 3, 4]
plt.scatter(X, y, s=30, color='red')
```

```
plt.show() # 见图 13.12
```

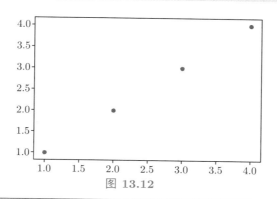

图 13.12

```
stats.pearsonr(X, y)[0]
```

1.0

```
X = [1, 2, 3, 4, 5]
y = [1, 2, 3, 4, 0]
plt.scatter(X, y, s=30, color='red')
plt.show() # 见图 13.13
```

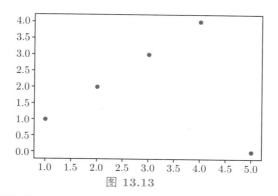

图 13.13

```
stats.pearsonr(X, y)[0]
```

0.0

下面我们来看看 Francis Anscombe 举的四个例子，也称为 Anscombe's quartet。四对变量中每对变量都包含一个自变量 x 和一个因变量 y。四个图中的 y 具有相同的均值和方差，且四对 (x, y) 有相同的 Pearson 线性相关系数 0.816。但从图 13.14 中我们可以看到这四对变量构成的图的分布完全不同。第一幅图中的散点看起来更像是服从正态分布，第二幅图说明了 x 和 y 有明显的非线性关系，第三幅图说明异常点可以降低相关系数，第四幅图说明异常点也可以增加相关系数。

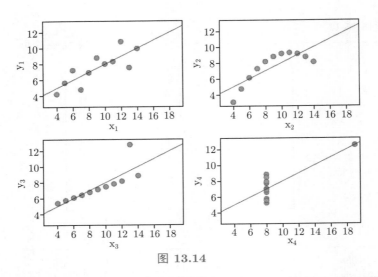

图 13.14

Kendall 相关系数，又称 Kendall 秩相关系数，它可以计算分类变量之间的相关性，但要求这些分类变量是有序的，比如肥胖等级（重度肥胖、中度肥胖、轻度肥胖、不肥胖），评委对选手的评分（优、中、差）等。我们想看两个（或者多个）评委对几位选手的评价标准是否一致；或者医院的尿糖化验报告，想检验各个医院对尿糖的化验结果是否一致，这时候就可以使用 Kendall 相关系数进行衡量。

Spearman 相关系数经常用希腊字母 ρ 表示，衡量两个变量的非线性关系。如果数据中没有重复值，并且当两个变量完全单调相关时，Spearman 相关系数为 $+1$ 或 -1。如果当 X 增加时，Y 趋向于增加，则 Spearman 相关系数为正，反之为负。Spearman 相关系数为零，表明 X 增加时，Y 没有任何趋向性。当 X 和 Y 越来越接近完全的单调相关时，Spearman 相关系数会在绝对值上增加。把观测值换成它们在各自样本中的秩，这些秩的 Pearson 相关系数就是 Spearman 相关系数。对随机产生的两组变量计算上述相关系数的代码如下：

```
np.random.seed(1010)
X=np.random.normal(1,1,30)
y=20+X*2+np.random.uniform(10,15,30)
print("Spearman's rho =", stats.spearmanr(X,y)[0])
print("Kendall's tau =", stats.kendalltau(X,y)[0])
print("Pearson's r =", stats.pearsonr(X,y)[0])
```

Spearman's rho = 0.7913236929922135

Kendall's tau = 0.6183908045977011

Pearson's r = 0.8473538029578902

上面的代码除了生成相关系数之外，还生成关于相关系数是否等于 0 的假设检验的 p-值。但是，当样本量很大时，我们要小心根据 p-值来决策。看下面的例子，这里随机产生两组独立的正态随机数，然后计算上面三个相关系数并作相关系数是否为 0 的假设检验：

```
np.random.seed(1110)
n = 999999
X = np.random.normal(1, 1, n)
y = np.random.normal(1, 1, n)
print(stats.spearmanr(X, y))
print(stats.kendalltau(X, y))
print(stats.pearsonr(X, y))
```

SpearmanrResult(correlation=−0.0020885161808969974, pvalue=0.036751421460279224)

KendalltauResult(correlation=−0.0013920535621579023, pvalue=0.036791011611714365)

PearsonResult(correlation=−0.0020154707556841954, pvalue= 0.04385550220100042)

　　三个检验的 p-值分别为 0.036 75, 0.036 79, 0.043 86, 在显著性水平为 0.05 时, 可以拒绝相关系数等于 0 的零假设。但三个相关系数的绝对值都非常小, 你会觉得这两个变量相关吗? 这个问题主要体现了统计显著性和科学显著性之间的差别。

13.1.1　习题

　　生成 100 个服从标准正态分布的随机变量 a、b, 响应变量 $y = a + 2b$, 分别计算 a、b 与 y 的 Spearman、Kendall 和 Pearson 相关系数, 并检验相关系数是否为 0。

13.2　回 归 直 线

　　Pearson 线性相关系数 r 并不只是测量散点图中的点聚集在一条直线上的程度, 它也有助于确定这条聚集的直线。在这一节中, 我们追溯高尔顿和皮尔逊发现这条直线的思路。

```
galton = pd.read_csv('GaltonFamilies.csv')
def predict_child(galton,mpht):
    return galton.loc[(galton['midparentHeight'] >= mpht − 0.5) &
    (galton['midparentHeight'] < mpht + 0.5),'childHeight'].mean()

heights_with_predictions = []
for mpht in galton['midparentHeight']:
    heights_with_predictions = np.append(heights_with_predictions,
                                predict_child(galton, mpht))
plt.scatter(galton['midparentHeight'], galton['childHeight'], color = 'y')
plt.scatter(galton['midparentHeight'], heights_with_predictions, color = 'r')
plt.show() # 见图 13.15
```

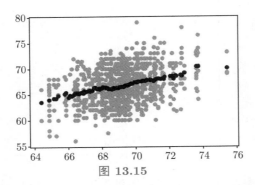

图 13.15

我们看看能否找到一种方法来确定这条线。首先，注意到线性关联不依赖于度量单位，我们也可以用标准单位来衡量这两个变量。

```
galton['midparentHeight(standard units)'] = standard_units(galton['midparentHeight'])
galton['childHeight(standard units)'] = standard_units(galton['childHeight'])
```

在这个刻度上，我们可以像以前一样精确地计算预测。但是，首先我们必须弄清楚，如何将"接近"的点的旧定义转换为新的刻度上的一个值。我们曾经说过，如果双亲身高差距在 0.5 英寸之内，它们就是"接近"的。由于标准单位以标准差为单位测量距离，所以我们必须计算出 0.5 英寸是双亲身高的标准差的多少倍。

```
sd_midparent = np.std(galton['midparentHeight'])
sd_midparent
0.5/sd_midparent
```

0.27756111096536695

双亲身高的标准差约为 1.8 英寸，所以 0.5 英寸约为 0.28 个标准差。现在我们准备修改预测函数来预测标准单位。有所改变的是，我们正使用具有标准单位值的表格，并定义如上所述的"接近"。

```
def predict_child(galton,mpht):
    close = 0.5/np.std(galton['midparentHeight'])
    return galton.loc[
    (galton['midparentHeight(standard units)'] >= mpht − close) &
    (galton['midparentHeight(standard units)'] < mpht + close),
    'childHeight(standard units)'].mean()

heights_with_predictions_std = []
for mpht in galton['midparentHeight(standard units)']:
    heights_with_predictions_std=np.append(heights_with_predictions_std,predict_child(galton,
        mpht))
```

```
plt.scatter(galton['midparentHeight(standard units)'],galton['childHeight(standard units)'],
        color = 'y')
plt.scatter(galton['midparentHeight(standard units)'],heights_with_predictions_std, color =
        'r')
plt.xlim(-4,4)
plt.ylim(-4,4)
plt.show() # 见图 13.16
```

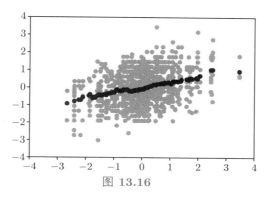

图 13.16

图 13.16 看起来就像在原始刻度上绘图。只改变了轴上的数字。这证实了我们可以通过在标准单位下工作来理解预测过程。

高尔顿的散点图的形状是个橄榄球。也就是说，像橄榄球一样大致为椭圆形。以后可以把我们的分析推广到其他形状的绘图。图 13.17 给出了一个橄榄球形散点图，两个变量以标准单位测量，45° 线显示为蓝色（注：此处及下文提到的线条的颜色见代码实际操作结果）。

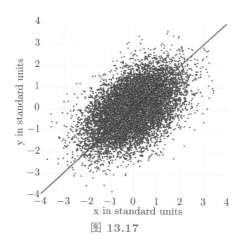

图 **13.17**

但 45° 线不是经过垂直条形的中心的线。可以看到，在图 13.18 中，1.5 个标准单位的垂直线显示为黑色。黑线附近的散点图上的点的高度都大致在 −2 到 3 的范围内。红线太高，无法命中中心。

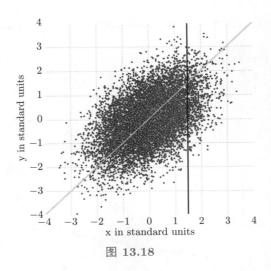

图 13.18

所以 45° 线不是"均值图"线,该线是图 13.19 显示的绿线。

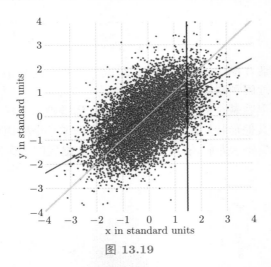

图 13.19

　　两条线都经过原点 (0,0)。绿线穿过垂直条形的中心(至少大概),比红色的 45° 线平坦。45° 线的斜率为 1。所以绿色的"均值图"直线的斜率是正值但小于 1。这可能是什么值呢?你猜对了,这是 r。

　　绿色的"均值图"线被称为回归线,我们将很快解释原因。但首先,我们模拟一些 r 值不同的橄榄球形散点图,看看回归线是如何变化的。在每种情况中,绘制红色 45° 线作比较。执行模拟的函数为 regression_line,并以 r 为参数。

```
def regression_line(r):
    sampleSize = 2000
    X = np.random.normal(0,1,sampleSize)
    X = standard_units(X)
    X = np.sort(X)
```

```
y = r * X + np.sqrt(1 − r ** 2) * np.random.normal(0,1,sampleSize)
y = standard_units(y)
plt.scatter(X, y,linewidth = 1, color = 'y')
plt.plot(X, X, color = 'r', linewidth = 3)
plt.plot(X, r * X, color = 'g', linewidth =3)
plt.xlim(−4, 4)
plt.ylim(−4, 4)
plt.show()
```

regression_line(0.9) # 见图 13.20

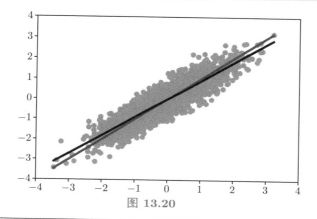

图 13.20

regression_line(0.6) # 见图 13.21

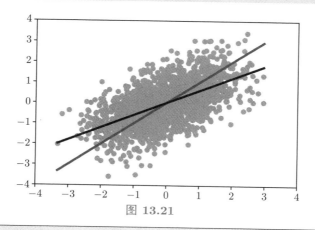

图 13.21

regression_line(0.1) # 见图 13.22

　　当 r 接近于 1 时,散点图中 45° 线和回归线都非常接近。但是对于 r 的较低值来说,回归线显然更平坦。

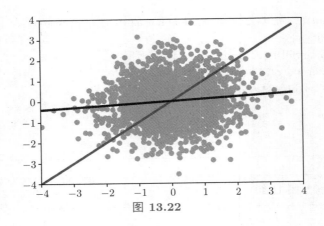

图 13.22

13.2.1 回归效应

就预测而言，这意味着，对于双亲身高为 1.5 个标准单位的家长来说，我们对子女身高的预测要稍低于 1.5 个标准单位。如果双亲身高是 2 个标准单位，我们对子女身高的预测就会比 2 个标准单位少一些。换句话说，子女会比父母更接近均值。高尔顿意识到，高个子父母的子女通常并不是特别高。高尔顿将这种现象称为"回归平庸"。高尔顿还注意到，特别矮的父母的子女通常相对于他们这一代高一些。一般来说，极端个体的子代或下一次测量会向平均值靠近。这被称为回归效应。在回归中，我们使用一个变量（称为 X）的值来预测另一个变量的值（称为 Y）。当变量 X 和 Y 以标准单位测量时，基于 X 预测 Y 的回归线的斜率为 r 并经过原点。因此，回归线的方程可写为：$\hat{Y} = r * X$，当 X 和 Y 都被标准化时，在数据的原始单位下，就变成

$$(\hat{Y} - \overline{Y})/\text{std}(Y) = r * (X - \overline{X})/\text{std}(X) \tag{13.1}$$

原始单位的回归线的斜率和截距可以从上式中导出。

下面的三个函数计算相关性、斜率和截距。它们都有两个参数：包含 X 的列标签以及包含 y 的列标签。

```
def correlation(X, y):
    X = standard_units(X)
    y = standard_units(y)
    return np.mean(X*y)

def slope(X, y):
    r = correlation(X, y)
    return r*np.std(y)/np.std(X)

def intercept(X, y):
    return np.mean(y) − slope(X, y)*np.mean(X)
```

双亲身高和子女身高之间的相关性是 0.32：

```
galton_r = correlation(galton['midparentHeight'], galton['childHeight'])
galton_r
```

0.320949896063959

我们也可以找到回归线的方程，基于双亲身高预测子女身高：

```
galton_slope = slope(galton['midparentHeight'], galton['childHeight'])
galton_intercept = intercept(galton['midparentHeight'], galton['childHeight'])
galton_slope, galton_intercept
```

(0.6373608969694783, 22.636240549589772)

回归线的方程是：子女身高 $= 0.64 \times$ 双亲身高 $+ 22.64$。这也称为回归方程。回归方程的主要用途是根据 X 预测 y。例如，对于 70.48 英寸的双亲身高，回归线预测，子女身高为 67.75 英寸。

13.2.2 拟合值

所有的预测值都在回归线上，被称为"拟合值"。函数 fit 使用表名以及 X 和 y 的标签，返回一个拟合值数组，散点图中每个点都有一个拟合值。

```
def fit (X, y):
    a = slope(X, y)
    b = intercept(X, y)
    return a * X + b


yfit = []
yfit = fit(galton['midparentHeight'], galton['childHeight'])
galton['Fit'] = yfit
plt.scatter(galton['midparentHeight'], galton['childHeight'],
        linewidths = 0.5,color = 'y')
plt.plot(galton['midparentHeight'], galton['Fit'], linewidth = 2.5, color = 'r')
plt.show() # 见图 13.23
```

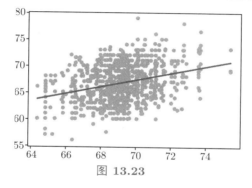

图 13.23

我们的例子来自高尔顿收集的数据。双亲身高与子女身高的散点图看起来像是一个橄榄球，这时用直线去拟合往往有很好的效果。

13.2.3 斜率

斜率是一个比值，值得花点时间来研究它的测量单位。

```
slope(galton['midparentHeight'],galton['childHeight'])
```

0.6373608969694783

回归线的斜率是 0.64，这意味着，对于身高相差 1 英寸的双亲来说，我们对子女身高的预测相差 0.64 英寸。对于身高相差 2 英寸的双亲来说，我们预测的子女身高相差 $2 \times 0.64 = 1.28$ 英寸。即使我们没有建立回归方程的数学基础，也可以看到，当散点图是橄榄球形的时候，它会给出相当好的预测。这是一个令人惊讶的数学事实，无论散点图的形状如何，同一个方程都能给出所有直线中的"最好"的预测。这是下一节的主题。

13.2.4 估计中的误差

刚才我们展示了上一节中提到的散点图和回归线。我们不知道这是不是所有直线中最优的。我们首先必须准确表达"最优"的意思。对应于散点图上的每一个点，预测误差的计算为实际值减去预测值，它是点与回归线之间的垂直距离。如果点在线之下，则预测误差为负值。

```
galton['Errors'] = galton['childHeight'] − galton['Fit']
plt.scatter(galton['midparentHeight'], galton['childHeight'],
          linewidths = 0.5, color = 'y')
plt.plot(galton['midparentHeight'], galton['Fit'],
        linewidth = 2.5, color = 'r')
for i in np.arange(0, len(galton['midparentHeight']), 100):
    plt.plot([galton['midparentHeight'][i], galton['midparentHeight'][i]],
    [galton['childHeight'][i], galton['Fit'][i]],
    linewidth= 2.5, color = 'b')
plt.show() # 见图 13.24
```

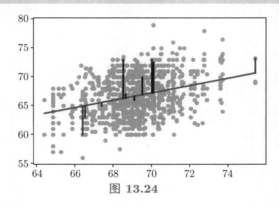

图 13.24

如果我们用不同的线来创建估计，误差将会不同。图 13.25 显示了如果我们使用另一条回归线进行估算，误差会有多大。图 13.25 显示了使用不太好的回归线误差较大。

```
[slope(galton['midparentHeight'], galton['childHeight']),
 intercept(galton['midparentHeight'], galton['childHeight'])]
```

[0.6373608969694783, 22.636240549589772]

```
galton['Fit2'] = 0.5 * galton['midparentHeight'] + 30
plt.scatter(galton['midparentHeight'],galton['childHeight'],
         linewidths = 0.5,color = 'y')
plt.plot(galton['midparentHeight'], galton['Fit2'],
        linewidth = 2.5, color = 'r')
for i in np.arange(0,len(galton['midparentHeight']), 100):
    plt.plot([galton['midparentHeight'][i], galton['midparentHeight'][i]],
    [galton['childHeight'][i], galton['Fit2'][i ]],
    linewidth = 2.5, color = 'b')
plt.show() # 见图 13.25
```

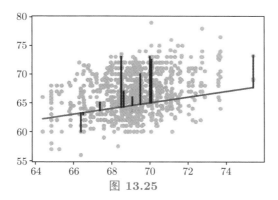

图 13.25

13.2.5 习题

生成 100 个服从标准正态分布的随机变量 x、ϵ，响应变量 $y = 5x + \epsilon$，建立 x 和 y 的回归方程，并比较斜率的估计值和真实值的差别。

13.3 均方根误差

我们现在需要的是误差大小的一个总体衡量。如果使用任意直线来计算估计值，那么可能一些误差是正的，而其他误差则是负的。为了避免正负误差在测量时抵消，我们采用误差平方的均值而不是误差的均值。均方误差的单位很难解释。取平方根产生均方根误差（RMSE），与预测变量的单位相同，因此更容易理解。

13.3.1　使 RMSE 最小

到目前为止，我们的观察可以总结如下：要根据 X 估算 Y，可以使用任何你想要的直线。每条直线都有估计的均方根误差。"更好"的直线有更小的误差。有没有"最好"的直线？也就是说，是否有一条线使均方根误差最小？为了回答这个问题，我们首先定义一个函数 lw_rmse，通过高尔顿收集的数据集的散点图来计算任意直线的均方根误差。函数将斜率和截距（按此顺序）作为参数。

```
slope1 = slope(galton['midparentHeight'], galton['childHeight'])
intercept1 = intercept(galton['midparentHeight'], galton['childHeight'])
def lw_rmse(galton, slope, intercept):
    fitted = slope * galton['midparentHeight'] + intercept
    mse = np.mean((galton['childHeight'] − fitted) ** 2)
    print("Root mean squared error:", mse ** 0.5)
    return mse ** 0.5

lw_rmse(galton, slope1, intercept1)
```

Root mean squared error: 3.388079916395342
3.388079916395342

```
lw_rmse(galton, 0.5, 30)
```

Root mean squared error: 4.016318253005091
4.016318253005091

正如预期的那样，不好的直线 RMSE 很大。但是如果我们选择接近于回归线的斜率和截距，则 RMSE 要小得多。这是对应于回归线的均方根误差。通过显著的数学事实，没有其他线能击败这一条。回归线是所有直线中唯一使估计的均方误差最小的直线，其证明需要用到超出本课程范围的抽象数学。但我们有一个强大的工具——Python，它可以轻松执行大量数值计算。所以我们可以使用 Python 来确认回归线最小化的均方误差。不仅回归线具有最小的均方误差，而且均方误差的最小化也给出了回归线。回归线是最小化均方误差的唯一直线。这就是回归线有时被称为"最小二乘直线"的原因。下面用 scipy 中 stats.linregress( ) 函数做最简单的一元线性回归，后面会介绍更多回归。

```
slop, intercept, r_value, p_value, std_err =
    stats.linregress(galton['midparentHeight'], galton['childHeight'])
print('slope=', slop, 'intercept=', intercept)
print('r_value=', r_value, 'p_value=', p_value)
print('std_err=', std_err)
```

slope= 0.6373608969694788 intercept= 22.636240549589758
r_value= 0.32094989606395946 p_value= 8.053864992479037e-24
std_err= 0.06160760165644821

以上过程得到估计的斜率和截距、Pearson 相关系数、斜率等于 0 的双边 t 检验的 p-值，以及标准误差。

13.3.2 习题

生成 100 个服从标准正态分布的随机变量 x、ϵ，响应变量 $y = 3.14 + 1.59x + \epsilon$，建立 x 和 y 的回归方程，得到斜率和截距的估计值并计算 Pearson 相关系数、斜率等于 0 的双边 t 检验的 p-值，以及标准误差。

C第十四章 回归中的统计推断
HAPTER 14

到目前为止，我们对于两个变量之间的关系仅仅是描述性的。我们知道如何在散点图中找到拟合程度最好的直线。这条线在所有直线中具有最小均方误差。但是当我们的数据来自一个很大的总体时，如果我们在数据中找到了两个变量具有线性关系，这样的线性关系在总体中依然成立吗？总体中也会是精确的线性关系吗？我们还能够预测不在数据中的新个体的响应值吗？如果我们相信散点图能反映两个变量的潜在关系，但并不完全假设这样的关系，上面的推断和预测问题便会出现。比如，出生体重和妊娠时间的散点图能够精确展现数据中这两个变量的关系。但是我们想要知道这个关系在数据所来自的那个总体中是否正确，或者部分正确。推断思想总是从对数据的假设的认真检验开始。一组假设的集合叫作模型。一组关于大致呈线性的散点图的假设就是一种回归模型。

14.1 回归模型

简单说来，回归模型假设两个变量的关系是完美的线性，这条直线就是我们想要识别的信号（signal）。但是，我们并不能够很清楚地看到这条线，我们所看到的只是散落在这条线周围的数据点。对于每一个这样的点，信号被随机噪音（random noise）干扰。因此，我们的推断目标就是将信号和噪音分开。具体来说，回归模型假定散点图中的数据点由下面的步骤随机生成：

(1) 对于每一个 x，在直线上找到对应的点（信号），再生成一个随机噪音。

(2) 随机噪音是来自一个以 0 为均值的正态分布总体。

(3) 构建一个以 x 为横坐标，以直线在 x 的高度加噪音为纵坐标的数据点。

x 和 y 的关系是完美的直线。我们不能直接看到这条直线，但它是存在的。数据点是通过在这条直线上取点，并将点垂直向上或者向下移动得到的。

最终擦去直线，仅仅展现这些数据点。基于这样的散点图，我们应该如何估计这条真实的直线呢？我们能够在散点图上放置的最好的直线就是回归直线。因此，回归直线是对于未知的真实直线的一个自然估计。下面的模拟展示了回归直线离真实直线有多近。它展示了数据点、回归直线和真实直线。我们利用自定义函数 draw_and_compare 来进行模拟，其中此函数有三个输入，分别是真实直线的斜率、截距以及样本量。通过选取不同大小的样本量可以发现：当样本量足够大时，回归直线是真实直线的很好的估计。

```
def standard_units(numbers_array): # 定义估计回归直线的函数
    # 将数据标准化
```

```
        return (numbers_array − np.mean(numbers_array))/np.std(numbers_array)
```

```
def correlation(x, y): # 计算相关系数
    x = standard_units(x)
    y = standard_units(y)
    return np.mean(x*y)
def slope(x, y): # 计算回归直线的斜率（在原始单位下）
    r = correlation(x, y)
    return r * np.std(y) / np.std(x)
def intercept(x, y): # 计算回归直线的截距（在原始单位下）
    return np.mean(y) − slope(x, y) * np.mean(x)
```

```
import numpy as np
import matplotlib.pyplot as plt

def draw_and_compare(slope0, intercept0, sample_size):

    x = np.arange(10, 31, (31−10)/sample_size) # 真实直线
    y0 = slope0 * x + intercept0
    random_noise = np.random.normal(loc = 0, scale = 10, size = len(x))

    y_observed = y0 + random_noise # 观察到的数据点
    y_fitted = slope(x, y_observed) * x + intercept(x, y_observed) # 回归直线

    plt.scatter(x, y_observed, color = 'yellow')
    plt.plot(x, y0, color = 'brown')
    plt.plot(x, y_fitted, color = 'blue')
    plt.legend(['true line', 'regression line'], loc = 'best')
```

通过自定义的函数作真实直线与回归直线的图像，利用 numpy 模块中的 random 函数设置种子，以保证代码的可重复性。

```
np.random.seed(202014)
draw_and_compare(4, −5, 20)
plt.show() # 见图 14.1
```

```
draw_and_compare(4, −5, 500)
plt.show() # 见图 14.2
```

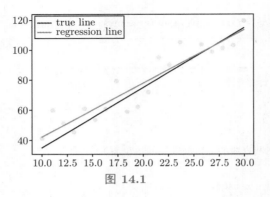

图 14.1

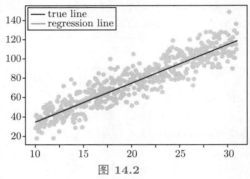

图 14.2

以上的模拟展现了，在回归模型假设成立的条件下，当样本量足够大时，回归直线将覆盖真实直线，这意味着在这种情况下，回归直线是对真实直线的一个良好的估计。

14.1.1　习题

1. 尝试将自定义函数 draw_and_compare 中的样本量 sample_size 调大至 1 000、2 000，甚至 3 000，你有什么发现？

2. 如果你在其他课程中学习过一元线性回归模型，请简单叙述一下斜率的最小二乘估计量的性质（比如：无偏性、有效性等）。

14.2　对于真实斜率的推断

我们将用一个实际例子来开发一种对真实斜率进行推断的方法。首先，我们需要判断回归模型是不是一个合理假设。

```
import pandas as pd
hw_data = pd.read_csv('height_weight.csv')
hw_data.head(5)
```

	sex	weight	height
0	M	77	182
1	F	58	161
2	F	53	161
3	M	68	177
4	F	59	157

这组数据记录了一群学生的性别、体重和身高。我们通过散点图来研究体重和身高之间的关系。

```
plt.scatter(hw_data['weight'], hw_data['height'], color = 'yellow') # 画散点图
plt.xlabel('weight (kg)')
plt.ylabel('height (cm)')
plt.show() # 见图 14.3
```

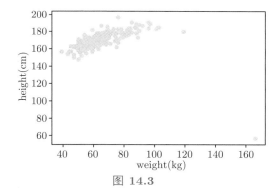

图 14.3

为了模拟大多数人的体重与身高之间的关系，我们将最右下角的离群点除去，再通过散点图观察身高与体重的关系。

```
ind = hw_data['weight'] < 140
weight = np.array(hw_data['weight'][ind])
height = np.array(hw_data['height'][ind])
plt.scatter(weight, height, color = 'yellow')
plt.xlabel('weight'); plt.ylabel('height')
plt.show() # 见图 14.4
```

通过身高与体重的相关系数定量地分析其关系。

```
correlation(weight, height)
```

0.7707305824827925

紧接着，我们画出回归直线。

```
height_fitted = slope(weight,
                      height) * weight + intercept(weight, height)
# 画回归直线
plt.scatter(weight, height, color = 'yellow')
plt.plot(weight, height_fitted, color = 'brown')
plt.xlabel('weight')
plt.ylabel('height')
plt.show() # 见图 14.5
```

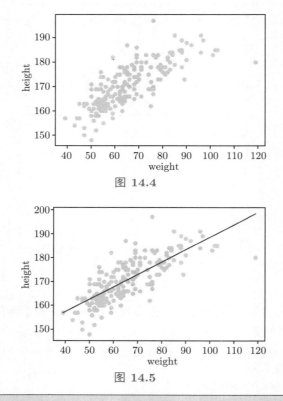

图 14.4

图 14.5

```
slope(weight, height)
```

0.5168935754352396

　　我们可以看到，回归直线具有一个正斜率。这是否反映了"真实直线"也具有一个正斜率呢？我们知道，真实直线的斜率可以用回归直线的斜率进行估计。由于数据的随机性，如果散点图不同，我们得到的斜率估计也将不同。那么，用来量化这些斜率的估计值有很大不同吗？回答是肯定的，我们可以对原始样本进行重抽样，对于每一个重抽样的样本，得到一条回归直线，从而计算出一个新的斜率估计。

14.2.1 习题

1. 尝试对原始样本进行重抽样，对于每一个重抽样的样本，得到一条回归直线，从而计算出一个新的斜率估计。

2. 根据上述得到的不同样本下的斜率的估计值，你有什么新的发现吗？

14.3 对于散点图的重抽样

我们可以从数据 $\{(x_1, y_1), \cdots, (x_n, y_n)\}$ 中有放回地随机抽取样本，抽样数目和原始数目一致。每一个重抽样样本可以得到一幅散点图，我们称这样的过程为从散点图中的重抽样。下面看看三个重抽样样本。

```
plt.scatter(weight, height, color = 'yellow')
plt.xlabel('weight')
plt.ylabel('height')
plt.title('original samples')
plt.show() # 见图 14.6
```

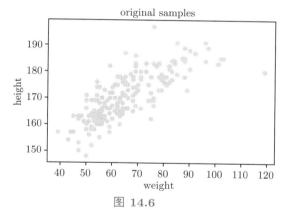

图 14.6

我们利用自助法进行重抽样。

```
sample_size = len(weight)
ind1 = np.random.choice(np.arange(sample_size),
                        size = sample_size, replace = True)
plt.scatter(weight[ind1], height[ind1], color = 'yellow')
plt.xlabel('weight')
plt.ylabel('height')
plt.title('bootstrap sample 1')
plt.show() # 见图 14.7
```

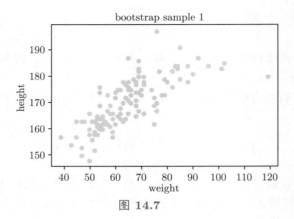

图 14.7

```
ind2 = np.random.choice(np.arange(sample_size),
                        size = sample_size, replace = True)
plt.scatter(weight[ind2], height[ind2], color = 'yellow')
plt.xlabel('weight')
plt.ylabel('height')
plt.title('bootstrap sample 2')
plt.show() # 见图 14.8
```

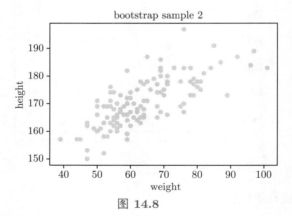

图 14.8

```
ind3 = np.random.choice(np.arange(sample_size),
                        size = sample_size, replace = True)
plt.scatter(weight[ind3], height[ind3], color = 'yellow')
plt.xlabel('weight')
plt.ylabel('height')
plt.title('bootstrap sample 3')
plt.show() # 见图 14.9
```

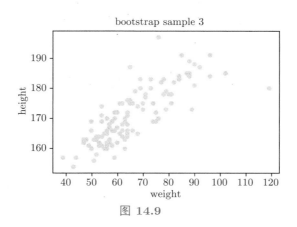

图 14.9

14.3.1 估计真实的斜率

我们可以对散点图重抽样若干次，然后对每一次重抽样得到的散点图画出一条回归直线。每条直线都有一个斜率。我们可以将这些斜率记录下来，画出它们的经验分布图。

```
slopes = []
for i in np.arange(5000):
    ind = np.random.choice(np.arange(sample_size),
                            size = sample_size, replace = True)
    slope_one_sample = slope(weight[ind], height[ind])
    slopes = np.append(slopes, slope_one_sample)
plt.hist(slopes, facecolor = 'yellow', edgecolor = 'black')
plt.title('The histogram for slopes by bootstrapping')
plt.show() # 见图 14.10
```

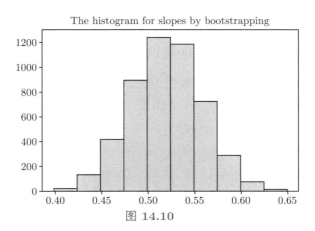

图 14.10

我们可以利用重抽样的百分位数方法来构建一个关于斜率的 95% 的置信区间，即重抽样斜率中 2.5% 分位数到 97.5% 分位数。

```
[np.percentile(slopes, 2.5), np.percentile(slopes, 97.5)]
```

[0.4460225160275193, 0.5932960030779233]

上述结果说明，关于真实直线斜率的 95% 的置信区间是 0.446 0 到 0.593 3。

14.3.2 重抽样斜率的函数

我们将以上步骤集合到函数 bootstrap_slope 中。

```
def bootstrap_slope(predictor, response, sample_size, repetition):
    slopes = []
    for i in np.arange(repetition):
        ind = np.random.choice(np.arange(sample_size),
                               size = sample_size, replace = True)
        slope_one_sample = slope(predictor[ind], response[ind])
        slopes = np.append(slopes, slope_one_sample)
    plt.hist(slopes, facecolor = 'yellow', edgecolor = 'black')
    plt.title('The histogram for slopes by bootstrapping')
    left = np.percentile(slopes, 2.5)
    right = np.percentile(slopes, 97.5)
    print('The 95% confidence interval for the slope is ',
          [left, right])
    plt.plot([left, right], [0,0], color = 'brown', linewidth = 10)
```

```
repetition = 5000
bootstrap_slope(weight, height, sample_size, repetition)
plt.show() # 见图 14.11
```

The 95% confidence interval for the slope is [0.44750463306884103, 0.5937664667408056]

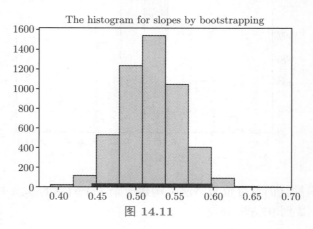

图 14.11

同理，我们可以利用高尔顿的双亲身高和子女身高的数据，构建真实直线斜率的置信区间。

```
galton = pd.read_csv('GaltonFamilies.csv')
galton.head(5)
```

	family	father	mother	midparentHeight	children	childNum	gender	childHeight
0	1	78.5	67	75.43	4	1	male	73.2
1	1	78.5	67	75.43	4	2	female	69.2
2	1	78.5	67	75.43	4	3	female	69
3	1	78.5	67	75.43	4	4	female	69
4	2	75.5	66.5	73.66	4	1	male	73.5

```
midparentHeight = np.array(galton['midparentHeight'])
childHeight = np.array(galton['childHeight'])
bootstrap_slope(midparentHeight, childHeight,
                len(midparentHeight), 5000)
plt.show() # 见图 14.12
```

The 95% confidence interval for the slope is [0.516268068414528, 0.7552506699115689]

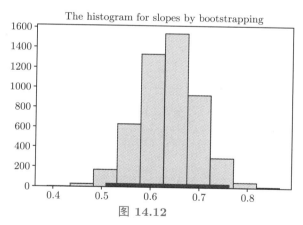

图 14.12

因此，我们利用一个简单函数就可以计算两个变量之间真实直线的斜率的置信区间。

14.3.3 真实的斜率可能是 0 吗

假定我们相信数据来自回归模型，通过回归直线拟合数据来估计真实直线。如果回归直线并不是完美地平坦，我们将会观察到一些线性相关关系。如果这条回归曲线是平坦的，则说明两个变量之间没有线性关系，在这种情况下，我们该如何处理呢？

```
draw_and_compare(0, 10, 25)
plt.show() # 见图 14.13
```

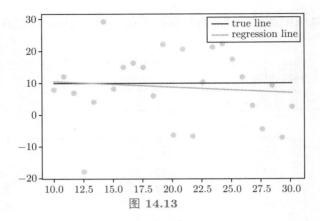

图 14.13

```
draw__and__compare(0, 10, 25)
plt.show() # 见图 14.14
```

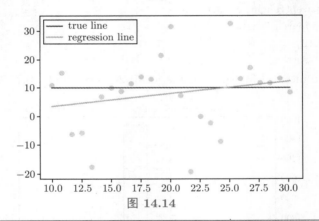

图 14.14

```
draw__and__compare(0, 10, 25)
plt.show() # 见图 14.15
```

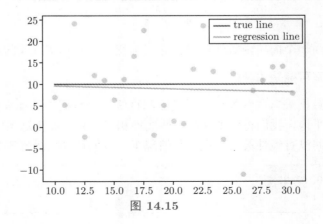

图 14.15

我们可以看到，真实直线是水平的，但是回归直线有时偏下、有时偏上，斜率和 0 不一样，这完全是由数据的随机性造成的。为了确定一个斜率是否为零，我们可以利用假设检验的方法进行假设：

零假设：真实直线的斜率为 0

备择假设：真实直线的斜率不为 0

置信区间和假设检验之间有如下关系：当我们在 5% 的 p-值阈值（或者称为显著性水平）下进行检验时，如果斜率的 95% 的置信区间不包括 0，那么我们拒绝零假设；反之，我们不拒绝零假设。下面我们用一个例子来看看女性"工作时间"和"收入"是否有线性关系。

```
working = pd.read_csv('Workinghours.csv')
working.head(5)
```

	hours	income	age	education
0	2000	350	26	12
1	390	241	29	8
2	1900	160	33	10
3	0	80	20	9
4	3177	456	33	12

```
hours = np.array(working['hours'])
income = np.array(working['income'])

plt.scatter(hours, income, color = 'yellow')
plt.xlabel('hours')
plt.ylabel('income')
plt.show() # 见图 14.16
```

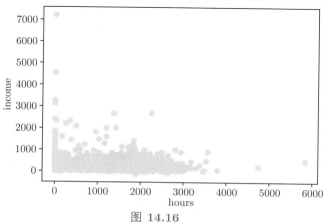

图 14.16

为了不受离群值的干扰，考虑大多数女性的工作时间和收入的关系，我们除去工资在 3 000 以上的数据点。

```
ind = income <= 3000
plt.scatter(hours[ind], income[ind], color = 'yellow')
plt.xlabel('hours')
plt.ylabel('income')

slope0 = slope(hours[ind], income[ind])
intercept0 = intercept(hours[ind], income[ind])
plt.plot(hours[ind], slope0 * hours[ind] + intercept0,
        color = 'brown')
plt.show() # 见图 14.17

slope(hours[ind], income[ind])
```

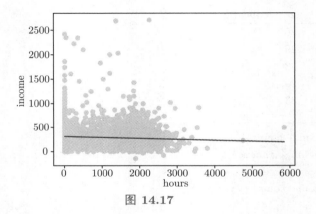

图 14.17

−0.01948560198433855

```
bootstrap_slope(hours[ind], income[ind], len(hours[ind]), 5000) # 见图 14.18
```

The 95% confidence interval for the slope is $[-0.028081978902172174, -0.010728912202642233]$

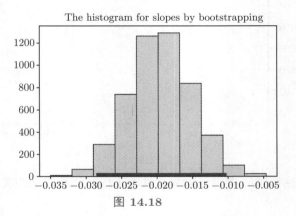

图 14.18

由于 95% 的置信区间不包含 0，因此在显著性水平为 5% 的条件下，我们拒绝零假设，即认为工作时间与收入具有负相关关系。

这个数据分析的结果可能和部分人的生活经验是不一致的。这种不一致有可能是由于线性回归直线并不能很好地拟合数据，或者是由于我们未考虑到其他因素，比如年龄、受教育程度等，这些因素可能起着干扰作用。

14.3.4　预测区间

回归模型一个最主要的作用是为一个新的个体（需要与原始样本相似）进行预测，也就是对一个新的 x，基于回归模型估计对应的 y 值，这个估计是 x 在真实直线上的高度。然而，事实上我们并不知道真实直线，所以我们可以用回归直线来估计真实直线。给定一个 x，它的拟合值为 x 在回归直线上的高度。对于上述数据集中体重、身高的数据，我们通过定义 fitted_value 函数对一个新的体重值来预测对应的身高。

```
def fitted_value(predictor, response, new_x):
    slope0 = slope(predictor, response)
    intercept0 = intercept(predictor, response)
    new_y = slope0 * new_x + intercept0
    return new_y
```

```
# 当体重为 60 公斤时，其对应身高值
y60 = fitted_value(weight, height, 60)
plt.scatter(60, y60, s=100, color = 'blue')

# 当体重为 90 公斤时，其对应身高值
y90 = fitted_value(weight, height, 90)
plt.scatter(90, y90, s=100, color = 'red')
plt.show() # 见图 14.19
```

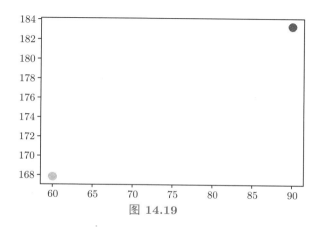

图 14.19

14.3.5　习题

假设一个一般线性回归模型：$Y_i = \beta_0 + \beta_1 X_i + \epsilon_i,\ i = 1, \cdots, n,\ \epsilon_i \sim N(0, \sigma^2)$。一个重要问题是检验斜率 β_1 是否显著不为 0。要解决这个问题，可以对 β_1 的估计作 t 检验。基于高尔顿的双亲身高数据集，建立子女身高（y）与双亲身高（x）的一元线性回归模型，思考以下问题：

1. 定义一个函数来计算方差 σ^2 的估计值

$$\hat{\sigma}^2 = \frac{1}{n-2} \sum_{i=1}^{n} (y_i - \hat{y}_i)^2$$

其中，$\hat{y}_i$ 是回归拟合值。

2. 构造函数计算

$$L_{xx} = \sum_{i=1}^{n} (x_i - \bar{x})^2$$

3. 构造函数来计算检验问题的 t 统计量

$$t = \hat{\beta}_1 / se(\hat{\beta}_1)$$

这里的 $se(\hat{\beta}_1)$ 表示 $\hat{\beta}_1$ 的标准差。可以尝试用自助法来计算这个标准差。

4. 利用 scipy.stats 模块计算 t 检验的 p-值。

5. 根据上述得到的 p-值，你能得到什么结论？

14.4　预测的波动性

我们已经开发了一种可以通过人体体重来预测身高的方法。但是，作为数据科学家，我们知道样本是具有随机性的。如果样本不一样，那么我们计算出来的回归线也不同，从而我们的预测也有差异。为了评判预测值，我们必须理解预测值的波动性。我们可以通过重抽样的方法来生成新的样本，通过新的样本获得某个 x 的预测值，通过这些预测值，我们就能够量化预测值的波动性。

14.4.1　重抽样预测区间

如果增加重抽样的次数，就能够生成预测值的经验分布。这允许我们利用百分位数方法创造预测区间。基于此，我们通过构建一个 bootstrap_prediction 函数来对某一给定值 x 进行预测区间的构造。

```
def bootstrap_prediction(predictor, response, sample_size, repetition, x_new):
    y_new = []
    for i in np.arange(repetition):
        ind = np.random.choice(np.arange(sample_size), size = sample_size, replace = True)
        slope0 = slope(predictor[ind], response[ind])
        intercept0 = intercept(predictor[ind], response[ind])
```

```
      y_new = np.append(y_new, slope0 * x_new + intercept0)
plt.hist(y_new, facecolor = 'yellow', edgecolor = 'black')
plt.title('The histogram of the predictions')
left  = np.percentile(y_new, 2.5)
right = np.percentile(y_new, 97.5)
print('The 95% confidence interval for the prediction is ', [left, right])
plt.plot([ left , right ], [0 ,0], color = 'brown', linewidth = 10)
```

我们对体重为 60 公斤的人进行身高预测，其身高的预测区间为

```
bootstrap_prediction(weight, height, len(weight), 5000, 60)
plt.show() # 见图 14.20
```

The 95% confidence interval for the prediction is [167.02474494239627, 168.67110641121664]

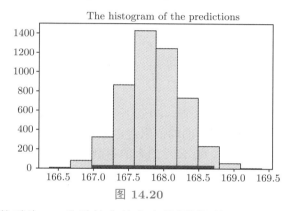

图 14.20

同理，我们给出体重为 80 公斤的人的身高的预测区间。

```
bootstrap_prediction(weight, height, len(weight), 5000, 80)
plt.show() # 见图 14.21
```

The 95% confidence interval for the prediction is [176.8011941724507, 179.6710178629752]

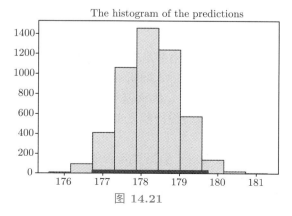

图 14.21

14.4.2　改变预测变量（x）的影响

我们从上面的例子可以看到，当将体重从 60 公斤变为 80 公斤后，预测区间（预测值的 95% 的置信区间）的宽度发生了改变。

```
# 体重为 60 公斤的人的身高预测区间宽度
168.67110641121664 — 167.02474494239627
```

1.6463614688203734

```
# 体重为 80 公斤的人的身高预测区间宽度
179.6710178629752 — 176.8011941724507
```

2.8698236905244983

当体重为 60 公斤时，预测区间宽度更狭窄。我们看看这是怎么回事。

```
np.mean(weight)
```

65.2964824120603

样本的体重平均值大约为 65.3 公斤，60 公斤比 80 公斤更接近平均值。典型地，基于重抽样样本的回归曲线，在预测变量的均值附近，互相之间靠得更近。因此，它们的预测值也靠得更近。这也解释了为什么 60 公斤的人的身高的预测区间比 80 公斤的人的身高的预测区间更狭窄。

14.4.3　习题

1. 利用 bootstrap_prediction 函数，给出体重为 40、50、60、70、80、90 公斤的人的身高的预测区间，并计算出各个预测区间的宽度。
2. 基于上述计算出的预测区间的宽度，作出直方图，你有什么新发现？

14.5　总　结

值得注意的是，本章所有预测和检验都是基于回归模型成立的假设条件。更加明确地，回归模型假设散点图是来自直线的点再融入随机噪音。如果散点图并不具有如上特征，那么回归模型在这一数据上可能并不成立，因而基于回归模型的检验或者预测都将不奏效。因此，在我们基于回归模型做预测或假设检验之前，需要弄清楚回归模型在我们的数据上是否成立。

那么，如何判断回归模型的假设对于数据集是否成立？一个简单的方法是，将数据通过散点图表示出来，再看看数据点是否大致在一条直线的周围。我们也可以利用残差图（真实值减去拟合值）来诊断回归线性模型对我们的数据是否成立。

关于回归模型 $y = X^{\mathrm{T}}\beta + e$，有以下几个基本假设：

(1) 自变量（X）和因变量（y）线性相关。线性相关（linearly dependent）是最基本的假设。如果自变量和因变量之间没有关系或者是非线性关系，就无法使用线性回归模型进行预测，或者无法预测出准确的结果。

(2) 自变量（X）之间不存在很强的共线性。如果自变量之间出现了高度相关性，即共线性（collinearity），那么，自变量之间的联动关系会导致参数估计的标准差变大、置信区间变宽，参数估计会变得不稳定，从而导致关于参数的统计推断也变得不可靠。（注：两个自变量之间高度相关被称为共线性，但是也有可能三个或更多个自变量之间高度相关，这被称为多重共线性（multicollinearity）。）

(3) 自变量（X）与随机误差项独立。模型中一个或多个自变量与随机误差项存在相关关系，称为内生性（endogeneity）。内生性通常由于遗漏变量导致，因此是一个普遍存在的问题。内生性会导致模型参数估计不准确。

基于上述线性回归模型，系数的最小二乘估计量是 $\hat{\beta} = (X^{\mathrm{T}}X)^{-1}X^{\mathrm{T}}y$，回归拟合值是 $\hat{y} = X\hat{\beta}$，残差估计量是 $e = y - \hat{y}$。$\hat{\beta}$ 具有以下性质：

- 无偏性。利用 X 与 ε 的独立性假设，有 $E(X\varepsilon) = 0$. 因此有

$$E(\hat{\beta}) = E((X^{\mathrm{T}}X)^{-1}X^{\mathrm{T}}y) = \beta \tag{14.1}$$

- 最小方差性（有效性）

$$\mathrm{Var}(\hat{\beta}) = E[(\hat{\beta} - E(\hat{\beta}))(\hat{\beta} - E(\hat{\beta}))^{\mathrm{T}}] = \sigma^2 (X^{\mathrm{T}}X)^{-1} \tag{14.2}$$

14.5.1　习题

1. 推导式 (14.1)。
2. 推导式 (14.2)。

第十五章 机器学习常用方法

CHAPTER 15

机器学习涉及很多方法，我们主要介绍监督学习（supervised learning）和非监督学习（unsupervised learning）。其他的机器学习方法（比如半监督学习、强化学习等）就留给感兴趣的读者自己去探索了。监督学习是通过具有正确标识（label）的数据来对新的对象进行预测的过程。我们前几章学习的回归模型就是根据已有标识 (即响应变量 y) 的数据进行推断和预测。因此，回归模型属于一种监督学习。另外，在垃圾邮件分类问题中，我们提前已有一个数据库，它含有"垃圾邮件"的内容以及"正常邮件"的内容，这样的数据库就起着一个"家长"（即正确标识的数据）对"学生"（即算法）的"监督作用"。通过这样的监督作用，我们可以对新邮件的类别进行预测。因此，分类（classification）也属于监督学习的范畴。

根据监督学习的定义，我们容易猜测到非监督学习即是对不含有标识的数据的分析过程。聚类（clustering）是一种常用的非监督学习过程。聚类和分类不同。在分类问题中，我们需要具有正确标识的数据集，比如根据身高、体重信息判别"男生""女生"，我们必须要有"男生""女生"这样正确的标识，通过分类，将身高、体重的信息和标识联系起来，最后根据一个新个体的身高、体重来判断此新个体的性别。但是在聚类中，我们并没有性别的标识，我们的任务仅仅是根据身高、体重的信息发现不同的组，比如组 A、组 B，但是我们不知道性别信息。

在本章中，我们首先介绍监督学习中的多元（多变量）线性回归模型，这类方法是之前介绍的一元（单变量）线性回归模型的推广。随后介绍分类问题。对于非监督学习，我们将介绍用于聚类问题的一些有用算法，主要使用 Python 的 sklearn 模块。sklearn 模块的全称为 scikit-learn，是 Python 中重要的机器学习库，它提供了一系列机器学习的算法，主要包括五大部分：分类、回归、聚类、降维以及模型选择。sklearn 模块可以帮助我们轻松实现常用的模型或算法。

15.1 回归模型

本节主要介绍回归模型。回归模型是一种监督学习方法，这里我们主要关注线性模型。线性模型指回归函数是未知参数的线性函数。在数学上，我们用 y 表示响应变量，用 $x_1, \cdots, x_p$ 表示预测变量，$w_1, \cdots, w_p$ 以及 b 为线性模型的参数。那么，线性模型具有如下表达式：

$$y = b + w_1 x_1 + w_2 x_2 + \cdots + w_p x_p + \epsilon$$

在 Python 中，回归系数 $(w_1, w_2, \cdots, w_p)$ 被表示为 coef__，截距 b 被表示为 intercept__。

15.1.1 普通线性回归

在 sklearn 中，我们可以利用 LinearRegression 函数对普通线性模型进行拟合。定义 $\mathbf{y} = (y_1, \cdots, y_n)^{\mathrm{T}}$ 为 n 个相应变量的样本组成的向量，$\mathbf{X} = (\mathbf{x}_1, \cdots, \mathbf{x}_n)^{\mathrm{T}}$ 为 n 个预测变量的样本组成的 $n \times p$ 矩阵，其中，对于 $i = 1, \cdots, n$，$\mathbf{x}_i = (x_{i1}, \cdots, x_{ip})^{\mathrm{T}}$ 为第 i 样本的 p 维预测变量，$\mathbf{w} = (w_1, \cdots, w_p)^{\mathrm{T}}$ 为未知参数的向量，$\mathbf{1}$ 为 n 维全是 1 的列向量。那么普通线性回归通过下面的式子得到 $\mathbf{w}$ 和 b 的估计量，

$$\min_{\mathbf{w},b} \|\mathbf{y} - \mathbf{X}\mathbf{w} - b\mathbf{1}\|_2^2$$

这里，$\| \cdot \|_2^2$ 表示 L_2 范数的平方，即向量各元素的平方和。我们来看一些例子。

```
from sklearn import linear_model
reg = linear_model.LinearRegression()
X = [[0, 0], [1, 3], [2, 7]]
y = [1, 3, 5.5] # Use the formula y = 1 + 0.5 * x1 + 0.5 * x2
reg.fit (X,y)
```

LinearRegression(copy_X=True, fit_intercept=True, n_jobs=1, normalize=False)

我们可以用如下命令得到斜率和截距估计结果。

```
reg.coef_
```

array([0.5, 0.5])

```
reg.intercept_
```

1.0000000000000004

linear_model.LinearRegression( ) 常用的参数为：fit_intercept 表示是否考虑截距项 b，fit_intercept=False 时 b 会被直接设为 0；normalize 表示是否将预测变量 $\mathbf{X}$ 规范化，即对每一个预测变量减去其均值再除以平方和的开平方；n_jobs 表示平行计算使用的进程或者线程数。

我们举一个实际例子：

```
import matplotlib.pyplot as plt
import numpy as np
from sklearn import datasets, linear_model
from sklearn.metrics import mean_squared_error

diabetes = datasets.load_diabetes() # 输入数据
```

diabetes 提供了 442 个糖尿病病人的数据，包含病人性别、血压等基本信息，以及病人疾病的发展程度。diabetes 是一个元组，包括 data（自变量 **X**），target（响应变量 **y**），以及 DESCR（数据集描述）。我们可以通过下面的命令看看数据描述和响应变量。

```
print(diabetes.DESCR) # print结果此处省略
diabetes.target [:20]
```

array([151., 75., 141., 206., 135., 97., 138., 63., 110., 310., 101., 69., 179., 185., 118., 171.,
    166., 144., 97., 168.])

这里，响应变量表示的是一年以后的疾病发展程度。我们想要得到疾病发展程度与 10 个预测变量的关系，因此利用普通线性回归模型对数据进行拟合。

```
reg = linear_model.LinearRegression()
diabetes_X = diabetes.data
diabetes_y = diabetes.target
reg.fit (diabetes_X, diabetes_y)
```

我们来查看一下回归结果，即未知系数和截距的估计值。

```
reg.coef_
```

array([− 10.01219782, −239.81908937, 519.83978679, 324.39042769, −792.18416163,
    476.74583782, 101.04457032, 177.06417623, 751.27932109, 67.62538639])

```
reg.intercept_
```

152.1334841628965

在有了估计的线性模型之后，我们可以输入新的预测变量来对其相应变量进行预测。注意，这里的输入要求是一个二维数组。

```
reg.predict([[0.03807591, 0.05068012, 0.06169621, 0.02187235, −0.0442235 ,
    −0.03482076, −0.04340085, −0.00259226, 0.01990842, −0.01764613]])
```

array([206.11707117])

```
reg.predict([[0.03807591, 0.05068012, 0.06169621, 0.02187235, −0.0442235,
    −0.03482076, −0.04340085, −0.00259226, 0.01990842, −0.01764613],
        [0.04, 0.0212, 0.0369621, 0.02187235, −0.42235,
    −0.03482076, −0.04340085, −0.00259226, 0.01990842, −0.0176]])
```

array([206.11707117, 499.85887181])

我们也能计算对应的拟合值以及均方误差。

```
diabetes_y_fitted = reg.predict(diabetes_X) # 拟合值
mean_squared_error(diabetes_y, diabetes_y_fitted) # 均方误差
```

2859.6903987680657

15.1.2 岭回归

当多元预测变量 $x_1, \cdots, x_p$ 之间的某些预测变量之间存在高度的相关关系时，我们称预测变量之间存在多重共线性 (multicollinearity) 问题。多重共线性出现的时候，普通最小二乘回归虽然可以得到无偏估计量，但是估计量的方差会非常大，从而导致估计的结果不稳定。举一个极端的例子，当 $x_1 = 1 - x_2$ 时，我们计算回归系数时，式子中存在 $\{(\mathbf{1}, \mathbf{X})^{\mathrm{T}}(\mathbf{1}, \mathbf{X})\}^{-1}$，而注意到 $(\mathbf{1}, \mathbf{X})$ 这个 $n \times (p+1)$ 矩阵并不是列满秩的，这个求逆运算实际就无法运行，我们就没有办法得到回归的结果了。

为了解决这个问题，我们可以使用岭回归。它是对普通线性最小二乘回归方法的改进。当出现多重共线性问题时，岭回归可以得到虽然有偏、但是方差大幅缩小的估计结果，即有更小的均方误差。岭回归对于参数的估计通过如下式子获得：

$$\min_{\mathbf{w}, b} \|\mathbf{y} - \mathbf{X}\mathbf{w} - b\mathbf{1}\|_2^2 + \alpha \|\mathbf{w}\|_2^2$$

相比于普通线性回归的基础，我们增加了一个对于未知参数 $\mathbf{w} = (w_1, w_2, \cdots, w_p)$ 的惩罚项。$\alpha \geqslant 0$ 刻画了对 $\mathbf{w}$ 惩罚的程度。α 越大，惩罚越大，即表示 $\mathbf{w}$ 的估计值应当越小。当 $\alpha = 0$ 时，岭回归变为普通线性回归；当 $\alpha = \infty$ 时，$\mathbf{w}$ 的估计值为 0，即惩罚的程度达到最大。注意，这里只对 $\mathbf{w}$ 施加惩罚，对截距 b 并没有施加惩罚。

在了解了岭回归的基本概念之后，我们看一些例子。

```
X = [[1.3, 1, 1], [1.3, 2, 2], [0.5, 3, 3.001]]
w = [3, 2, 3]
b = 1
y = np.dot(X, w) + b + np.random.normal(0, 0.1, 3)
```

通过普通线性回归得到的结果：

```
reg = linear_model.LinearRegression()
reg. fit (X, y)
print(reg.coef_)
print(reg.intercept_)
```

[3.53910031 2.67094949 2.66652562]
−0.15637246394831017

312 数据科学基础

我们再看看在不同 α 下岭回归得到的结果：

```
reg = linear_model.Ridge(alpha=0.0005)
reg.fit(X,y)
print(reg.coef_)
print(reg.intercept_)
```

[3.51760643 2.66630515 2.66190814]
−0.11563695372545091

```
reg = linear_model.Ridge(alpha=0.01)
reg.fit(X, y)
print(reg.coef_)
print(reg.intercept_)
```

[3.14699478 2.58583988 2.58190613]
0.5882896604891368

一般认为，如果存在多重共线性问题，回归系数 $\mathbf{w} = (w_1, w_2, \cdots, w_p)$ 的估计值比普通线性回归更加稳定，而且它随着 α 的增加而变得更小。我们可以看一个例子，通过图形来说明回归系数如何随 α 的变化而变化。

```
X = np.random.normal(loc=0, scale=1, size=(100,3))
w = np.random.normal(loc=2, scale=0.3, size=3)
b = 1.0
y = np.dot(X, w) + b + np.random.normal(0, 0.1, 100)

n_alphas = 300 # α的数量
alphas = np.logspace(-1, 5, n_alphas) # 确定α
coefs = [] # 利用岭回归拟合每个α值
for a in alphas:
    ridge = linear_model.Ridge(alpha=a, fit_intercept=False)
    ridge.fit(X, y)
    coefs.append(ridge.coef_)
ax = plt.gca()
ax.plot(alphas, coefs)
ax.set_xscale('log')
plt.xlabel('alpha')
plt.ylabel('weights')
plt.title('Ridge coefficients as a function of the regularization')
plt.show() # 见图 15.1
```

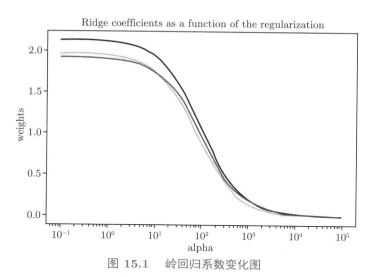

图 15.1　岭回归系数变化图

　　在岭回归中，一个问题是如何选择 α，解决办法是利用交叉验证 (cross validation)。交叉验证的基本思想是：将原始数据分为两组，第一组作为训练集，另一组作为测试集。首先在训练集上训练模型，再将训练好的模型作用在测试集上得到拟合值，比较验证集上拟合值和真实值之间的差异。对于每一个 α，重复上述步骤若干次，计算对应 α 下的平均误差，通过这样的方式来选择使得误差最小的 α。在 Python 中，我们利用 linear_model.RidgeCV 来选择岭回归中的 α。

```
X = np.random.normal(loc=0, scale=1, size=(100,3))
w = [3, 2, 3]
b = 1.0
y = np.dot(X, w) + b + np.random.normal(0, 0.1, 100)
reg = linear_model.RidgeCV(alphas = np.logspace(-10, 1, 10, 10), cv=5)
```

　　其中，alphas 表示 α 取的可能值；对于 cv，如果不进行声明，那么每次计算误差时仅用一个样本进行测试，如果是一个整数，比如 5，那么每次计算误差时，我们用五分之四的数据作为训练集，剩下五分之一的数据作为测试集。

```
reg. fit (X, y)
reg.alpha_  # α的最优值
```

0.0359381366380464

```
print(reg.coef_)
print(reg.intercept_)
```

[2.99823065 2.00529568 2.97795067]
1.000225023064024

此命令等价于以下命令。

```
reg = linear_model.Ridge(alpha = reg.alpha_)
reg. fit (X, y)
print(reg.coef_)
print(reg.intercept_)
```

[2.99823065 2.00529568 2.97795067]
1.000225023064024

15.1.3 Lasso

Lasso 是 least absolute shrinkage and selection operator 的简称。它是普通最小二乘回归方法的一种改进。Lasso 也可以解决前文提出的多重共线性问题，但 Lasso 的使用在很大程度上是为了模型的可解释性。在回归系数是稀疏的情况下，Lasso 可以使估计的回归系数缩减到 0，从而帮助我们选出预测变量中真正可以起作用的变量。

例如，研究人体基因和某种疾病的关联程度，人体有大约两万个基因，但是两万个基因中仅仅只有一小部分（比如 100 个）才与疾病有关联。如果用通常的最小二乘法，预测变量 "基因" 的数目可能已经大于样本量的数目，使得最小二乘法不能运用在这样的数据下 (或得到一个非常不稳定的结果)，而且最小二乘法并不能将回归系数精确估计为零。

Lasso 对未知参数的估计通过如下式子获得，

$$\min_{\mathbf{w},b} \frac{1}{2n}\|\mathbf{y} - \mathbf{X}\mathbf{w} - b\mathbf{1}\|_2^2 + \alpha\|\mathbf{w}\|_1$$

其中，$\|\cdot\|_1$ 为 L_1 范数，即向量各元素绝对值的和。Lasso 通过对最小二乘估计量增加一个 L_1 范数的惩罚项，能够将一些回归系数压缩为 0，同时也能够处理变量维数大于样本量的情形。Lasso 在统计和压缩感应 (compressed sensing) 领域具有非常重要的作用。

linear_model.Lasso 用来实现 Lasso 方法，我们来看一个例子。

```
X = np.random.normal(1, 5, (5,5))
w = [5, 0, 5, 0, 5]
y = np.dot(X, w) + 1 + np.random.normal(0, 0.1, 5)
reg = linear_model.LinearRegression() # 广义线性回归
reg. fit (X, y)
reg.coef_
```

array([5.75601138, 0.10006925, 4.41128657, −0.58010569, 4.59511308])

```
reg = linear_model.Lasso(alpha=0.5)
reg. fit (X, y)
reg.coef_
```

array([5.06476933, −0., 4.91281769, −0., 4.88989926])

linear_model.Lasso 中有如下参数：alpha 表示惩罚项所对应的超参数，positive 表示是否将回归系数强制设为正数，random_state 表示产生随机数的种子。Lasso 有可能将 0 回归系数精确估计为 0。因此，Lasso 可以用于特征提取（feature selection）（例如，如果多个预测变量中仅有一部分与响应变量有联系，则将这些与响应变量相关的预测变量选出来的过程，叫作特征提取）。

在 Lasso 中，随着 α 的增加，回归系数的估计将会向 0 缩减。那么，应该如何选取超参数 α 呢？我们同样可以利用交叉验证，即使用 Python 中的 LassoCV 函数。我们利用 diabetes 数据集作为一个例子。

```
diabetes = datasets.load_diabetes()
X = diabetes.data
y = diabetes.target
reg = linear_model.LassoCV(n_alphas=200, cv = 10)
reg. fit (X, y)
reg.alpha_  # α的最优值
reg.coef_  # 对应的系数估计
reg.intercept_
```

0.05612140233216916

array([−0., −189.31012206, 521.25382485, 292.7585444, −93.70732696, −0., −221.18173422,
　　　0., 508.60469373, 50.56804231])

　　152.13348416289645

```
m_log_alphas = −np.log10(reg.alphas_)  # 可视化α的路径
plt. figure ()
plt.plot(m_log_alphas, reg.mse_path_, ':')  #':' 指点线
plt.plot(m_log_alphas, reg.mse_path_.mean(axis=1), 'k',
        label='Average across the folds', linewidth=2)  # 'k' 指黑色
plt.axvline(−np.log10(reg.alpha_), linestyle='--', color='k',
            label='alpha: CV estimate')
plt.legend()
plt.xlabel('-log(alpha)')
plt.ylabel('Mean square error')
plt. title ('Mean square error on each fold: coordinate descent ')
plt.axis('tight')
plt.show()  # 见图 15.2
```

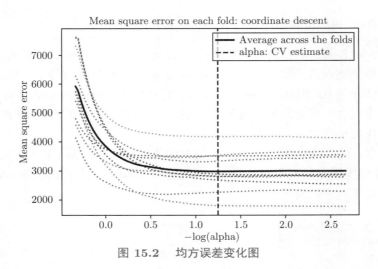

图 15.2 均方误差变化图

我们再来看一个例子。在这个例子中，我们想通过学生的信息估计学生考试的得分。首先导入数据 StudentsPerformance.csv。这里包含学生的三个成绩信息，我们把 writing score 作为响应变量，除了该变量外的其他变量作为预测变量。

```
import pandas as pd
stu = pd.read_csv('StudentsPerformance.csv')
stu.head(5)
```

	gender	race/ethnicity	parental level of education	lunch	test preparation course	math score	reading score	writing score
0	female	group B	bachelor's degree	standard	none	72	72	74
1	female	group C	some college	standard	completed	69	90	88
2	female	group B	master's degree	standard	none	90	95	93
3	male	group A	associate's degree	free/reduced	none	47	57	44
4	male	group C	some college	standard	none	76	78	75

为了进行后续的回归，我们需要对字符型变量做一下数据化处理。我们统一把属性变量用 0、1 变量进行替换，这里可以通过 map 函数对二值变量直接进行替换，也可以通过 get_dummies 函数来完成这一步操作。注意，get_dummies 替换后的结果会产生多重共线性问题（即如果属性变量有四类，会产生新的四列 0，1 变量，这四列变量的和总是为 1），那么我们还要去掉一列来防止多重共线性的出现，所以 drop_first 设定为 True。

```
gender_map = {'female':0, 'male':1 }
stu['gender'] = stu['gender'].map(gender_map)
lunch_map = {'free/reduced':0, 'standard':1 }
stu['lunch'] = stu['lunch'].map(lunch_map)
test_map = {'none':0, 'completed':1 }
stu['test preparation course'] =stu['test preparation course'].map(test_map)
stu = stu.drop('race/ethnicity', axis=1).join(
  pd.get_dummies(stu['race/ethnicity'], prefix = 'race', drop_first = True))
```

```
stu = stu.drop('parental level of education', axis=1).join(
  pd.get_dummies(stu['parental level of education'], prefix = 'education', drop_first = True
  ))

y = stu['writing score'] # response variable
X = stu.drop('writing score',axis = 1) # predictors

reg = linear_model.LassoCV(n_alphas=1000, cv = 3) # fit via lasso
reg.fit (X, y)
reg.alpha_
reg.coef_
```

0.21157487400000005
array([− 4.07962561, 0., 2.28261679, 0.21878684, 0.75369802, −0., 0., 0.76268741, −0., 0.,
    0., 0., 0., −0.])

通过 Lasso 的拟合结果可以看到，只有 gender（性别）、test preparation course（是否准备考试）、math score（数学成绩）、reading score（阅读成绩）和 race /ethnicity（种族）D 与 writing score（写作成绩）有关。第一个回归系数为负值，意味着女生会取得更高的写作分数；test preparation course 的回归系数为正，因此准备好考试也是得到一个高的考试分数的关键因素。数学成绩、阅读成绩也与写作成绩正相关，但是它们的影响程度（0.218 8,0.753 7）并没有比准备好考试 (2.282 6) 更高。利用模型拟合结果，我们也能够通过函数 reg.predict 进行预测。

15.1.4 多任务 Lasso

当我们的响应变量是多维情况时，比如在上面的例子中假定 $\mathbf{y}$=（数学成绩，阅读成绩，写作成绩），我们仍然可以利用 Lasso 分别对每个响应变量进行 Lasso 估计。但是对于分别进行 Lasso 得到的回归结果，不同响应变量对应的影响因子可能互不相同，比如"是否准备考试"影响写作成绩，但不影响数学成绩，这并不符合逻辑。因此多任务 Lasso 的作用就在于可以保证所选择的特征（预测变量）对于每一个响应变量都是一样的。也就是说，如果"是否准备考试"对成绩有影响，那么它对三种成绩都有影响，只是影响的大小不同，如果没有影响，那么它对于三种成绩的影响均为 0。

我们延续前文定义的 $\mathbf{X}$，即 $n \times p$ 的预测变量矩阵。定义 $\mathbf{W} = (\mathbf{w}_1, \cdots, \mathbf{w}_q)$ 为 $p \times q$ 的未知参数矩阵，$\mathbf{Y} = (\mathbf{y}_1, \cdots, \mathbf{y}_n)^{\mathrm{T}}$ 为 $n \times q$ 的相应变量矩阵。假定我们已经对 $\mathbf{Y}$ 做过中心化处理，那么多任务 Lasso 对于参数的估计，可以通过极小化如下函数得到：

$$\min_{\mathbf{w}} \frac{1}{2n} \|\mathbf{Y} - \mathbf{XW}\|_F^2 + \alpha \|\mathbf{W}\|_{21}$$

其中，

$$\|A\|_F = \sqrt{\sum_{ij} a_{ij}^2} \text{ 和} \|A\|_{21} = \sum_i \sqrt{\sum_j a_{ij}^2}$$

多任务 Lasso 其实就是统计中的 Group Lasso，即将未知参数分组进行惩罚。这里对于 **W**，我们按行进行分组，每行对应的恰好是 p 个不同的预测变量。我们来看看下面能够展现 Lasso 和多任务 Lasso 区别的例子。

```
import matplotlib.pyplot as plt
import numpy as np
from sklearn.linear_model import MultiTaskLasso, Lasso
rng = np.random.RandomState(42)
n_samples, n_features, n_tasks = 100, 30, 40
n_relevant_features = 5

coef = np.zeros((n_tasks, n_features))
times = np.linspace(0, 2 * np.pi, n_tasks)
for k in range(n_relevant_features):
    coef[:, k] = np.sin((1. + rng.randn(1)) * times + 3 * rng.randn(1))

X = rng.randn(n_samples, n_features)
Y = np.dot(X, coef.T) + rng.randn(n_samples, n_tasks)
coef_lasso_ = np.array([Lasso(alpha=0.5).fit(X, y).coef_ for y in Y.T])
coef_multi_task_lasso_ = MultiTaskLasso(alpha=1.).fit(X, Y).coef_

fig = plt.figure(figsize=(8, 5)) # 图形大小
plt.subplot(1, 2, 1)
plt.spy(coef_lasso_) # 稀疏图，非零参数为黑色，反之为白色
plt.xlabel('Feature')
plt.ylabel('Time (or Task)')
plt.text(10, 5, 'Lasso')

plt.subplot(1, 2, 2)
plt.spy(coef_multi_task_lasso_)
plt.xlabel('Feature')
plt.ylabel('Time (or Task)')
plt.text(10, 5, 'MultiTaskLasso')
fig.suptitle('Coefficient non-zero location')
plt.show() # 见图 15.3
```

我们也可以利用成绩这个例子，看看如何利用多任务 Lasso 方法。

```
Y = stu[['math score', 'reading score', 'writing score']]
X = X.drop(['math score', 'reading score'], axis= 1)
reg = linear_model.MultiTaskLasso(alpha = 0.5)
reg.fit (X, Y)
plt.spy(reg.coef_)
plt.show() # 见图 15.4
```

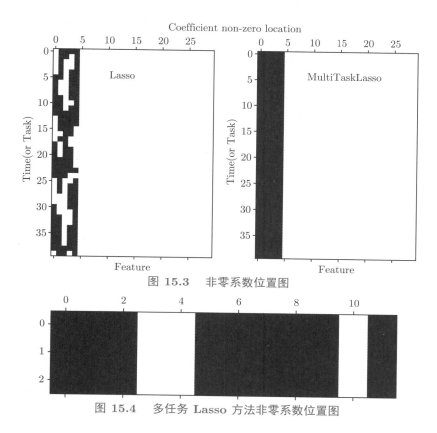

图 15.3　非零系数位置图

图 15.4　多任务 Lasso 方法非零系数位置图

15.1.5　逻辑回归

上面我们讨论了，当响应变量是连续变量时，可以使用的回归方法。如果响应变量 y 的取值只是 0 或者 1（可以表示一件事情成功或者失败，得病或者健康），那么用一般的作用于连续性响应变量的回归模型就并不合理了。下面，我们介绍逻辑回归模型，可以用来衡量预测变量如何影响某件事情发生（$y = 1$）的概率。

我们有 n 个样本，$\{(y_1, \mathbf{x}_1), (y_2, \mathbf{x}_2), \cdots, (y_n, \mathbf{x}_n)\}$，那么逻辑回归的模型定义如下：

$$\mathrm{logit}\{\mathrm{pr}(y = 1)\} = \mathbf{x}^{\mathrm{T}}\mathbf{w} + b$$

其中，$\mathrm{logit}(t) = \log\left(\frac{t}{1-t}\right)$。换一种形式，我们得到：

$$\Pr(y = 1) = \mathrm{logit}^{-1}(\mathbf{x}^{\mathrm{T}}\mathbf{w}) = \frac{\exp(\mathbf{x}^{\mathrm{T}}\mathbf{w})}{1 + \exp(\mathbf{x}^{\mathrm{T}}\mathbf{w})}$$

logit^{-1} 也称为 sigmoid 函数，是一个曲线呈 S 形的函数，如图 15.5 所示。

在 Python 中，我们可以利用函数 LogisticRegression 对响应变量为 0 或者 1 的数据进行拟合，得到回归系数 $\mathbf{w}$ 和 b 的估计值。

```
from scipy.stats import bernoulli
X = np.random.normal(0, 3, (1000,2))
```

```
w = np.array([1, −1])
tmp = np.dot(X, w) + 2 + np.random.normal(0, 0.1, 1000)
prob = np.exp(tmp) / (np.exp(tmp) + 1)
y = bernoulli.rvs(size = 1000, p = prob)

reg = linear_model.LogisticRegression() # 通过逻辑回归拟合数据
reg. fit (X, y)
reg.coef_
reg.intercept_
```

array([[1.05377564, −1.06706908]])
array([1.8382072])

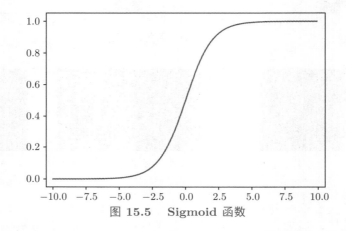

图 15.5　Sigmoid 函数

下面我们将逻辑回归应用于 iris 数据集。我们利用 iris 数据来估计萼片长宽、花瓣长宽与山鸢尾（setosa）和杂色鸢尾（versicolor）的关系。

```
# 导入数据，同时对变量进行 0，1 化处理
iris = pd.read_csv('iris.csv')
iris  = iris [0:99]
species_map = {'setosa':0, 'versicolor':1}
iris ['Species'] = iris['Species'].map(species_map)
# 进行逻辑回归
y = iris ['Species']
X = iris.drop('Species', axis=1)
reg = linear_model.LogisticRegression()
reg. fit (X, y)
reg.coef_
```

array([[−0.40110719, −1.46331961, 2.2314477 , 0.99728294]])

15.2　分　类　方　法

首先，在统计中，什么叫作分类？分类是基于过去的数据和经验，将新的一个对象归到某一类中。比如，邮箱系统能够根据已有的邮件数据将一封邮件归为"垃圾邮件"或者"正常邮件"，医生根据自己的经验和病人的特征（性别、血压、检测结果等），将疾病程度分为"轻型""中型""重型"。

分类方法可以进一步归纳为两分类 (binary classification) 和多分类（multiclass classification）。顾名思义，两分类指的是将数据仅归为两类，用 0 和 1 表示。比如垃圾邮件为 0，正常邮件为 1。我们上一节讲的逻辑回归也是一种两分类方法。多分类将数据分为多类，比如在著名的 iris 数据集中，鸢尾类型有山鸢尾、杂色鸢尾、维多利亚鸢尾。那么将一个新的鸢尾花分类，它可以分为这三种之一，因此叫作多分类。

下面我们介绍分类方法的思想并利用 Python 实现。

15.2.1　k 最近邻分类方法

k 最近邻 (k-nearest neighbors) 分类算法是机器学习中最简单的分类算法。我们现在已经有一个有正确标识的数据集了，如果现在有了一个新的数据点，想对它进行类别预测，那么我们找到在给定数据集中距离这个数据点最近的 k 个点（叫作 k 最近邻），这 k 个点中哪个类别最多，这个新的数据点就属于哪一类。

想要找到距离最近的点，我们首先需要定义距离这个概念。那么怎么定义"距离"呢？对于连续性数据，我们可以利用欧式距离；对于属性数据，我们可以利用 Hamming 距离，即两个数据点的预测变量属性相同的个数。

```
def hamming_distance(s1, s2):
    if len(s1) != len(s2):
        raise ValueError("Undefined for sequences of unequal length")
    return sum(el1 != el2 for el1, el2 in zip(s1, s2))
```

下面我们来看一下 k 最近邻法在 iris 数据上的应用。我们将 iris 数据分为两组：一组为训练集，作为具有标识的数据集用于训练 k 最近邻算法；另一组为测试集，其数据作为检验 k 最近邻方法的预测效果。

```
import pandas as pd
import numpy as np
from sklearn import neighbors

iris = pd.read_csv('iris.csv')
ind = np.random.choice(np.arange(0,150), size = 100, replace = False)
iris = iris.values
training_X = iris[ind][:, [0,1,2,3]]  # 提取 ind 的 [0,1,2,3] 列
training_y = iris[ind][:,4]
```

```
test_tmp = np.delete(iris, ind, axis=0)
test_X = test_tmp[:, [0,1,2,3]]
test_y = test_tmp[:, 4]
```

接下来，我们定义两个数据点之间的距离，用于确定任意一点的"邻居"。由于鸢尾花数据是连续性数据，因此我们利用欧式距离。我们将 k 选为 15。选择 k 也是有技巧的，如果 k 太小，就会导致预测值容易受到噪音干扰；如果 k 太大，就会导致结果偏向于总数多的那一类。

```
k = 15
clf = neighbors.KNeighborsClassifier(n_neighbors = k, p=2)
```

```
clf . fit (training_X, training_y)
```

KNeighborsClassifier(algorithm='auto', leaf_size=30, metric='minkowski', metric_params=None, n_jobs=1, n_neighbors=15, p=2, weights='uniform')

在训练集上拟合好数据以后，我们利用测试集进行预测，看看它与真实情况的差距。

```
pred = clf.predict(test_X)
hamming_distance(pred, test_y)
```

2

可以看到，只有两个预测值和真实值不同，因此准确度为 48/50=96%，非常高。

最近邻中还有另一个"找邻居"方法。前文中我们通过寻找距离新样本点最近的 k 个样本点作为近邻，其实也可以通过以此新样本为圆心画半径的方式确定近邻，也就是说，如果指定半径为 1，那么只要原数据集中的点与新数据集中的点的距离小于或者等于 1，都算作新样本的近邻。在这种情况下，每个新样本点的近邻个数可能不同。我们用 radius 来设置这个半径。

```
clf = neighbors.RadiusNeighborsClassifier(radius = 1, p=2)
clf . fit (training_X, training_y)
pred_radius = clf.predict(test_X)
hamming_distance(pred_radius, test_y)
```

3

我们可以看到，通过半径的方式寻找近邻也有很好的预测效果。k 最近邻的具体实现其实也有不同的算法，我们来简要地介绍几个。

- 暴力方法 (brute force)：顾名思义，就是对所有点的距离都进行遍历，这是一种最简单的算法。如果有 n 个样本，每个样本是一个 p 维数据，那么计算的复杂度大约为 $O(pn^2)$。当样本量小的时候，暴力算法很奏效，但是随着样本量增加，其计算时间以样本量的平方倍增加，导致算法训练速度变得很慢。这种方法可以用"algorithm = 'brute'"实现。

- K-D 树 (K dimensional tree)：这种方法的思想是，如果样本 A 和样本 B 距离很远，样本 B 和样本 C 非常接近，那么我们没必要去计算样本 A 和样本 C 之间的距离。从而在对近邻搜索的时候，就有一部分样本是不需要进行距离计算的。这时，计算复杂度变为 $O(pn\log(n))$，从而当 n 很大的时候，与暴力算法相比节约了很多时间。这种方法可以用"algorithm = 'kd_tree'"实现。

- 球树 (ball tree)：当样本维数 p 很高的时候，K-D 树就不是那么有效了。球树的思想是，将所有样本点分到若干以 r 为半径的圆中，圆的个数通常远远小于样本数量。那么通过计算新样本点与这些圆的圆心的距离，即通过三角不等式 $|x+y| \leqslant |x| + |y|$ 确定新样本点与此圆中所有样本点的距离。球树在维数很高的情况下拥有计算优势，Python 中通过"algorithm = 'ball_tree'"实现。

15.2.2 朴素贝叶斯方法

朴素贝叶斯（naive Bayes）方法建立在一个基本的假设之上：

$$P(x_1, \cdots, x_p|y) = P(x_1|y)P(x_2|y) \cdots P(x_p|y)$$

即给定数据所属的类别，它的各个预测变量之间相互独立。当这个假设近似满足，即所属类别的相依性弱时，朴素贝叶斯分类方法通常会有很好的分类效果。但是，当变量之间的相依关系很强时，算法的结果就不能保证了。

下面我们从贝叶斯公式出发来介绍这一方法。在给定数据的预测变量 $x_1, \cdots, x_p$ 的情况下，我们考虑类别 y 的取值概率：

$$P(y|x_1, \cdots, x_p) = \frac{P(x_1, \cdots, x_p|y)P(y)}{P(x_1, \ldots, x_p)}$$

根据朴素贝叶斯的假设，$P(x_1, \cdots, x_p|y) = P(x_1|y)P(x_2|y) \cdots P(x_p|y)$，所以我们有

$$P(y|x_1, \cdots, x_p) = \frac{P(x_1|y)P(x_2|y) \cdots P(x_p|y)P(y)}{P(x_1, \cdots, x_p)}$$

因为注意到，我们只需要考虑对于固定的预测变量 $x_1, \cdots, x_p$，y 取不同类的概率，所以对于不同的 y，$P(x_1, \cdots, x_p)$ 始终是一样的，因此我们只需要考虑

$$P(y|x_1, \cdots, x_p) \propto P(x_1|y)P(x_2|y) \cdots P(x_p|y)P(y)$$

接着，为了做预测，在给定 x 的情况下，只要找到一个 y 使得 $P(x_1|y)P(x_2|y), \cdots, P(x_p|y)P(y)$ 最大即可。而对于 $P(y)$ 和 $P(x_i|y)$，我们就可以通过原数据进行估计。虽然朴素贝叶斯方法看起来很简单，但是它在垃圾邮件分类、文件分类中发挥着很大的作用。

对于连续型随机变量 $x_1, \cdots, x_p$，我们可以假定 x_i 的分布是一个高斯（正态）分布。这种方法叫作高斯朴素贝叶斯 (Gaussian naive Bayes) 方法，即

$$P(x_i|y) = \frac{1}{\sqrt{2\pi\sigma_y^2}} \exp\{-\frac{(x_i - \mu_y)^2}{2\sigma_y^2}\}$$

其中，对于参数 σ_y 和 μ_y，可以通过极大化最大似然函数得到。

```
from sklearn import datasets
from sklearn.naive_bayes import GaussianNB
import pandas as pd

iris = pd.read_csv('iris.csv')
species_map = {'setosa':0, 'versicolor':1, 'virginica':2}
iris['Species'] = iris['Species'].map(species_map)

gnb = GaussianNB()
X = iris.drop('Species', axis = 1)
y = iris['Species']

gnb.fit(X, y)
y_fitted = gnb.predict(X)
(iris['Species'] != y_fitted).sum()/150 # error rate
```

0.04

当特征 ($\mathbf{x}$) 为连续性随机变量时，我们有充分的理由利用高斯朴素贝叶斯方法进行分类。但是当我们对邮件内容进行分类，即特征为计数性质时，我们该如何处理呢？

这时多项朴素贝叶斯（multinomial naive Bayes）就派上了用场。假设 θ_{yi} 是对于类型 y，词汇取到 i 的概率，x_i 为某个邮件中词汇 i 的总个数。我们用如下公式估计 θ_{yi} 的值：

$$\hat{\theta}_{yi} = \frac{N_{yi} + \alpha}{N_y + \alpha n}$$

其中，N_{yi} 是类型 y 的邮件中词汇 i 的总个数，N_y 是类型 y 的邮件中词汇的总个数。这里分子和分母加上 α 是为了增加光滑性，避免没有出现的词汇出现的概率为 0。Python 中可以用 MultinomialNB 实现。

15.2.3 习题

生成 1 000 个服从标准正态分布的随机变量 a、b，并计算响应变量 $y = a + 3b$ 的值，利用普通线性回归和 Lasso 方法对响应变量 y 关于 a、b 进行回归分析。

15.3　非监督学习——聚类

本节主要介绍非监督学习的聚类方法，包括 K-means、AP 算法以及层次聚类。

什么是聚类呢？聚类是指对若干个体进行分组，使得同一组中的两个个体比来自不同组的两个个体更相似。聚类是探索性数据分析中一个非常普遍的方法，经常应用在机器学习、模式识别、图像分析等领域中。

聚类和分类不同。在分类学习中，我们需要具有正确标识的数据集，比如根据身高、体重信息判别"男生""女生"，我们必须要有"男生""女生"这样正确的标识，通过分类，将身高、体重的信息和标识联系起来，最后通过一个新个体的身高、体重来判断此新个体的性别。但是在聚类中，我们并没有性别的标识，任务仅仅是根据身高、体重的信息发现不同的组，比如组 A、组 B，但是由于我们不知道性别信息，因此我们不能断定组 A 是男生还是组 B 是男生。因此，聚类也被称作非监督学习中的一种。

聚类分析并不是一个特定的算法，而是一个需要解决的一般任务。它可以通过多种多样而且相差很大的算法实现。本节，我们将介绍聚类分析中一些常用的方法。

15.3.1　K-means

K-means 算法是一个在实际数据分析中用得最为普遍的算法。它将数据聚为若干等方差的类，并极小化一种称为惰性 (inertia) 或者类内平方和 (within-cluster sum-of-squares) 的判别函数。K-means 需要你提前知道聚类的总数目。由于 K-means 算法具有很强的伸展性，能在很大的数据集上利用，因此它被广泛应用在各个领域。

在数学上，我们假定有 n 个样本点 $\mathbf{x}_i$, $i=1,\cdots,n$。我们想要将这 n 个样本点分为 K 类，每个类具有一个质心（centroid）μ_j, $j=1,\cdots,K$。那么 K-means 算法即通过极小化下面的惰性判别函数得到：

$$\sum_{i=1}^n \min_{C_i,\mu_K} \|\mathbf{x}_i - \mu_{C_i}\|^2$$

这里 C_i 表示第 i 个数据点所属的类别。

此判别函数"惰性"被用来刻画类内部聚集得多么紧密，但是它有两个缺点：(1) 惰性需要聚类具有凸性和等方向性，但是在实际中，聚类可能具有比较拉长的轮廓或者不规则的形状；(2) 惰性不是一个规范化后的度量，我们只知道它越小越好，到了零就是最优，但是它没有上界，而且会随着维数的增加而膨胀，对于高维数据，K-means 可能会有不太好的效果。

K-means 通常通过 Lloyd 算法解决极小化。最基本来说，这个算法包括三步：

● 第一步，初始化每个类的质心，可以非常简单地通过在样本中抽取 K 个样本作为质心。

● 第二步，通过这 K 个质心，对每个样本重新聚类。对于每个样本，选择离它最近的质心，作为此样本的聚类类别。

● 第三步，有了每个样本的类别之后，重新计算质心。新的质心是这一类中所有样本点的平均。

● 第四步，不断重复第二步和第三步，直到结果稳定。

下面我们通过一个例子来介绍 K-means 的用法。

```
from sklearn.cluster import KMeans
import numpy as np
X = np.array([[1, 2], [1, 4], [1, 0],
              [4, 2], [4, 4], [4, 0]])
kmeans = KMeans(n_clusters=2, random_state=0).fit(X)
kmeans.labels_  # K-means 的结果
```

array([0, 0, 0, 1, 1, 1])

```
kmeans.cluster_centers_  # 每个类的质心
```

array([[1., 2.], [4., 2.]])

```
kmeans.predict([[0, 0], [4, 4]])  # 对新样本聚类
```

array([0, 1])

接下来我们使用 K-means 对 iris 数据集进行聚类，看看聚类结果是否和真实鸢尾花种类相符。

```
import pandas as pd
iris = pd.read_csv('iris.csv')
y = iris['Species']
X = iris.drop('Species', axis = 1)
kmeans = KMeans(n_clusters=3).fit(X)
kmeans.labels_
```

array([1,1,1,1,1,1,1,1,1,1,1,1,1,1,1,1,1,1,1,1,1,1,1,1,1,1,1,1,1,1,1,1,1,1,1,1,
       1,1,1,1,1,1,1,1,1,1,1,1,1,1,0,0,2,0,0,0,0,0,0,0,0,0,0,0,0,0,0,0,0,0,0,0,0,0,0,
       0,2,0,0,0,0,0,0,0,0,0,0,0,0,0,0,0,0,0,0,0,0,0,0,2,0,2,2,2,2,0,2,2,2,2,2,2,0,
       0,2,2,2,2,0,2,0,2,0,2,2,0,0,2,2,2,2,2,0,2,2,2,2,0,2,2,2,0,2,2,2,0,2,2,0,2,2,0])

对于维多利亚鸢尾的聚类，准确性并不是很高，但是总体上讲，K-means 的聚类效果还是很明显的。

下面这个例子用来说明有时 K-means 可能产生不符合直观或者出乎意料的聚类结果。在下面的前三张图中，输入的数据不符合 K-means 的一些假设，因此将会产生一些"不好"的聚类结果。最后一张图中，K-means 返回了好的结果，尽管数据集并不是均等的。

```
##代码见 https://scikit-learn.org/stable/auto_examples/cluster
from sklearn.cluster import KMeans
from sklearn.datasets import make_blobs # isotropic Gaussian blobs for clustering
n_samples = 2000
random_state = 2020
# 二维数据，聚类数量为3
X, y = make_blobs(n_samples=n_samples, random_state=random_state)
```

```
plt.figure(figsize=(15, 15))

# 错误的聚类数量
y_pred = KMeans(n_clusters=2, random_state=random_state).fit_predict(X)

plt.subplot(221)
plt.scatter(X[:, 0], X[:, 1], c=y_pred)
plt.title("Incorrect Number of Blobs")

# 各向异性分布的数据
transformation = [[0.61, -0.64], [-0.41, 0.85]]
X_aniso = np.dot(X, transformation)
y_pred = KMeans(n_clusters=3, random_state=random_state).fit_predict(X_aniso)

plt.subplot(222)
plt.scatter(X_aniso[:, 0], X_aniso[:, 1], c=y_pred)
plt.title("Anisotropicly Distributed Blobs")

# 不同方差
X_varied, y_varied = make_blobs(n_samples=n_samples,
                                cluster_std=[1.0, 2.5, 0.5],
                                random_state=random_state)
y_pred = KMeans(n_clusters=3, random_state=random_state).fit_predict(X_varied)
plt.subplot(223)
plt.scatter(X_varied[:, 0], X_varied[:, 1], c=y_pred)
plt.title("Unequal Variance")

# 非均衡大小分布的数据
X_filtered = np.vstack((X[y == 0][:500], X[y == 1][:100], X[y == 2][:10]))
y_pred = KMeans(n_clusters=3,
                random_state=random_state).fit_predict(X_filtered)
plt.subplot(224)
plt.scatter(X_filtered[:, 0], X_filtered[:, 1], c=y_pred)
plt.title("Unevenly Sized Blobs")
plt.show() # 见图 15.6
```

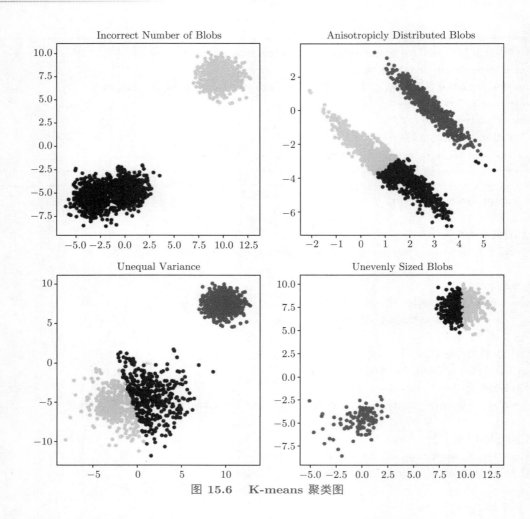

图 15.6　K-means 聚类图

15.3.2　层次聚类

层次聚类 (hierarchical clustering) 是一种一般性的聚类方法（见图 15.7 和图 15.8），通过将样本融合或者分裂形成嵌套的聚类。这些聚类的层次通过树的结构表现出来。树的根部表示唯一最大的聚类，它包含所有样本。树的叶子仅仅包含一个样本。

在 Python 中 AgglomerativeClustering 执行从下到上的层次聚类的命令：每一个样本将自己作为一类的开始，类再进行融合。当对类进行融合的时候，有不同的联系准则：

(1) Ward，极小化所有类中平方差的和。它是一个方差极小化的方法，因此类似于 K-means，只不过处理的是层次聚类。

(2) Maximum or complete linkage，极小化两个类间的最大距离。

(3) Average linkage，极小化两个类间的平均距离。

(4) Single linkage，极小化两个类间的最小距离。

当样本量很大时，层次聚类 AgglomerativeClustering 的每一步都会考虑所有可能的融合，因此计算上会耗费很多时间。

图 15.7　层次聚类示意图 1

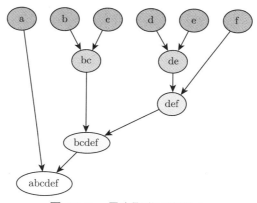

图 15.8　层次聚类示意图 2

```
from sklearn.cluster import AgglomerativeClustering
X = np.array([[1, 2], [1, 4], [1, 0],
              [4, 2], [4, 4], [4, 0]])
clustering = AgglomerativeClustering().fit(X)
clustering.labels_
```

在 AgglomerativeClustering 的选项中 n_clusters 表示需要多少类，affinity 表示用来计算距离的度量，默认为欧式距离，linkage 表示聚类的准则。我们下面对 iris 数据集运用 AgglomerativeClustering。

```
iris = pd.read_csv('iris.csv')
y = iris['Species']
X = iris.drop('Species', axis = 1)
clustering = AgglomerativeClustering(n_clusters = 3).fit(X)
clustering.labels_
```

15.3.3 Affinity Propagation

在统计中，Affinity Propagation (AP) 是一种基于数据之间"信息传递" (message passing) 的聚类算法。与 K-means 不同，它不需要一开始就确定聚类的总个数。另外，K-means 中代表一个聚类的质点一般不是原来的数据点，但是 AP 寻找的代表聚类的"exemplar" (榜样) 必须是数据点中的一个。

我们看看 AP 是如何实现的。首先，对于 N 个样本，定义相似度 S，$S(i, k)$ 表示样本 i 和样本 k 之间的相似度。另外，有两个特别的概念：责任矩阵 R 和可行矩阵 A。在责任矩阵 R 中，$R(i, k)$ 量化样本 k 适合作为样本 i 的聚类榜样的程度；在可行矩阵 A 中，$A(i, k)$ 代表样本 i 挑选样本 k 作为榜样的合适程度。

一开始，矩阵 R 和 A 共同初始化为 0，之后不断进行下面的两步迭代：

$$r(i, k) < -s(i, k) - \max_{k' \neq k}\{a(i, k') + s(i, k')\}$$

$$a(i, k) < -\min(0, r(k, k) + \sum_{i' \notin \{i, k\}} \max(0, r(i', k))), i \neq k$$

$$a(k, k) < -\sum_{i' \neq k} \max(0, r(i', k))$$

直到迭代停止，将 $r(i, i) + a(i, i) > 0$ 的样本 i 作为榜样。

AP 聚类见下面的例子。

```
from sklearn.cluster import AffinityPropagation
import numpy as np
X = np.array([[1, 2], [1, 4], [1, 0],
              [4, 2], [4, 4], [4, 0]])
clustering = AffinityPropagation().fit(X)
clustering.labels_
```

array([0, 0, 0, 1, 1, 1], dtype=int64)

```
clustering.predict ([[0, 0], [4, 4]])
```

array([0, 1], dtype=int64)

```
clustering.cluster_centers_
```

array([[1, 2], [4, 2]])

15.3.4 习题

生成服从二元正态分布 $N\left(-\binom{3}{4}, I\right)$ 和 $N\left(\binom{2}{3}, I\right)$（其中 I 是单位矩阵）的随机向量各 50 个，并利用 K-means 对这 100 个数据进行聚类分析。